EXERCÍCIOS DE TOPOGRAFIA

Blucher

Engenheiro ALBERTO DE CAMPOS BORGES
Professor Titular de Topografia e Fotometria da Universidade Mackenzie,
Ex-Professor Titular de Construções Civis da Universidade Mackenzie,
Professor Pleno de Topografia na Escola de Engenharia Mauá,
Professor Pleno de Construção de Edifícios na Escola de Engenharia Mauá,
Professor Titular de Topografia da Faculdade de Engenharia da Fundação Armando Álvares Penteado

EXERCÍCIOS DE TOPOGRAFIA

3.ª edição revista e ampliada

Exercícios de topografia

3ª edição - 1975
18ª reimpressão - 2014
Editora Edgard Blücher Ltda.

Blucher

Rua Pedroso Alvarenga, 1245, 4º andar
04531-012 - São Paulo - SP - Brasil
Tel 55 11 3078-5366
contato@blucher.com.br
www.blucher.com.br

FICHA CATALOGRÁFICA

Borges, Alberto de Campos,
B73e Exercícios de topografia / Alberto de Campos Borges - São Paulo: Blucher, 1975.

Bibliografia
ISBN 978-85-212-0089-5

1. Topografia - Problemas, exercícios, etc.
I. Título

74-0395 CDD-526.9076

Índices para catálogo sistemático:
1. Exercícios: Topografia 526.9076

conteúdo

prefácio da 2.ª edição

Meu contacto, durante dezenas de anos, com a Topografia, quer na profissão, quer no magistério, motivou este livro de exercícios. Com a experiência adquirida como autor (*Prática das Pequenas Construções* – 2 volumes) em outro ramo da engenharia, procurei ser objetivo e prático neste novo livro, que não pretende atingir todas as atividades da Topografia, pois não aborda exercícios de grande porte. É destinado principalmente ao *ensino* da Topografia. Pretende, pois, auxiliar os professores e alunos da disciplina. Contando nosso país com mais de duas centenas de escolas de engenharia, penso que se pode considerar válida a idéia de se editarem livros apropriados ao ensino, tanto quanto para consultas profissionais.

Muito acertadamente a Topografia já foi definida como Geometria Aplicada e, sendo a Geometria uma ciência de raciocínio, transmitiu à Topografia esse caráter. Se verificarmos que a Topografia praticamente não usa formulários, vemos que sua função numa faculdade de engenharia é justamente ativar a inteligência dos alunos, que se encontra adormecida por tantos anos de estudo sem essa característica. Logicamente, dentro da Topografia, quando se abordam problemas, estaremos justamente alcançando tal objetivo.

Como professor em três faculdades, numa delas há 28 anos, tive ocasião de acumular questões de provas que venho formulando. Após uma seleção, resultaram os exercícios que compõem este livro. Esses exercícios podem ser usados como questões de provas (geralmente com três, quatro ou cinco questões), por serem de rápida solução, porém objetivas, no intuito de avaliar o conhecimento do examinando.

Enfim, espero ter realizado alguma coisa de útil para meus colegas professores, alunos de Engenharia e os interessados em usufruir deste livro.

O AUTOR

Observação: diversos desenhos necessitaram de redução para que coubessem nas dimensões do livro; com isso, as escalas foram alteradas. Para se encontrar a escala com que o desenho aparece na publicação é necessário partir de uma medida indicada, comparando-a com a dimensão aqui representada.

correção de distâncias

CORREÇÃO DE DISTÂNCIAS MEDIDAS COM TRENA DEFEITUOSA

Quando medimos a distância entre dois pontos, e a trena utilizada não tem o comprimento que deveria ter, o resultado estará errado. Para a correção analítica usa-se uma "regra de três" inversa, já que quanto maior for a trena, menos vezes ela caberá na distância a medir.

Chamamos de comprimento real da trena, o valor encontrado ao compará-la com uma trena correta. Chamamos de comprimento nominal da trena, o valor que deveria ter.

EXERCÍCIO 1

Usando-se uma trena, medimos a distância AB resultando 101,01 m. Depois constatamos que a trena estava com 20,04 m em lugar dos 20 m exatos. *Corrigir a distância medida.*

Regra de três inversa 20,04 — 101,01
20,00 — x

$$x = 101{,}01 \times \frac{20{,}04}{20{,}00} = 101{,}01 \times 1{,}002 = 101{,}21$$

Resposta: **a distância real AB é 101,21 m**

EXERCÍCIO 2

A linha 13-14 medida com uma corrente de agrimensor de 19,94 m, resultou 83,15 m. O comprimento nominal da corrente é 20 m. *Corrigir o comprimento* 13-14.

19,94 — 83,15 (sempre regra de três inversa)
20,00 — x

$$x = 83{,}15\,\frac{19{,}94}{20{,}00} = 83{,}15 \times 0{,}997 = 82{,}90$$

Resposta: **o comprimento corrigido da linha 13-14 é 82,90 m**

EXERCÍCIO 3

As medidas seguintes foram feitas com uma trena, cujo comprimento nominal é 20 m e comprimento real de 20,02 m. *Corrigir os comprimentos medidos.*

Linha	Comprimento medido	Comprimento corrigido (respostas)
1-2	50,08	**50,13**
2-3	41,20	**41,24**
3-4	78,04	**78,12**
4-5	12,20	**12,21**

Cada valor foi multiplicado por $\frac{20{,}02}{20{,}00}$ ou seja 1,001

EXERCÍCIO 4

A trena que vamos usar mede 19,99 m e devemos marcar uma distância de 100 m. *Se considerarmos que a trena tem 20 m, quanto deveremos marcar para termos os 100 m?* Agora nosso problema não é medir uma distância entre dois pontos e sim marcar um comprimento.

20 — 100,00 (ainda regra de três inversa)
19,99 — x

$$x = 100{,}00 \times \frac{20{,}00}{19{,}99} = 100{,}05$$

Resposta: **marcando 100,05 m com a trena errada estaremos marcando os 100 m corretos.**

EXERCÍCIO 5

A distância AB mede realmente 82,42 m; ao ser medida com uma trena de comprimento nominal 20 m encontramos 82,58 m *Determinar o comprimento real e o erro da trena.*

82,42 — 20,00 (regra de três inversa)
82,58 — x

$$x = \frac{82{,}42 \times 20{,}00}{82{,}58} = 19{,}96$$

Erro da trena: 20,00 – 19,96 = 0,04.
Respostas: **comprimento real da trena = 19,96 m; erro da trena = 0,04 m**

EXERCÍCIO 6

As distâncias seguintes foram medidas nominalmente com uma trena de 20 m, que verificou-se ter só 19,95 m. *Corrigir.*

Linha	Distância medida	Distância corrigida
1-2	32,42	**32,34**
2-3	129,33	**129,01**
3-4	91,04	**90,81**
4-5	76,71	**76,52**
5-6	38,10	**38,00**
6-7	49,37	**49,25**

Fator de correção: $\frac{19{,}95}{20{,}00} = 0{,}9975$

levantamento por medidas lineares

EXERCÍCIO 7

No desenho, indicar as medidas a serem feitas para levantamentos de todos os detalhes, usando apenas trena ao medir AB.

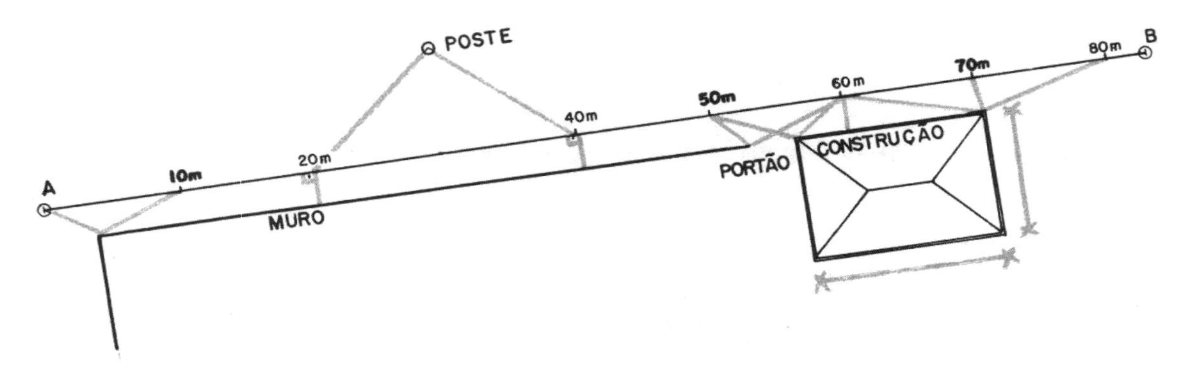

A resposta aparece em cinza.

a) **quando se quer amarrar pontos usam-se triângulos.**

b) **para amarrar detalhes que acompanham a linha medida pode-se usar perpendiculares tiradas sem aparelho.**

rumos e azimutes calculados

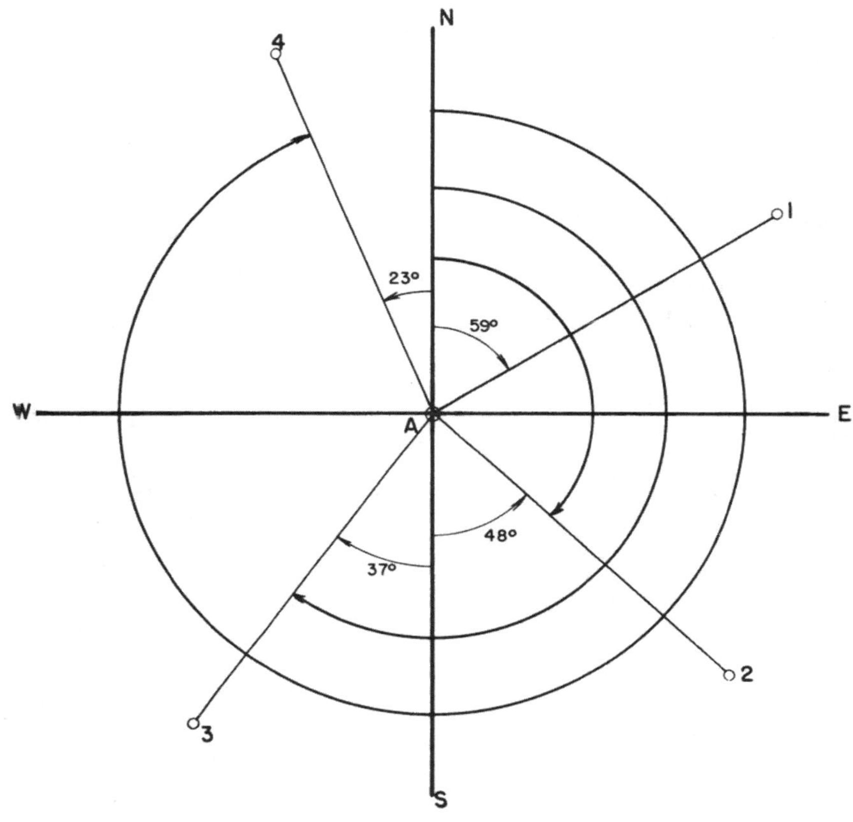

Rumo de A-1: N 59° E
Rumo de A-2: S 48° E
Rumo de A-3: S 37° W
Rumo de A-4: N 23° W

Azimute de A-1: 59°
Azimute de A-2: 132°
Azimute de A-3: 217°
Azimute de A-4: 337°

Observação: os azimutes são à direita (sentido horário) do norte

Rumo ré de A-1 = Rumo de 1-A = S 59° W
Rumo ré de A-2 = Rumo de 2-A = N 48° W
Rumo ré de A-3 = Rumo de 3-A = N 37° E
Rumo ré de A-4 = Rumo de 4-A = S 23° E

Os rumos ré, na comparação com os rumos vantes, apenas as letras são trocadas; os valores numéricos permanecem

Azimute ré de A-1 = Azimute de 1-A = 239°
Azimute ré de A-2 = Azimute de 2-A = 312°
Azimute ré de A-3 = Azimute de 3-A = 37°
Azimute ré de A-4 = Azimute de 4-A = 157°

Os azimutes ré diferenciam-se em 180° dos azimutes vantes.

Ângulo à direita entre duas linhas é o ângulo medido no sentido horário de ré para vante.

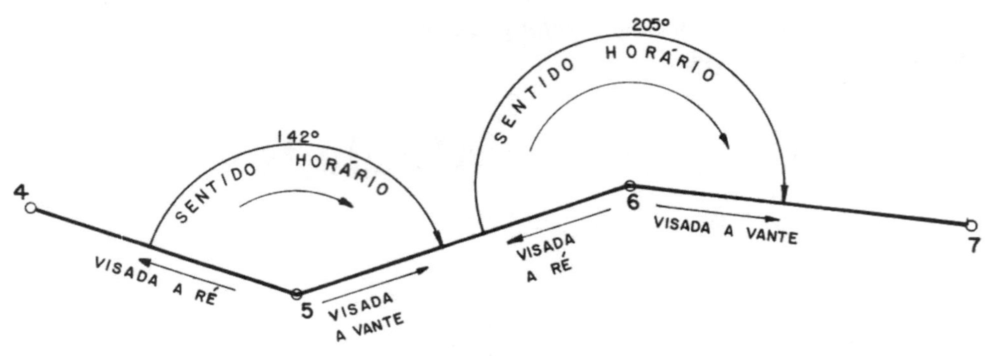

EXERCÍCIO 8

Calcular os azimutes à direita

Estaca	Ponto visado	Ângulo à direita	Azimute à direita
3	2		35° 15′
	4	108° 22′	**143° 37′**
4	3		
	5	241°33′	**205° 10′**
5	4		
	6	176° 50′	**202° 00′**
6	5		
	7	193° 10′	**215°** 10′

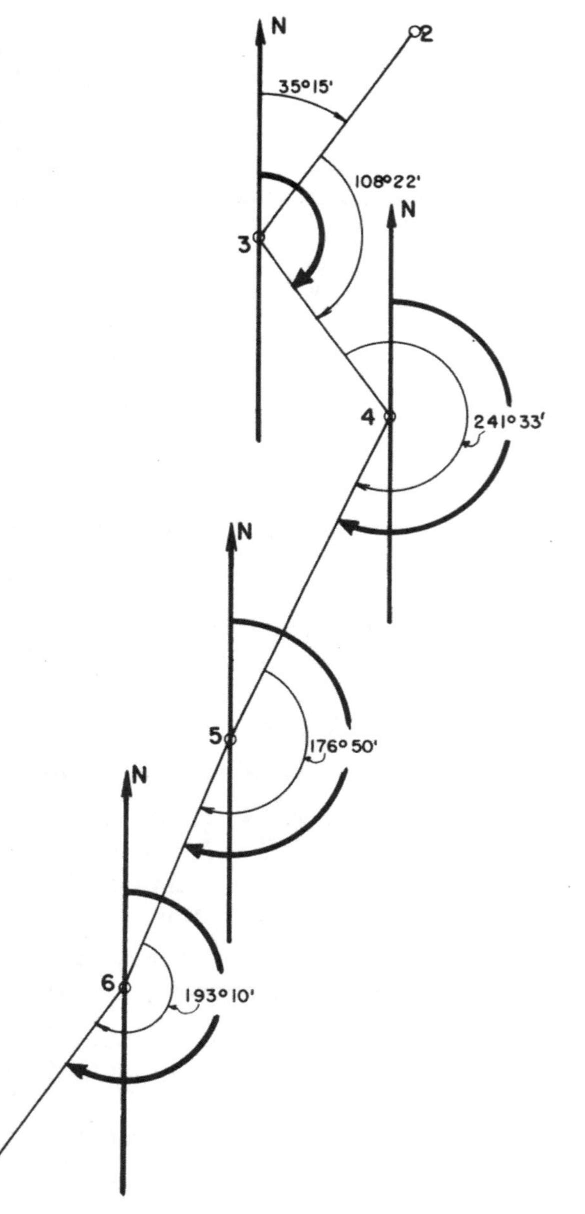

35° 15′
+108° 22′
143° 37′ = Azimute de 3-4
+ 61° 33′ (241° 33′-180°)
205° 10′ = Azimute de 4-5
− 3° 10′ (180°-176° 50′)
202° 00′ = Azimute de 5-6
+ 13° 10′ (193° 110′-180°)
215° 10′ = Azimute de 6-7

EXERCÍCIO 9

Calcular o erro de fechamento angular do polígono pelos rumos calculados e pela somatória dos ângulos.

Estaca	Ponto visado	Ângulo à direita	Rumo calculado
1	0		
	2	82° 07′	N 42° 00′ W
2	1		
	3	114° 28′	S 72° 28′ W
3	2		
	4	202° 04′	N 85° 28′ W
4	3		
	5	88° 43′	S 3° 15′ W
5	4		
	0	178° 50′	S 2° 05′ W
0	5		
	1	53° 46′	N 55° 51′ E

Cálculo dos rumos

Rumo 1-2 N 42° 00′ W (esq.)
+ 65° 32′ (esq.)
107° 32′
Rumo 2-3 S 72° 28′ W (dir.)
+ 22° 04′ (dir.)
94° 32′
Rumo 3-4 N 85° 28′ W (esq.)
+ 91° 17′ (esq.)
176° 45′
Rumo 4-5 S 3° 15′ W (dir.)
− 1° 10′ (esq.)
Rumo 5-0 S 2° 05′ W (dir.)
− 126° 14′ (esq.)
124° 09′

Soma: **719° 58′** Rumo 0-1: N 55° 51′ E

Pela fórmula $\Sigma = (n^*\text{-}2)180° = (6\text{-}2)180° = \mathbf{720°}$ **erro: 2′**

Usando o rumo de 0-1 = N 55° 51′ E e o ângulo na estaca 1 (82° 07′) vamos recalcular o rumo de 1-2

Rumo 0-1 N 55° 51′ E (dir.)
− 97° 53′ (esq.)
Rumo de 1-2 **N 42° 02′ W**

Comparando este rumo com o rumo inicial temos o mesmo **erro de 2′**

*n: é o número de lados ou vértices do polígono.

EXERCÍCIO 10

O ângulo à direita na estaca 5 é 192° 10′; o rumo de 4-5 é N 15° 20′ W. *Calcular o rumo de 5-6 fazendo o esquema.*

192° 10′
−15° 20′
176° 50′
Rumo de 5-6 N 3° 10′ W

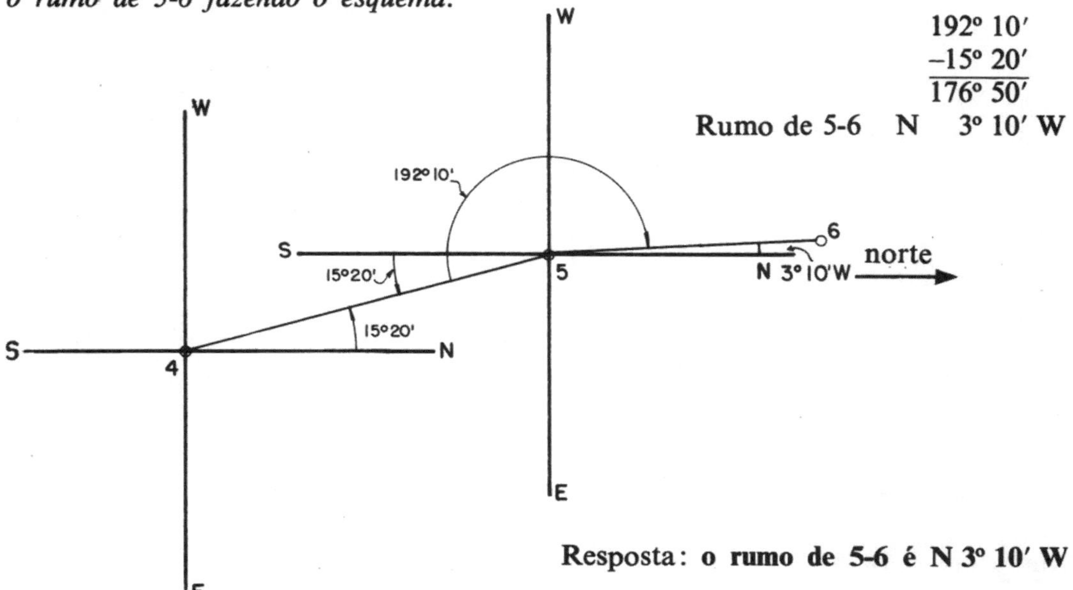

Resposta: **o rumo de 5-6 é N 3° 10′ W**

EXERCÍCIO 11

Calcular os rumos das linhas, fazendo esquemas indicativos.

Estaca	Ponto visado	Ângulo à direita	Rumo calculado
2	1 3		S 35° 08′ E
3	2 4	135° 12′	**S 79° 56′ E**
4	3 5	98° 50′	**N 18° 54′ E**
5	4 6	213° 14′	**N 52° 08′ E**
6	5 7	191° 25′	**N 63° 33′ E**

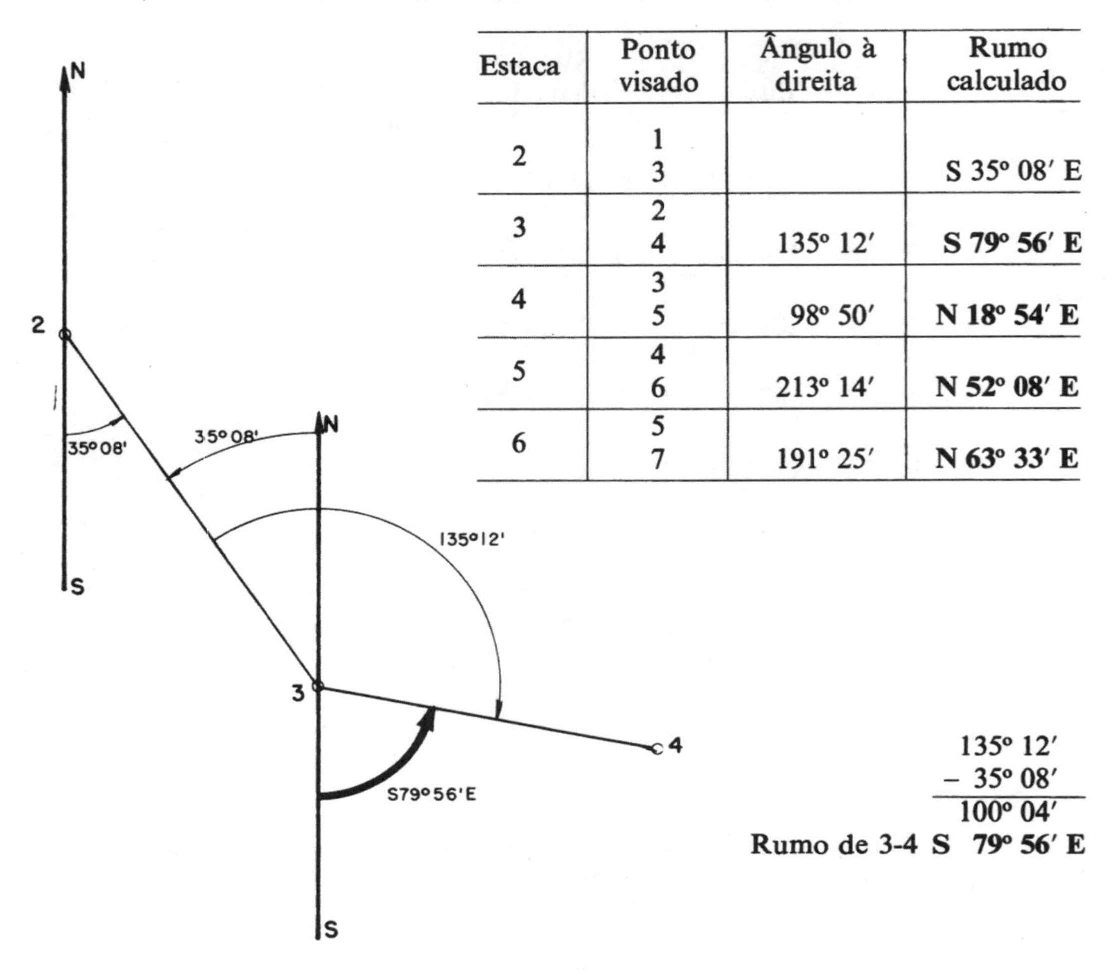

135° 12′
− 35° 08′
100° 04′
Rumo de 3-4 **S 79° 56′ E**

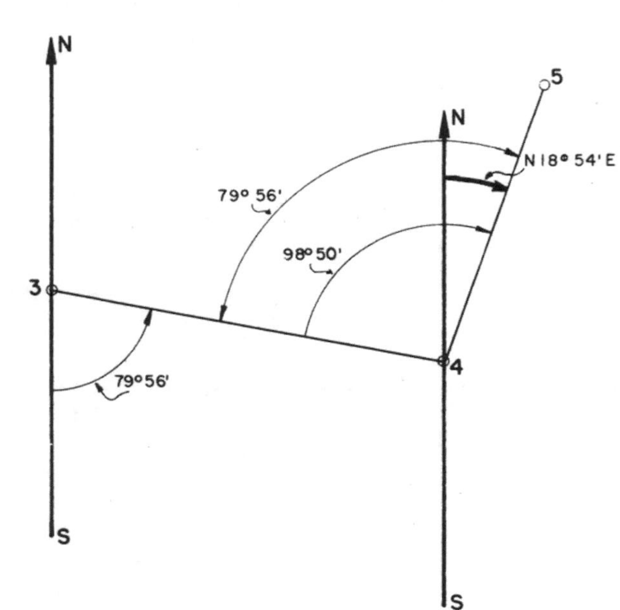

98° 50′
−79° 56′
Rumo 4-5 **N 18° 54′E**

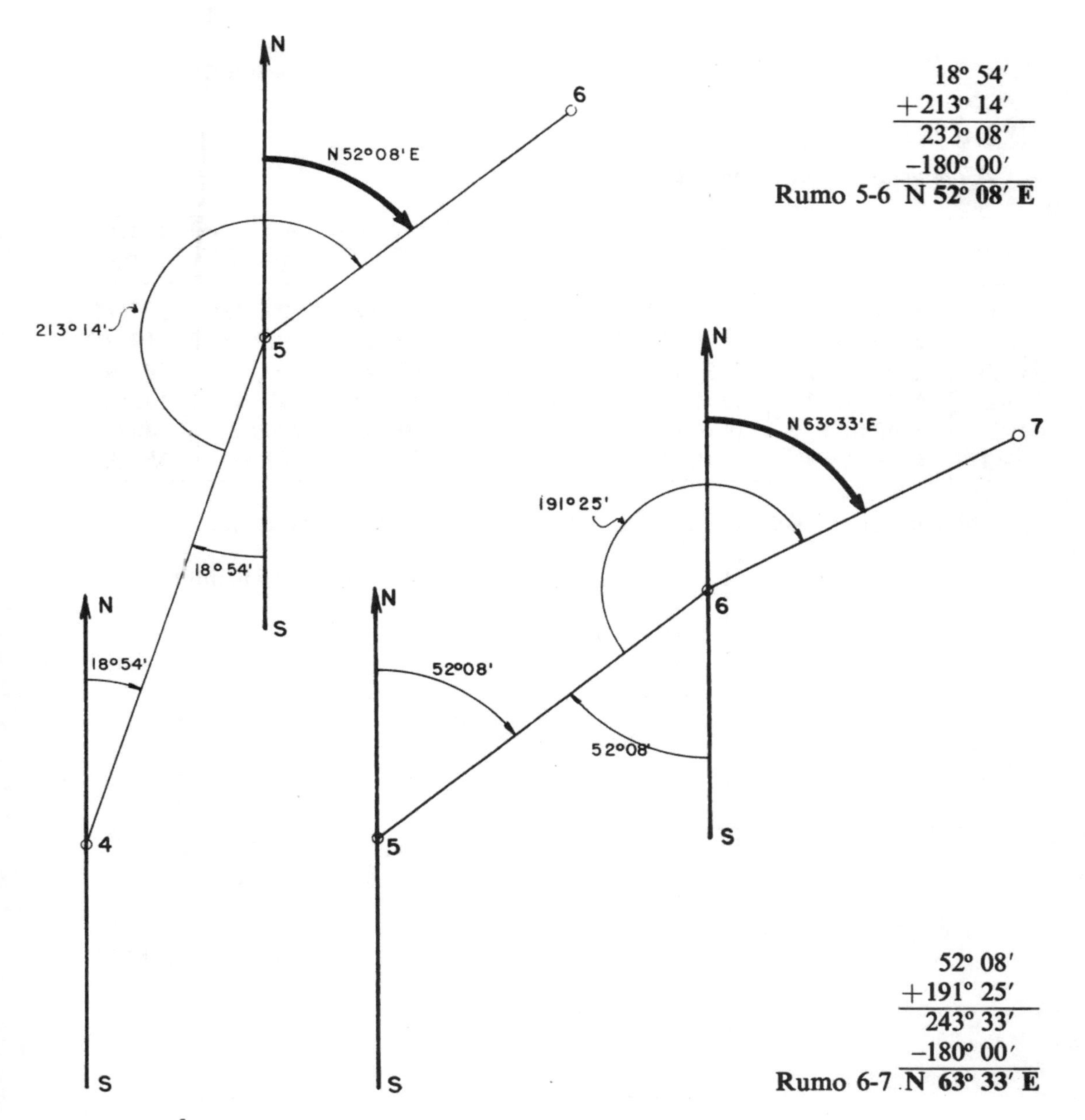

EXERCÍCIO 12

Calcular os seguintes rumos:

Estaca	Ângulo à direita	Rumo
3		
		N 45° 22′ W
4	113° 15′	
		S 67° 53′ W
5	227° 53′	
		N 64° 14′ W
6	147° 12′	
		S 82° 58′ W
7	98° 48′	
		S 1° 46′ W
8		

Rumo de 3-4 **N 45° 22′ W** (esq.)
+ 66° 45′ (esq.)
112° 07′
Rumo de 4-5 **S 67° 53′ W** (dir.)
+ 47° 53′ (dir.)
115° 46′
Rumo de 5-6 **N 64° 14′ W** (esq.)
+ 32° 48′ (esq.)
97° 02′
Rumo de 6-7 **S 82° 58′ W** (dir.)
− 81° 12′ (esq.)
Rumo de 7-8 **S 1° 46′ W**

EXERCÍCIO 13

Completar a tabela abaixo.

Linha	Rumo		Azimute à direita		Azimute à esquerda	
	Vante	Ré	Vante	Ré	Vante	Ré
A-B	**N 27° 48′ W**	**S 27° 48′ E**	332° 12′	**152° 12′**	**27° 48′**	**207° 48′**
B-C	**S 10°.18′ E**	N 10° 18′ W	**169° 42′**	**349° 42′**	**190° 18′**	**10° 18′**
C-D	**S 97,02 W**	**N 97,02 E**	**297,02**	**97,02**	102,98	**302,98**
D-E	**N 42° 19′ E**	**S 42° 19′ W**	**42° 19′**	**222° 19′**	**317° 41′**	137° 41′
E-F	S 40,02 E	**N 40,02 W**	**159,98**	**359,98**	**240,02**	**40,02**
F-G	**S 18,47 W**	**N 18,47 E**	**218,47**	18,47	**181,53**	**381,53**

Os valores dados estão em normal. **Os valores calculados em preto.**

Figura correspondente à linha A—B

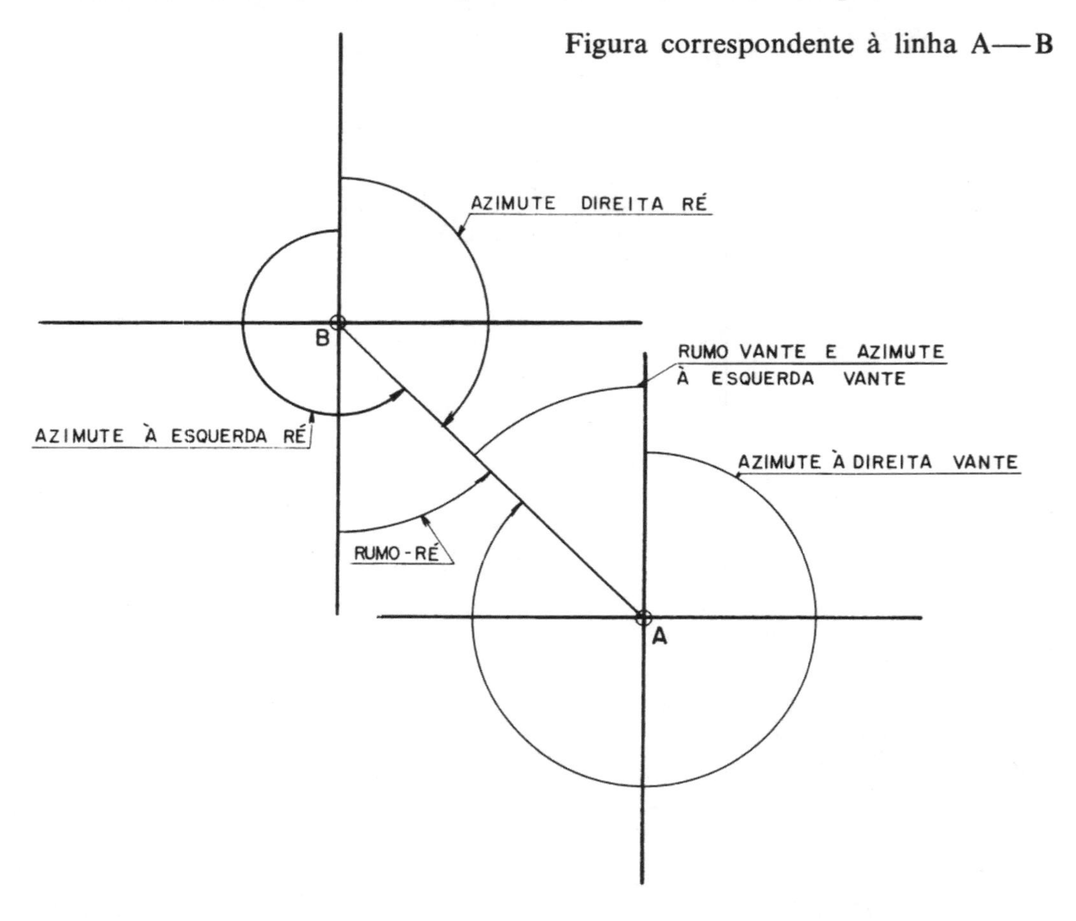

EXERCÍCIO 14

Calcular os rumos e determinar o erro de fechamento angular do polígono pelos rumos calculados e pela somatória dos ângulos internos.

Estaca	Ponto visado	Ângulo à direita	Rumo calculado
2	1		
	3	86° 07′	N 15° 32′ E
3	2		
	4	175° 10′	N 10° 42′ E
4	3		
	5	143° 58′	N 25° 20′ W
5	4		
	6	108° 45′	S 83° 25′ W
6	5		
	7	247° 12′	N 29° 23′ W
7	6		
	8	78° 53′	S 49° 30′ W
8	7		
	9	121° 08′	S 9° 22′ E
9	8		
	10	267° 33′	S 78° 11′ W
10	9		
	11	88° 13′	S 13° 36′ E
11	10		
	1	82° 47′	N 69° 11′ E
1	11		
	2	220° 11′	S 70° 38′ E

Σ = 1.619° 57′

Rumo 2-3	N 15° 32′ E	(dir.)
	− 4° 50′	(esq.)
Rumo 3-4	N 10° 42′ E	(dir.)
	− 36° 02′	(esq.)
Rumo 4-5	N 25° 20′ W	(esq.)
	+ 71° 15′	(esq.)
	96° 35′	
Rumo 5-6	S 83° 25′ W	(dir.)
	+ 67° 12′	(dir.)
	150° 37′	
Rumo 6-7	N 29° 23′ W	(esq.)
	+ 101° 07′	(esq.)
	130° 30′	
Rumo 7-8	S 49° 30′ W	(dir.)
	− 58° 52′	(esq.)
Rumo 8-9	S 9° 22′ E	(esq.)
	− 87° 33′	(dir.)
Rumo 9-10	S 78° 11′ W	(dir.)
	− 91° 47′	(esq.)
Rumo 10-11	S 13° 36′ E	(esq.)
	+ 97° 43′	(esq.)
	110° 49′	
Rumo 11-1	N 69° 11′ E	(dir.)
	+ 40° 11′	(dir.)
	109° 22′	
Rumo 1-2	S 70° 38′ E	(esq.)
	+ 93° 53′	(esq.)
	164° 31′	
Rumo 2-3	N 15° 29′ E	

Recálculo do rumo de 2-3, N 15° 29′ E: comparando o rumo inicial N 15° 32′ E vê-se que o erro de fechamento angular é de **3′**.

$(n\text{-}2)180°$ = (11-2)180°= 1.620°   1.620° – 1.619° 57′ = **erro de 3′**

(Figura na página seguinte)

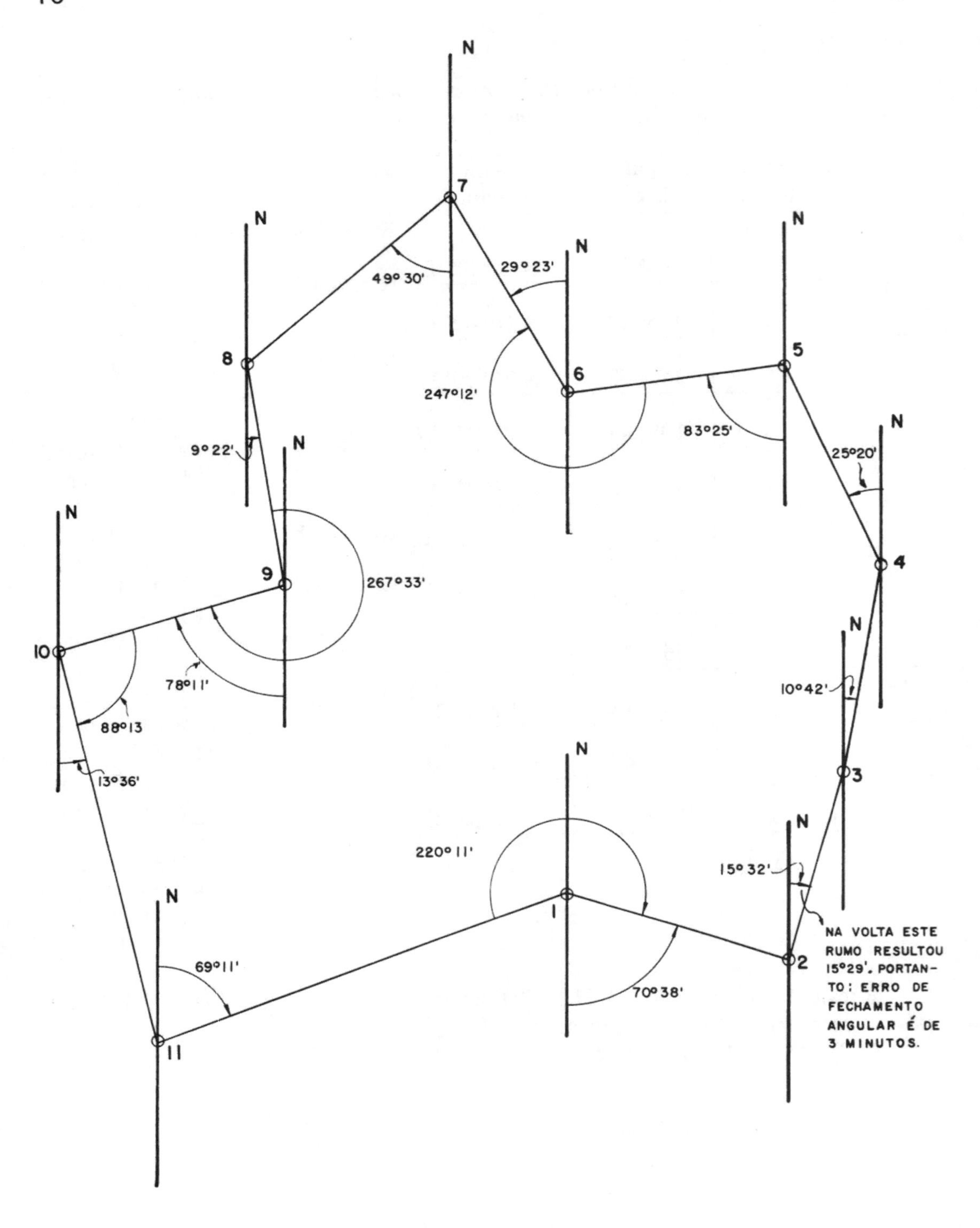
N
7
N
49° 30'
29° 23'
N
N
8
247°12'
6
5
83°25'
N
9°22'
N
25°20'
N
9
267°33'
4
10
N
10°42'
78°11'
88°13
13°36'
N
3
220° 11'
N
15° 32'
N
1
NA VOLTA ESTE RUMO RESULTOU 15°29'. PORTANTO: ERRO DE FECHAMENTO ANGULAR É DE 3 MINUTOS.
69°11'
2
70°38'
11

EXERCÍCIO 14a

Calculando os rumos das linhas, *determinar o erro de fechamento angular do polígono.* É dado o rumo de 1-2 = S 45, 124 E.

Estaca	Ângulo à direita em grados
1	83,242
2	107,806
3	165,910
4	204,344
5	108,008
6	76,320
7	289,110
8	176,666
9	188,004
	Σ = 1.399,410

Rumo 1-2	S 45,124 E	(esq.)
	+ 92,194	(esq.)
	137,318	
Rumo 2-3	N 62,682 E	(dir.)
	− 34,090	(esq.)
Rumo 3-4	N 28,592 E	(dir.)
	+ 4,344	(dir.)
Rumo 4-5	N 32,936 E	(dir.)
	− 91,992	(esq.)
Rumo 5-6	N 59,056 W	(esq.)
	+ 123,680	(esq.)
	182,736	
Rumo 6-7	S 17,264 W	(dir.)
	+ 89,110	(dir.)
	106,374	
Rumo 7-8	N 93,626 W	(esq.)
	+ 23,334	(esq.)
	116,960	
Rumo 8-9	S 83,040 W	(dir.)
	− 11,996	(esq.)
Rumo 9-1	71,044	(dir.)
	− 116,758	(esq.)
Rumo 1-2	S 45,714 E	

Diferença de rumo: 45,714 − 45,124 = 0,590 = erro de fechamento angular.
Comprovação: Σ ângulos internos = (n-2)200 = (9-2)200 = 1 400 grd 1 400-
-1 399,410 = 0,590 grd = erro de fechamento angular.

correção de rumos e azimutes

Quando se medem apenas os rumos dos lados de um polígono com bússola, os rumos vante e ré da mesma linha que deveriam ter valores numéricos iguais, podem apresentar pequenas diferenças provocadas por desvio da agulha magnética. Esse desvio da agulha pode ser provocado por atração local e será igual tanto na medida do rumo ré como vante. Portanto, corrigindo o rumo ré para fazê-lo igual ao vante da mesma linha, aplica-se a mesma correção no vante seguinte. Exemplo:

Linha	Rumo lido		Rumo corrigido
	vante	ré	
1-2	N 10° 00′ E	S 10° 20′ W	N 10° 00′ E
2-3	N 82° 20′ E		N 82° 00′ E

(S 10° 20′ W e N 82° 20′ E: mesma estaca 2)

a) verifica-se que para igualar o rumo ré (2-1) de S 10° 20′ W para S 10° 00′ W deve-se diminuir 20′. É necessário diminuir 20′ para fazê-lo 10° 00′, portanto igual numericamente ao vante corrigido N 10° 00′ E.

b) deve-se também corrigir 20′ no rumo vante N 82° 20′ E da linha 2-3, já que ambos os rumos assinalados foram medidos na mesma estaca (2).

c) a correção de 20′ é também para menos no rumo vante de 2-3, porque suas letras NE indicam o mesmo sentido (horário) que o rumo ré SW de 2-1 (também horário). Portanto o valor corrigido de 2-3 é N 82° 00′ E.

EXERCÍCIO 15

Corrigir os rumos, fazendo com que haja apenas uma direção da linha NS em todas as estacas (eliminando-se o efeito de atração local que faz com que a direção NS se desvie). *Determinar o erro de fechamento angular do polígono.*

Observação: lembrar que os rumos vante e ré devem ter valor numérico igual e letras trocadas.

Linha	Rumo lido		Rumo corrigido
	vante	ré	
1-2	S 4° 30′ E	N 4° 30′ W	**S 4° 30′ E**
2-3	S 89° 40′ E	S 89° 40′ W	**S 89° 40′ E**
3-4	N 18° 00′ E	S 18° 20′ W	**N 18° 40′ E**
4-5	N 10° 30′ W	S 9° 50′ E	**N 10° 10′ W**
5-1	S 70° 20′ W	N 70° 20′ E	**S 70° 00′ W**
1-2			**S 4° 50′ E**

Erro: 20′

Resposta: **o erro de fechamento angular é 20′.**

Esquema para correção do rumo da linha 3-4

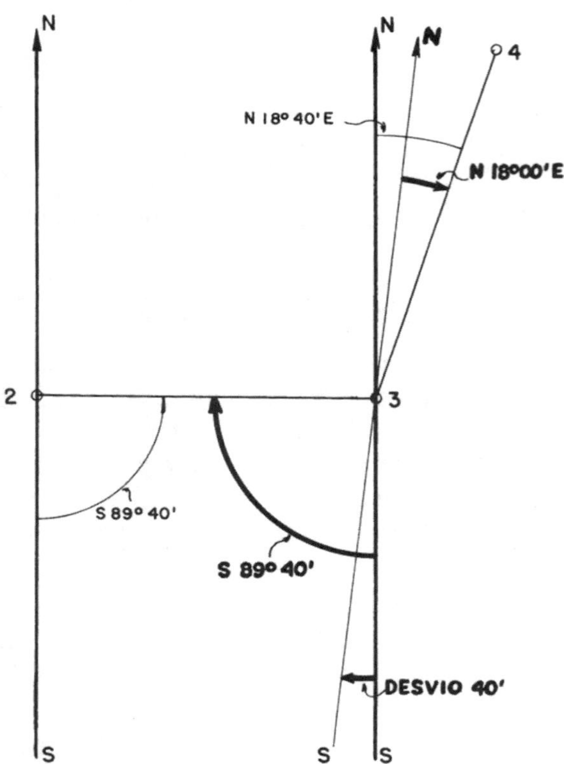

Vamos verificar este resultado calculando os ângulos internos do polígono através dos rumos vante e ré de cada estaca.

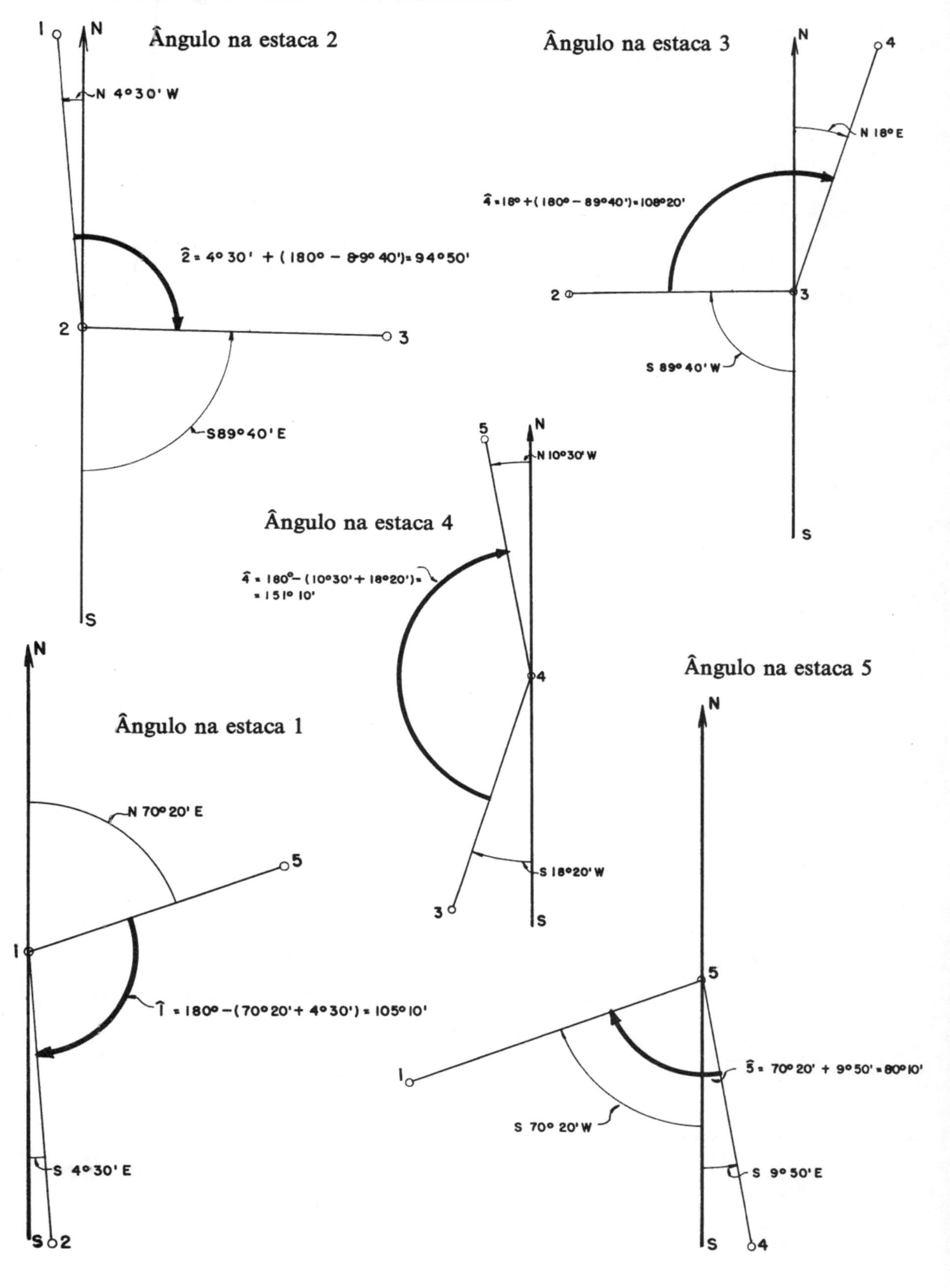

Estaca	Ângulo
1	105° 10′
2	94° 50′
3	108° 20′
4	151° 10′
5	80° 10′
	538° 100′
Total =	**539° 40′**

A soma dos ângulos internos é $\Sigma = (n\text{-}2)180$ onde n é o número de lados ou de vértices $\Sigma = (5\text{-}2)180 = 540°$

540° 00′
−539° 40′
erro de **0° 20′** como era esperado.

EXERCÍCIO 16

Em uma poligonal foi adotado como rumo calculado inicial da linha 1-2 o valor de N 0° 30′ E. Calculando-se o rumo desta mesma linha, no fechamento, resultou o valor de N 1° 00′ W. *Dizer qual é o erro de fechamento angular, valor e sentido.*

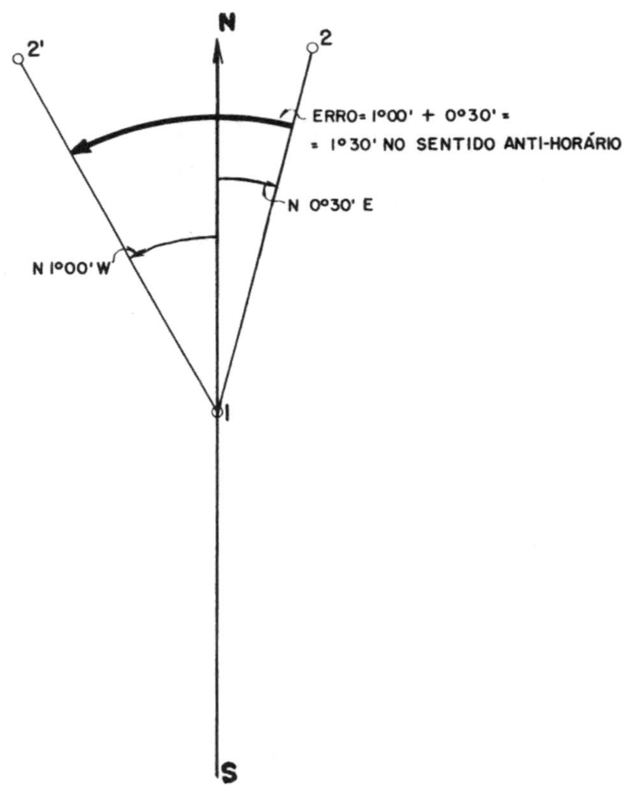

EXERCÍCIO 17

Corrigir os rumos, determinando o erro de fechamento angular do polígono.

Linha	Rumo lido		Rumo corrigido
	vante	ré	
1-2	S 15° 20′ E	N 15° 00′ W	**S 15° 20′ E**
2-3	S 88° 10′ E	N 88° 00′ W	**S 88° 30′ E**
3-4	N 42° 40′ E	S 43° 00′ W	**N 42° 10′ E**
4-5	N 72° 00′ W	S 72° 00′ E	**N 72° 50′ W**
5-1	S 32° 30′ W	N 32° 00′ E	**S 31° 40′ W**
1-2			**S 15° 40′ E**

Diferença: erro de 20′

EXERCÍCIO 18

Corrigir os rumos do polígono, determinando o erro de fechamento angular.

Linha	Rumo lido		Rumo corrigido
	vante	ré	
3-4	S 10° 20′ E	N 9° 40′ W	**S 10° 20′ E**
4-5	S 70° 00′ E	N 69° 40′ W	**S 70° 40′ E**
5-6	S 89° 30′ E	S 89° 00′ W	**N 89° 30′ E**
6-1	N 0° 10′ W	S 0° 20′ W	**N 0° 20′ E**
1-2	N 72° 00′ W	S 72° 30′ E	**N 72° 00′ W**
2-3	S 45° 40′ W	N 46° 40′ E	**S 46° 10′ W**
3-4			**S 10° 50′ E**

Diferença: erro de 30′

EXERCÍCIO 19

Calcular o erro de fechamento angular do triângulo, corrigindo os azimutes. Observação: lembrar que os azimutes ré e vante da mesma linha devem ser diferenciados em 180°

Linha	Azimute lido (à direita)		Azimute corrigido
	vante	ré	
1-2	115° 30′	295° 00′	**115° 30′**
2-3	310° 00′	130° 00′	**310° 30′**
3-1	42° 00′	221° 30′	**42° 30′**
1-2			**116° 30′**

Diferença: erro de 1°

rumos e azimutes magnéticos e verdadeiros

Rumos e azimutes magnéticos são aqueles medidos da direção norte e sul magnética, portanto medidos com ajuda de agulha imantada (bússolas ou declinatórias).

Rumos e azimutes verdadeiros são aqueles medidos a partir da direção norte--sul verdadeira ou geográfica, portanto com ajuda de observação aos astros (sol, estrelas).

O ângulo entre as duas direções N-S chama-se declinação magnética e varia com o tempo e local. Entre outras variações pequenas ou incontroláveis, porque são acidentais, existe a chamada variação secular que tem valor surpreendentemente constante por ano, durante dezenas de anos. Desta forma pode-se transportar um rumo magnético de uma data para outra ou mesmo transformar rumos magnéticos em verdadeiros ou vice-versa. Os anuários publicados por observatórios geralmente anexam mapas de linhas isogônicas e isopóricas que ajudam nas operações citadas.

A declinação magnética é o ângulo formado pelas duas direções de linha N-S, porém sempre medido na ponta norte, do norte verdadeiro para o norte magnético (ver desenhos nos exercícios). Para tal é necessário transformar data (dia, mês e ano) em valor decimal. Exemplo:

1/1/1960 → 1959,0   1/7/1948 → 1947,5

1/4/1971 → 1970,25   1/10/1955 → 1954,75 etc. ...

EXERCÍCIO 20

O rumo magnético da linha 1-2 medido em 1/7/68 é S 10° 10′ W. *Calcular o rumo magnético da linha em 1/10/1950 e também o rumo verdadeiro da linha.*

Do anuário de 1960,0: { declinação magnética local: 12° 05′ W; variação anual da declinação magnética: 7′ W }

Cálculo do rumo magnético:

1/10/1950 → 1949,75
1/7/1968 → 1967,50

Diferença de datas:

1967,50 − 1949,75 = 17,75

17,75 × 7′ = 124′,25 = 2° 04′,25

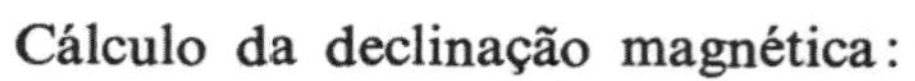

Cálculo da declinação magnética:

1/7/68 → 1967,50

1967,50 − 1960,00 = 7,5

7,5 × 7′ = 52′,5 para W

Declinação magnética:

12° 05′ + 52′,5 = 12° 57′,5 W

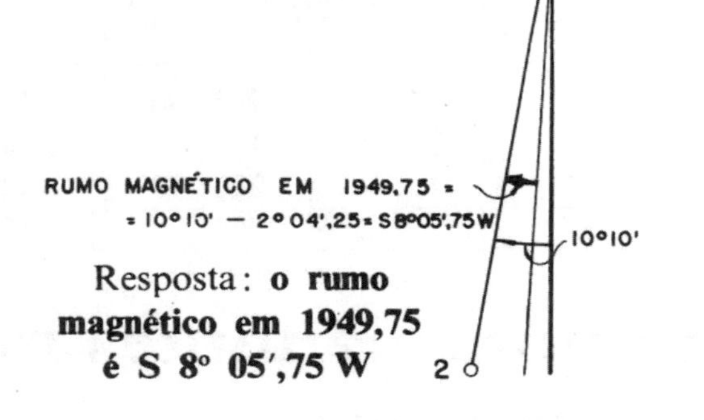

Resposta: o **rumo magnético em 1949,75 é S 8° 05′,75 W**

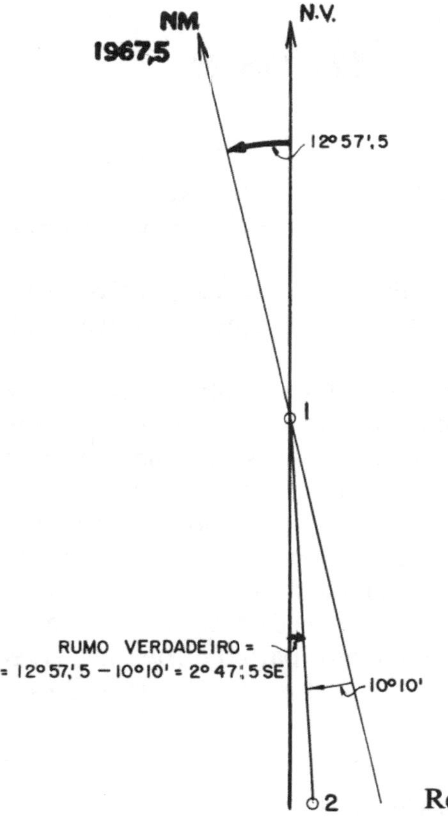

Resposta: **o rumo verdadeiro de 1-2 é S 2° 47′,5 E**

EXERCÍCIO 21

Calcular o rumo magnético de AB em 1/4/70 sabendo que o rumo verdadeiro é S 32° 10′ E

Do anuário de 1960,0: declinação magnética local: 2° para W; variação anual da declinação magnética: 6′ para W

1/4/70 → 1969,25

Diferença de datas: 1969,25 – 1960,00 = 9,25
9,25 × 6′ = 55′,5 para W
2° 00′ + 55′,5 = 2° 55′,5 para W, declinação magnética em 1/4/70

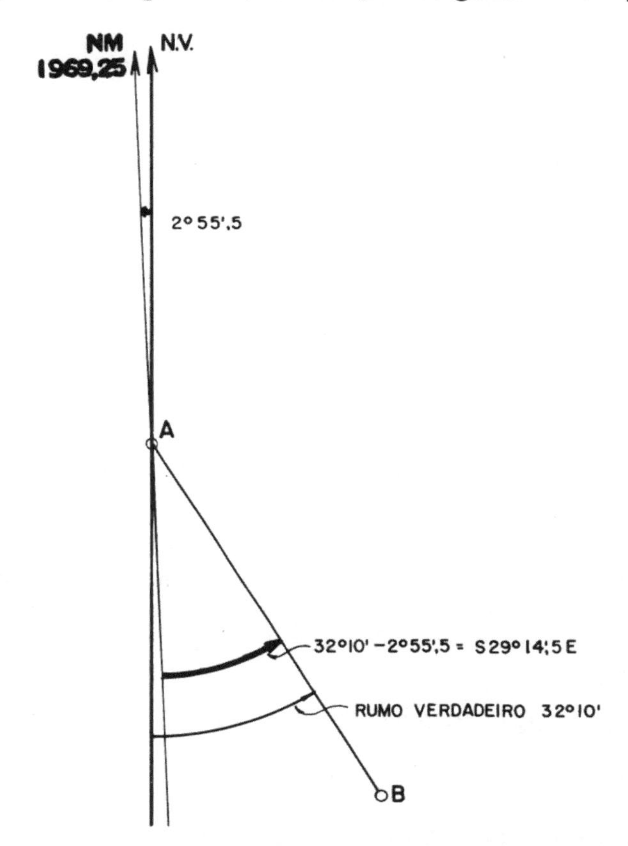

Resposta: **o rumo magnético de AB em 1/4/70 é S 29° 14′,5 E**

EXERCÍCIO 22

Calcular o rumo verdadeiro de AB, sabendo que em 1/1/1960 seu rumo magnético era N 32° 00′ W

Do anuário de 1965,0: declinação magnética local: 3° 30′ W; variação anual da declinação magnética: 9′ W

1/1/1960 → 1959,0
Diferença de datas: 1965,0 – 1959,0 = 6 anos

6 × 9′ = 54′ W (variação total).
Declinação magnética em 1959,0: 3° 30′ – 54′ = 2° 36′ para W

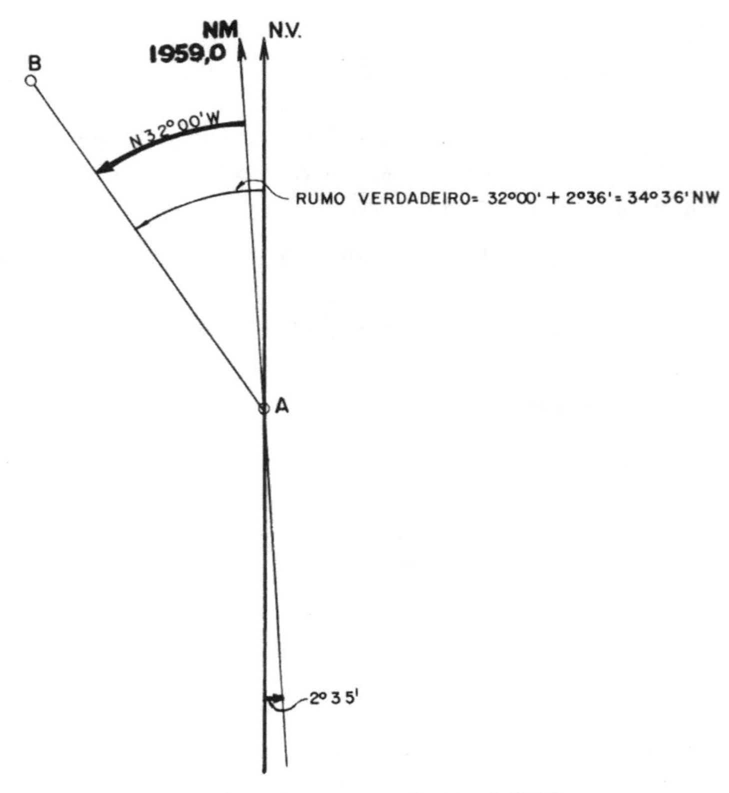

Resposta: **o rumo verdadeiro de AB é N 34° 36′ W**

EXERCÍCIO 23

Determinar a variação anual da declinação magnética local, sabendo que uma linha tinha rumo magnético de S 42° 00′ W em 1/7/1964, e de S 40° 39′ W em 1/4/1971.

Diferença dos rumos: 42° 00′ – 40° 39′ = 1° 21′
1° 21′ = 81′

Diferença de datas: 1970,25 – 1963,5 = 6,75

$$\frac{81}{6,75} = 12'$$

Resposta: **a variação anual é de 12′ para leste**

EXERCÍCIO 24

A linha MN teve o rumo magnético medido em 1 de outubro de 1952 resultando S 32° 30′ W. *Calcular o rumo magnético em 1 de janeiro de 1970 e o rumo verdadeiro.*

Do anuário de 1960,0: { declinação magnética: 2° 05′ E; variação anual da declinação magnética: 6′ W }

Cálculo do rumo magnético:

1/1/1970 → 1969,0 — 17,25 × 6 = 103′,5 = 1° 43′,5 W
1/10/1952 → 1951,75
17,25

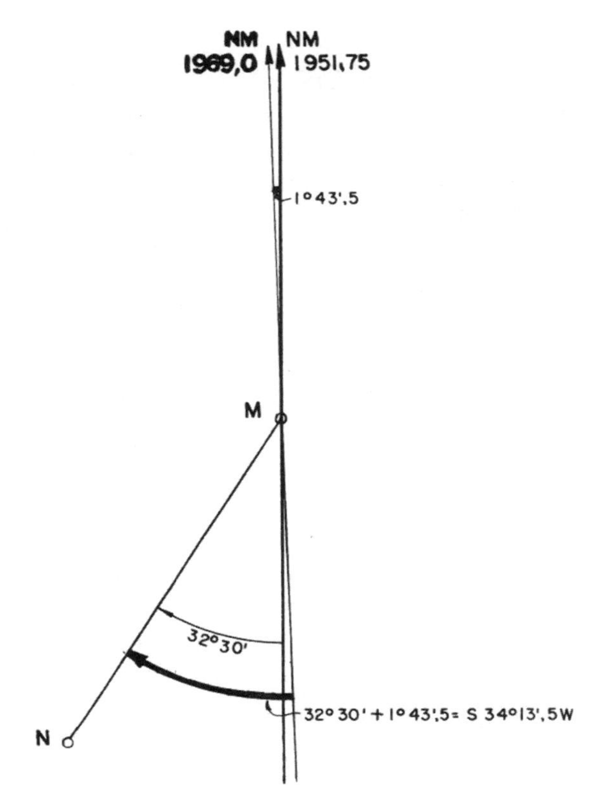

Resposta: **o rumo magnético em 1/1/1970 = S 34° 13′,5 W**

Cálculo do rumo verdadeiro

1960,0	8,25 × 6′ = 49′,5 p/ E (pois é para data anterior)
− 1951,75	Declinação em 1960,0: 2° 05′ E
8,25	variação: 49,5 E
	Declinação em 1951,75: 2° 54,5 E

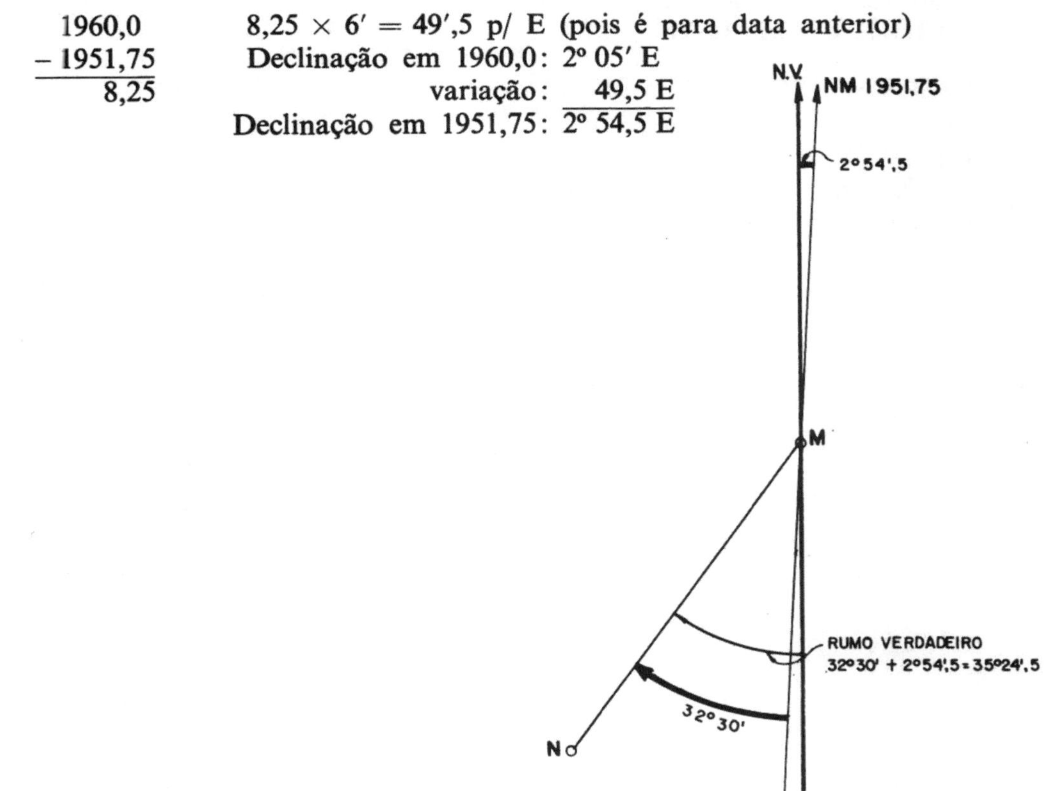

Resposta: **o rumo verdadeiro de MN = S 35° 24′,5 W**

EXERCÍCIO 25

Reavivar o rumo magnético da linha 10-11, N 32° 10′ W, medido em 1/7/68 para 1/1/72 e calcular também o rumo verdadeiro da linha 10-11.

Do anuário de 1965,0: declinação magnética local: 8° 15′ W; variação anual da declinação magnética: 6′ E

Cálculo do rumo magnético:

1/1/72 = 1971,0
1/7/68 = 1967,5
3,5 × 6 = 21′ para E

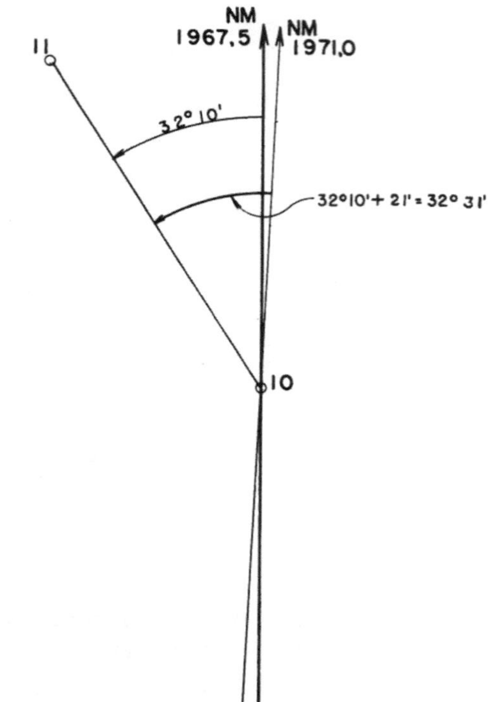

Resposta: **o rumo magnético de 10-11 em 1/1/72 é N 32° 31′ W**

Cálculo do rumo verdadeiro:

1967,5
1965,0
2,5 × 6 = 15′ para E
8° 15′ W − 15′ para E = 8° para W

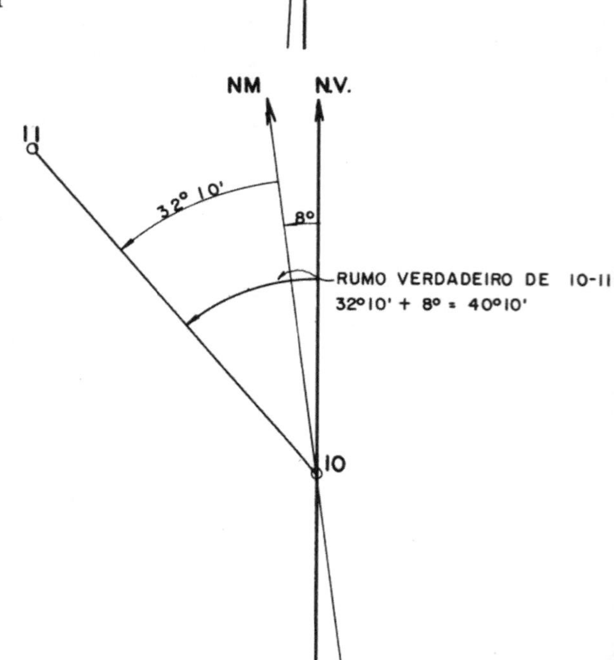

Resposta: **o rumo verdadeiro de 10-11 é N 40° 10′ W**

EXERCÍCIO 26

Calcular o rumo verdadeiro da linha AB, cujo rumo magnético, medido em 1 de outubro de 1960 é S 14° 00′ E.

Do anuário de 1960,0: declinação magnética: 3° 10′ E; variação anual da declinação magnética: 8′ W

1960,0
1959,75

$0{,}25 \times 8 = 2'$ E

declinação magnética em 1959,75:
$3° 10' + 2' = 3° 12'$ E

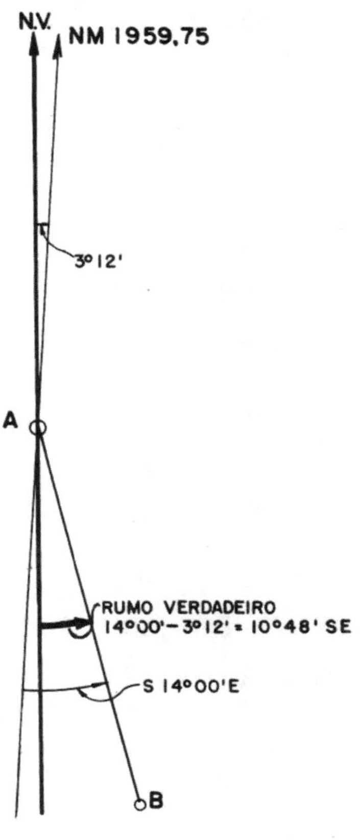

Resposta: **o rumo verdadeiro de AB é S 10° 48′ E**

EXERCÍCIO 26a

Sabe-se que o ângulo 1-2-3 é reto com vértice em 2. Numa planta de 1/11/1960, consta que o rumo magnético de 1-2 é S 68° 10′ E. Em 1/9/1977, mediu-se o rumo magnético de 2-3, resultando N 23° 31′ E. Calcular a variação anual da declinação magnética, no período.

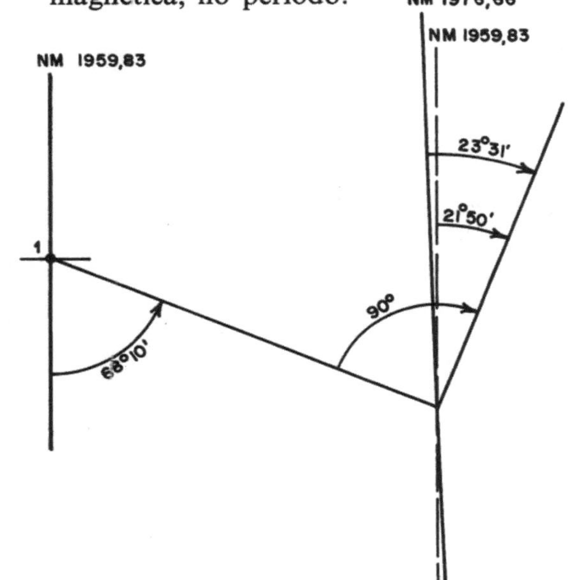

Solução

$$90° 00' - 68° 10' = 21° 50' \qquad 23° 31' - 21° 50' = 1° 41'$$

$1° 41' = 101'$

Diferença de tempo em anos

1/9/77 = 1976,66
1/11/60 = 1959,83
16,83 anos

$$\frac{101'}{16{,}83} = 6'$$ por ano e a variação foi para W

Resposta: **a variação anual foi de 6′ W.**

correção de coordenadas

EXERCÍCIO 27

Calcular o erro de fechamento em x, em y e o erro de fechamento linear absoluto; corrigir a abscissa x_{45} *e a ordenada* y_{45}.

Dados: $\Sigma x_E = 1.249{,}75$ $\Sigma y_N = 849{,}80$

$\Sigma x_W = 1.250{,}25$ $\Sigma y_S = 850{,}20$

$x_{45} = 50{,}00$ E

$y_{45} = 42{,}50$ S

$$\begin{array}{r} 1.250{,}25 \\ -\,1.249{,}75 \\ \hline ex = 0{,}50 \end{array} \qquad \begin{array}{r} 850{,}20 \\ -\,849{,}80 \\ \hline ey = 0{,}40 \end{array}$$

$$\text{Ef} = \sqrt{\text{e}\ x^2 + \text{e}\ y^2}$$

$$\text{Ef} = \sqrt{0{,}5^2 + 0{,}4^2} = \sqrt{0{,}41}$$

Resposta: **Ef = 0,64**

Correção para x $\quad Cx_{45} = x_{45} \dfrac{ex}{\Sigma x}$

$$Cx_{45} = 50{,}00 \frac{0{,}5}{1.249{,}75 + 1.250{,}25} = \frac{50 \times 0{,}5}{2.500} = \frac{25}{2.500} = 0{,}01$$

x corrigido: 50,00 + 0,01 = **50,01**

Correção para y $\quad Cy_{45} = y_{45} \dfrac{ey}{\Sigma y}$

$$Cy_{45} = 42{,}50 \frac{0{,}4}{849{,}80 + 850{,}20} = \frac{42{,}5 \times 0{,}4}{1.700} = \frac{17}{1.700} = 0{,}01$$

y corrigido: 42,50 – 0,01 = **42,49**

EXERCÍCIO 28

Corrigir as coordenadas do lado 7-8 sabendo que x = 40,00 para o leste, y = 20,00 para o sul.

Dados: $\Sigma x_E = 1.299{,}35$ $\Sigma x_W = 1.300{,}65$

$\Sigma y_N = 900{,}45$ $\Sigma y_S = 899{,}55$

$$\begin{array}{r} 1.300{,}65 \\ -\,1.299{,}35 \\ \hline ex\colon 1{,}30 \end{array} \qquad \begin{array}{r} 900{,}45 \\ -\,899{,}55 \\ \hline ey\colon 0{,}90 \end{array}$$

$$Cx = 40{,}00 \frac{1{,}30}{1.299{,}35 + 1.300{,}65} = 0{,}02$$

$$Cy = 20{,}00 \frac{0{,}90}{900{,}45 + 899{,}55} = 0{,}01$$

x corrigido: 40,00 + 0,02 = **40,02**

y corrigido: 20,00 + 0,01 = **20,01**

EXERCÍCIO 29

Corrigir as coordenadas parciais da linha AB cujo rumo está no quadrante NW.

Dados: $x = 40{,}05$ $y = 51{,}10$

$\Sigma x_E = 800{,}40$ $\Sigma y_N = 479{,}52$

$\Sigma x_W = 799{,}60$ $\Sigma y_S = 480{,}48$

$$Cx = 40{,}05 \frac{800{,}40 - 799{,}60}{800{,}40 + 799{,}60} = 40{,}05 \frac{0{,}8}{1.600} = 0{,}02$$

$$Cy = 51{,}10 \frac{480{,}48 - 479{,}52}{480{,}48 + 479{,}52} = 51{,}10 \frac{0{,}96}{960{,}00} = 0{,}05$$

x corrigido: 40,05 + 0,02 = **40,07**

y corrigido: 51,10 + 0,05 = **51,15**

EXERCÍCIO 30 (refere-se à correção em poligonais secundárias)

Determinar o erro de fechamento em x, em y e corrigir as coordenadas do lado 5-C_1

Linha	Coordenadas parciais			
	x		y	
	E	W	N	S
5-C_1		32		30
C_1-C_2		14		10
C_2-C_3	10			7
C_3-C_4	2		12	
C_4-C_5	4		7	
C_5-C_6		2		32
C_6-10		22		24
subtotal	**16**	**70**	**19**	**103**
10-5	**53**		**82**	
total	**69**	**70**	**101**	**103**
	ex = **1**		ey = **2**	

Coordenadas totais

$X_5 = 110$

$Y_5 = -132$

$X_{10} = 57$

$Y_{10} = -214$

$x_{10-5} = X_5 - X_{10} = \mathbf{110 - 57 = 53}$

$y_{10-5} = Y_5 - Y_{10} = \mathbf{-132-(-214) = 82}$

Os valores dados estão em normal. **Os valores calculados em preto.**

$$Cx = 32\,\frac{70-69}{16+70} = \frac{32 \times 1}{86} = 0{,}37$$

$$Cy = 30\,\frac{103-101}{19+103} = 30\,\frac{2}{122} = 0{,}49$$

x corrigido: 32 – 0,37 = **31,63**

y corrigido: 30 – 0,49 = **29,51**

EXERCÍCIO 31

Calcular erro de fechamento linear e correção de coordenadas. Determinar: erro em x; erro em y; erro de fechamento linear absoluto (E)*; erro de fechamento linear relativo* (M)*; $x_{3\text{-}4}$ corrigida; $y_{3\text{-}4}$ corrigida.*

Somatória de x_E: 1.999,60 Perímetro: 4.235,48 m
Somatória de x_W: 2.000,40
Somatória de y_N: 489,51
Somatória de y_S: 490,49
O lado 3-4 tem rumo SE e coordenadas $x = 38{,}10$ $y = 50{,}04$

$ex = 2.000{,}40 - 1.999{,}60 = \mathbf{0{,}80\ m}$

$ey = 490{,}49 - 489{,}51 = \mathbf{0{,}98\ m}$

$E = \sqrt{0{,}8^2 + 0{,}98^2} = \sqrt{1{,}6004} = \mathbf{1{,}26\ m}$

$$M = \frac{P}{E} = \frac{4.235{,}48}{1{,}26} = \mathbf{3.361{,}49} \qquad \mathbf{1: 3.361{,}49}$$

$$Cx = 38{,}10\,\frac{0{,}80}{1.999{,}60 + 2.000{,}40} = 38{,}10\,\frac{0{,}8}{4.000} = \mathbf{0{,}01}$$

x corrigido: 38,10 + 0,01 = **38,11 m**

$$Cy = 50{,}04\,\frac{0{,}98}{489{,}51 + 490{,}49} = 50{,}04\,\frac{0{,}98}{980{,}00} = \mathbf{0{,}05}$$

y corrigido: 50,04 – 0,05 = **49,99**

EXERCÍCIO 31a

Corrigir todas as coordenadas do polígono, verificando o fechamento linear do polígono, após a correção.

Linha	Coordenadas parciais								Coordenadas parciais corrigidas			
	x				y				x		y	
	E	c	W	c	N	c	S	c	E	W	N	S
1-2	**15**	**0,21**			**10**	**0,22**			14,79		10,22	
2-3	**9**	**0,13**					**7**	**0,15**	8,87			6,85
3-4	**17**	**0,24**			**6**	**0,13**			16,76		6,13	
4-5	**16**	**0,23**					**20**	**0,43**	15,77			19,57
5-6			**8**	**0,11**			**16**	**0,34**		8,11		15,66
6-7	**6**	**0,09**					**17**	**0,37**	5,91			16,63
7-8			**30**	**0,43**			**11**	**0,24**		30,43		10,76
8-9			**8**	**0,11**	**25**	**0,54**				8,11	25,54	
9-10			**23**	**0,33**	**7**	**0,15**				23,33	7,15	
10-1	**8**	**0,11**			**20**	**0,43**			7,89		20,43	
	71		**69**		**68**		**71**		**69,99**	**69,98**	**69,47**	**69,47**

$ex = 2$ $ey = 3$

Constante de correção para x: $\frac{2}{140} = 0{,}0142857$

Constante de correção para y: $\frac{3}{139} = 0{,}0215827$

a diferença $69{,}99 - 69{,}98 = 0{,}01$ é um erro residual causado pelo abandono de casas decimais.

EXERCÍCIO 31b

Corrigir as coordenadas parciais da poligonal secundária até a segunda casa decimal.

Linha	Coordenadas parciais			
	x		y	
	E	W	N	S
7-B_1	19			8
B_1-B_2		7		20
B_2-B_3	20			3
B_3-B_4	17		12	
B_4-B_5	24			5
B_5-B_6		9		33
B_6-B_7		20		21
B_7-20	4			19
Soma	84	36	12	109

Coordenadas totais de estacas da poligonal principal. Dados:

$X_7 = 101$ $X_{20} = 151$
$Y_7 = +18$ $Y_{20} = -76$

Solução

Cálculo das coordenadas parciais do lado imaginário 20-7.

$$x_{20-7} = X_7 - X_{20} = 101 - 151 = -50 = 50\ \text{W}$$
$$y_{20-7} = Y_7 - Y_{20} = 18 - (-76) = +94 = 94\ \text{N}$$

Verificação dos erros de fechamento:

	E	W	N	S
Soma	84	36	12	109
20-7		50	94	
Total	84	86	106	109
	$e_x = 2$		$e_y = 3$	

A seguir serão corrigidas as coordenadas da poligonal secundária até a segunda casa decimal, aplicando-se as fórmulas

$$C_{x_{A-B}} = x_{A-B}\frac{e_x}{\Sigma x} \qquad C_{y_{A-B}} = y_{A-B}\frac{e_y}{\Sigma y}.$$

onde $\frac{e_x}{\Sigma x} = \frac{2}{84+36} = 0{,}016667 \qquad \frac{e_y}{\Sigma y} = \frac{3}{121} = 0{,}024793.$

Tabela das coordenadas corrigidas até a segunda casa decimal

Linha	Coordenadas parciais								Coordenadas parciais corrigidas			
	x				y				x		y	
	E	(+) c	W	(−) c	N	(+) c	S	(−) c	E	W	N	S
7-B_1	19	0,32					8	0,20	19,32			7,80
B_1-B_2			7	0,12			20	0,50		6,88		19,50
B_2-B_3	20	0,33					3	0,07	20,33			2,93
B_3-B_4	17	0,28			12	0,30			17,28		12,30	
B_4-B_5	24	0,40					5	0,12	24,40			4,88
B_5-B_6			9	0,15			33	0,82		8,85		32,18
B_6-B_7			20	0,33			21	0,52		19,67		20,48
B_7-20	4	0,07					19	0,47	4,07			18,53
Subtotal	84		36		12		109		85,40	35,40	12,30	106,30
20-7			50		94					50,00	94,00	
Total	84		86		106		109		85,40	85,40	106,30	106,30

EXERCÍCIO 31c

Calcular o comprimento do lado 4-5 e o rumo do lado 5-6.
Dados

$$\text{Coordenadas totais de 4}\begin{cases} X = 32 \\ Y = -48 \end{cases}$$

$$\text{Coordenadas totais de 6}\begin{cases} X = 102 \\ Y = -8 \end{cases}$$

Rumo de 4-5 = N 85° 15',3 E

Comprimento de 5-6 = 42,00 m

Observação: o ângulo 4-5-6 é maior que 90°.

Solução

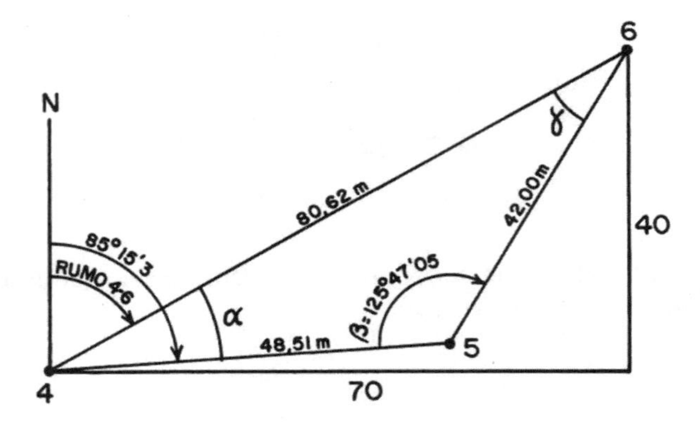

Cálculo das coordenadas parciais do lado imaginário 4-6:

$$x_{4-6} = X_6 - X_4 = 102 - 32 = +70 \text{ E}$$
$$y_{4-6} = Y_6 - Y_4 = -8 - (-48) = +40 \text{ N}$$
$$l_{4-6} = \sqrt{70^2 + 40^2} = 80{,}62 \text{ m}$$

$$\text{tg rumo 4-6} = \frac{x}{y} = \frac{70}{40} = 1{,}75 \therefore \text{rumo 4-6} = \text{N } 60°\ 15{,}'3 \text{ E}$$

$$\therefore \alpha = 85°\ 15{,}3 - 60°\ 15{,}'3 = 25°$$

$$\text{sen } \beta = \text{sen } 25° \frac{80{,}62}{42} = 0{,}81123 \therefore \beta = 54°\ 12{,}'95 \text{ ou}$$

$$180\text{-}54°\ 12{,}'95 = 125°\ 47{,}'05.$$

Será aceito o valor 125° 47,'05, em virtude da condição imposta de ser maior que 90°,

$$\therefore \gamma = 180° - (25° + 125°\ 47{,}'05) = 29°\ 12{,}'95$$

$$l_{5-6} = 42{,}00 \frac{\text{sen } 29°\ 12{,}'95}{\text{sen } 25°} = 48{,}51 \text{ m.}$$

Cálculo do rumo de 5-6:

Rumo 4-5 =	N 85° 15,'3 E	direita
−	54° 12,'95	esquerda
Rumo 5-6 =	N 30° 02,'35 E	

Respostas: comprimento de 4-5 = 48,51 m
rumo de 5-6 = N 30° 02,'35 E.

cálculo da área de polígono, por duplas distâncias meridianas

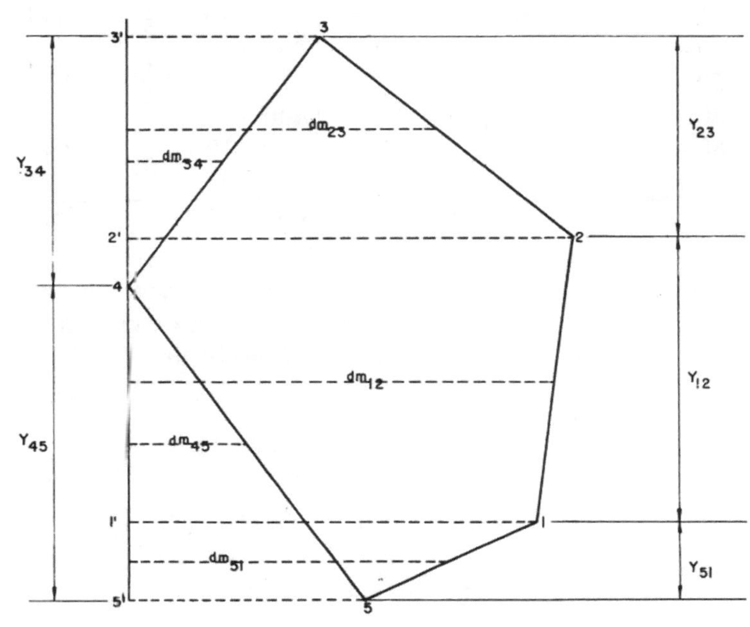

Observação: usa-se o ponto mais oeste como origem, para evitar duplas distâncias meridianas negativas.

Área 1-2-3-4-5 = 3'322' + 2'211' + 1'155' − 3'34 − 455'

Área 1-2-3-4-5 = $dm_{23}y_{23} + dm_{12}y_{12} + dm_{51}y_{51} - dm_{34}y_{34} - dm_{45}y_{45}$

dm: distância meridiana (distância da origem até o meio do lado).

Regra para calcular a distância meridiana de um lado: "a distância meridiana de um lado qualquer é igual à distância meridiana do lado anterior, mais a metade da abscissa do lado anterior, mais a metade da abscissa do próprio lado".

$dm_{1\text{-}2} = dm_{5\text{-}1} + \frac{x_{51}}{2} + \frac{x_{12}}{2}$. Para não trabalhar com metades, usa-se a ddm, que é a dupla distância meridiana (basta multiplicar por 2).

$ddm_{1\text{-}2} = ddm_{5\text{-}1} + x_{51} + x_{12}$. Substituindo na fórmula da área temos:

$$2 \times \text{Área 1-2-3-4-5} = \underbrace{(ddm_{23}y_{23} + ddm_{12}y_{12} + ddm_{51}y_{51})}_{\text{produtos Norte}} - \underbrace{(ddm_{34}y_{34} + ddm_{45}y_{45})}_{\text{produtos Sul}}$$

2A = Σ produtos Norte − Σ produtos Sul

$$A = \frac{\Sigma\, p\, N - \Sigma\, p\, S}{2}$$

O produto é Norte quando o y é Norte e Sul quando o y é Sul.

EXERCÍCIO 32

Calcular a área do polígono pelo método das duplas distâncias meridianas com origem no ponto mais oeste.

Linha	Coordenadas parciais x E	x W	y N	y S	Duplas distâncias meridianas	produtos Norte	produtos Sul
0-1	5			40	55+55+ 5=115		40×115=4.600
1-2	10			10	115+ 5+10=130		10×130=1.300
2-3	10		80		130+10+10=150	80×150=12.000	
3-4		20		5	150+10−20=140		5×140= 700
4-5		40	30		140−20−40= 80	30× 80= 2.400	
5-6		20		10	80−40−20= 20		10× 20= 200
6-0	55			45	0+ 0+55= 55		45× 55=2.475
	80	80	110	110		Σ p N=14.400	Σ p S=9.275

Procura do ponto mais oeste

estaca	X
0	0
	+5
1	+5
	+10
2	+15
	+10
3	+25
	−20
4	+5
	−40
5	−35
	−20
6	−55
	+55
0	0

Observação: **a parte enquadrada em preto constitui a solução do problema.**

O ponto mais oeste é a estaca 6 porque apresenta o maior valor negativo

$$\text{Área: } \frac{14.400 - 9.275}{2} =$$

= **2.562,5 unidades ao quadrado**

EXERCÍCIO 33

Calcular a área por duplas distâncias meridianas a partir do ponto mais oeste.

Linha	Coordenadas parciais x E	x W	y N	y S	Duplas distâncias meridianas	produtos Norte	produtos Sul
1-2	4			12	74−12+ 4=66		12×66= 792
2-3		22		13	66+ 4−22=48		13×48= 624
3-4		13	35		48−22−13=13	35×13=455	
4-5	18		22		0+ 0+18=18	22×18=396	
5-6	9			16	18+18+ 9=45		16×45= 720
6-7	6		15		45+ 9+ 6=60	15×60=900	
7-8	15			8	60+ 6+15=81		8×81= 648
8-9	2			16	81+15+ 2=98		16×98=1.568
9-10		7		13	98+ 2− 7=93		13×93=1.209
10-1		12	6		93− 7−12=74	6×74=444	
	54	54	78	78		2.195	5.561

O ponto mais oeste é a estaca 4, portanto inicia-se o cálculo das *ddm* pela linha 4-5

$$\text{Área: } \frac{5.561 - 2.195}{2} =$$ **1.683 unidades ao quadrado**

Sempre se faz o produto maior menos o menor, porque não tem significado em topografia área negativa. Também sempre que se numera o polígono no sentido horário, a somatória dos produtos Sul resulta maior do que a somatória dos produtos Norte e vice-versa.

EXERCÍCIO 34

Calcular a área por ddm a partir do ponto mais oeste

Linha	Coordenadas parciais				Duplas distâncias meridianas	produtos Norte	produtos Sul
	x		y				
	E	W	N	S			
4-5		16	8		35 − 3 − 16 = 16	8 × 16 = 128	
5-6	32		34		0 + 0 + 32 = 32	34 × 32 = 1.088	
6-1		9		25	32 + 32 − 9 = 55		25 × 55 = 1.375
1-2	31		26		55 − 9 + 31 = 77	26 × 77 = 2.002	
2-3		35		62	77 + 31 − 35 = 73		62 × 73 = 4.526
3-4		3	19		73 − 35 − 3 = 35	19 × 35 = 665	
	63	63	87	87		3.883	5.901

O ponto mais oeste é a estaca 5, portanto o cálculo das duplas distâncias meridianas começa pela linha 5-6.

Área: $\frac{5.901 - 3.883}{2}$ = **1.009 unidades ao quadrado**

EXERCÍCIO 35

Calcular a área por ddm a partir do ponto mais oeste. Observação: este exercício é também resolvido pelo método das coordenadas dos vértices, no capítulo seguinte (Exercício 40)

Linha	Coordenadas parciais				Duplas distâncias medianas	produtos Norte	produtos Sul
	x		y				
	E	W	N	S			
1-2		8		6	27 − 5 − 8 = 14		6 × 14 = 84
2-3		3		8	14 − 8 − 3 = 3		8 × 3 = 24
3-4	6		2		0 + 0 + 6 = 6	2 × 6 = 12	
4-5	1			5	6 + 6 + 1 = 13		5 × 13 = 65
5-6	9		10		13 + 1 + 9 = 23	10 × 23 = 230	
6-1		5	7		23 + 9 − 5 = 27	7 × 27 = 189	
						3 431	173

O ponto mais oeste é a estaca 3

Área: $\frac{431 - 173}{2}$ = **129 unidades ao quadrado**

EXERCÍCIO 36

Calcular a área do polígono por duplas distâncias meridianas; desenhar o polígono pelas coordenadas totais para tentar justificar o estranho resultado obtido.

Linha	Coordenadas parciais				ddm	produtos Norte	produtos Sul
	x		y				
	E	W	N	S			
1-2		20		50	160 + 160 − 20 = 300		50 × 300 = 15.000
2-3		40		20	300 − 20 − 40 = 240		20 × 240 = 4.800
3-4		20	90		240 − 40 − 20 = 180	90 × 180 = 16.200	
4-5		20	90		180 − 20 − 20 = 140	90 × 140 = 12.600	
5-6		40		20	140 − 20 − 40 = 80		20 × 80 = 1.600
6-7		20		50	80 − 40 − 20 = 20		50 × 20 = 1.000
7-1	160			40	0 + 0 + 160 = 160		40 × 160 = 6.400
						ΣpN = 28.800	ΣpS = 28.800

$$\text{Área: } \frac{\Sigma pN - \Sigma pS}{2} = \textbf{zero}$$

Por que obteve-se este resultado estranho?

Podemos saber calculando as coordenadas totais, a partir da estaca 7, que é o ponto mais a oeste.

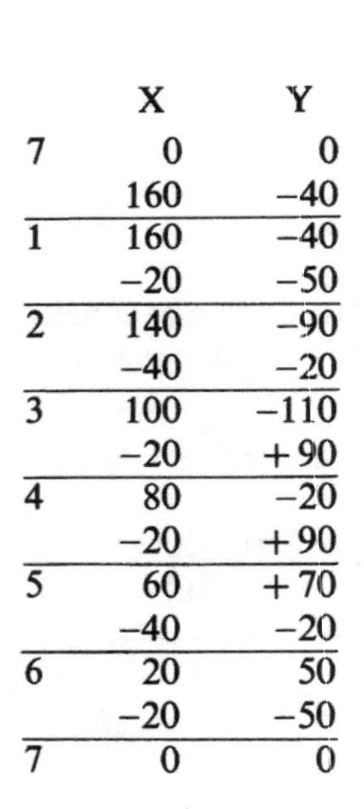

	X	Y
7	0	0
	160	−40
1	160	−40
	−20	−50
2	140	−90
	−40	−20
3	100	−110
	−20	+90
4	80	−20
	−20	+90
5	60	+70
	−40	−20
6	20	50
	−20	−50
7	0	0

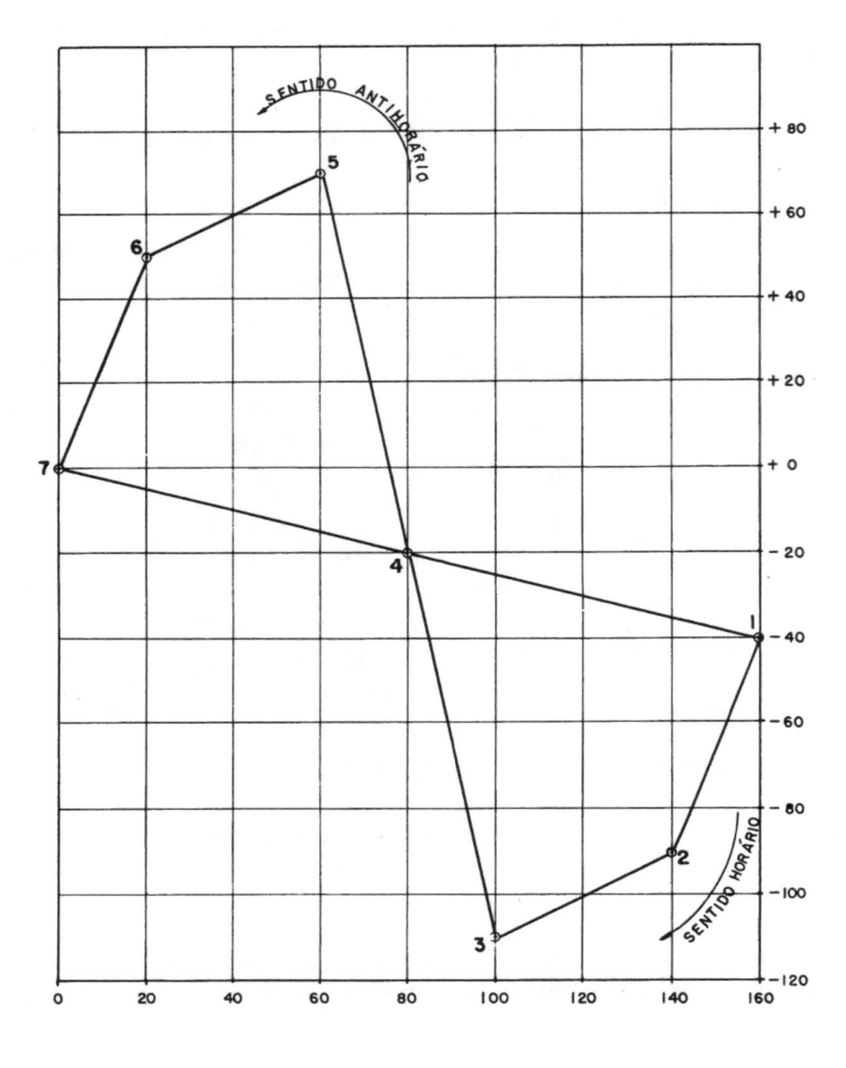

Após o desenho do polígono fica esclarecido porque a área resultou **zero**. É porque uma parte do polígono caminha no sentido horário e a outra no sentido anti-horário tendo as duas partes áreas iguais: portanto se anulam. Para se determinar a área real devemos calcular a área de cada uma das partes e somá-las.

Linha	Coordenadas parciais				*ddm*	pN	pS
	x		*y*				
	E	W	N	S			
7-4	80			20	0+ 0+80= 80		20 × 80 = 1.600
4-5		20	90		80+80−20=140	90 × 140 = 12.600	
5-6		40		20	140−20−40= 80		20 × 80 = 1.600
6-7		20		50	80−40−20= 20		50 × 20 = 1.000
	80	80	90	90		ΣpN = 12.600	ΣpS = 4.200

Área: $\frac{12.600 - 4.200}{2}$ = **4.200 unidades ao quadrado**

Linha	Coordenadas parciais				*ddm*	pN	pS
	x		*y*				
	E	W	N	S			
4-1	80			20	0+ 0+80= 80		20 × 80 = 1.600
1-2		20		50	80+80−20=140		50 × 140 = 7.000
2-3		40		20	140−20−40= 80		20 × 80 = 1.600
3-4		20	90		80−40−20= 20	90 × 20 = 1.800	
	80	80	90	90		1.800	10.200

Área: $\frac{10.200 - 1.800}{2}$ = **4.200 unidades ao quadrado**

Área total: 4.200 + 4.200 = **8.400 unidades ao quadrado**

EXERCÍCIO 36a

Calcular a área do polígono pelo método das duplas distâncias meridianas, usando o ponto mais a oeste como origem.

Linha	Coordenadas parciais				Duplas distâncias meridianas	Produtos Norte	Produtos Sul
	x		y				
	E	W	N	S			
1-2	16		10		58 + 30 + 16 = 104	10 × 104 = 1 040	
2-3	20			20	104 + 16 + 20 = 140		20 × 140 = 2 800
3-4		24		40	140 + 20 − 24 = 136		40 × 136 = 5 440
4-5		18	12		136 − 24 − 18 = 94	12 × 94 = 1 128	
5-6		14		13	94 − 18 − 14 = 62		13 × 62 = 806
6-7	6		18		62 − 14 + 6 = 54	18 × 54 = 972	
7-8		30	6		54 + 6 − 30 = 30	6 × 30 = 180	
8-9	22		10		0 + 0 + 22 = 22	10 × 22 = 220	
9-10		8	11		22 + 22 − 8 = 36	11 × 36 = 396	
10-1	30		6		36 − 8 + 30 = 58	6 × 58 = 348	
Soma	94	94	73	73		4 284	9 046

Solução

Procura do ponto mais a oeste

1	0
	+ 16
2	16
	+ 20
3	36
	− 24
4	− 12
	− 18
5	− 6
	− 14
6	− 20
	+ 6
7	− 14
	− 30
* 8	− 44
	+ 22
9	− 22
	− 8
10	− 30
	+ 30
1	0

O ponto mais a oeste é a estaca 8 porque apresenta maior valor negativo para $X = -44$.

Os cálculos de duplas distâncias meridianas, produtos Norte e produtos Sul foram feitos diretamente na planilha de cálculo.

$$\text{Área} = \frac{9\,046\text{-}4\,284}{2} = 2\,381 \text{ unidades quadradas.}$$

cálculo de área de polígono pelo método das coordenadas dos vértices (coordenadas totais)

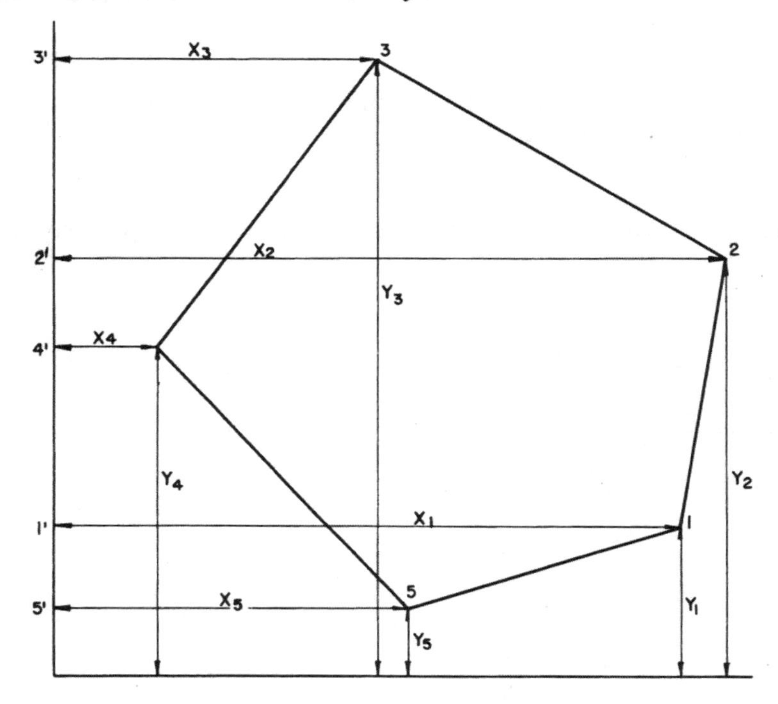

Área do polígono 1-2-3-4-5-1: 3'322' + 2'211' + 1'155' − 3'344' − 4'455'

$$\text{Área 1-2-3-4-5-1: } \frac{X_3 + X_2}{2}(Y_3 - Y_2) + \frac{X_2 + X_1}{2}(Y_2 - Y_1) + \frac{X_1 + X_5}{2}(Y_1 - Y_5) - \frac{X_3 + X_4}{2}(Y_3 - Y_4) - \frac{X_4 + X_5}{2}(Y_4 - Y_5)$$

$$2A = (X_3Y_3 + X_2Y_3 - X_3Y_2 - X_2Y_2) + (X_2Y_2 + X_1Y_2 - X_2Y_1 - X_1Y_1) + (X_1Y_1 + X_5Y_1 - X_1Y_5 - X_5Y_5) - X_3Y_3 - X_4Y_3 + X_3Y_4 + X_4Y_4 - X_4Y_4 - X_5Y_4 + X_4Y_5 + X_5Y_5$$

$$2A = (X_2Y_3 + X_1Y_2 + X_5Y_1 + X_3Y_4 + X_4Y_5) - (X_3Y_2 + X_2Y_1 + X_1Y_5 + X_4Y_3 + X_5Y_4).$$

Os produtos positivos são aqueles que apresentam o X de um lado multiplicado pelo Y do *lado seguinte*, e os produtos negativos são os que têm X de um lado multiplicado pelo Y do *lado anterior*. Isto leva a uma regra prática:

$X_2Y_1 \quad X_3Y_2 \quad X_4Y_3 \quad X_5Y_4 \quad X_1Y_5$

$$\frac{X_1}{Y_1} \quad \frac{X_2}{Y_2} \quad \frac{X_3}{Y_3} \quad \frac{X_4}{Y_4} \quad \frac{X_5}{Y_5} \quad \frac{X_1}{Y_1}$$

$X_1Y_2 \quad X_2Y_3 \quad X_3Y_4 \quad X_4Y_5 \quad X_5Y_1$

Produtos negativos

Produtos positivos

A área é a metade da soma algébrica

EXERCÍCIO 36b

Foram fornecidas as coordenadas parciais do polígono. Pede-se:

a) procurar o ponto mais a oeste

b) calcular as coordenadas totais com origem no ponto mais a oeste

c) desenhar o polígono com as coordenadas totais calculadas, supondo que cada unidade vale 2 mm

d) baseado na forma do polígono, calcular sua área real total (aplicar o método das coordenadas totais ou dos vértices)

Solução

a) Procura do ponto mais a oeste, usando como origem provisória a estaca 1:

Linha	Coordenadas parciais			
	x		y	
	E	W	N	S
1-2		16	7	
2-3		13		11
3-4	5			19
4-5	18		9	
5-6	33		7	
6-7		9		26
7-8		20	1	
8-9		4	18	
9-1	6		14	

1	0
	−16
2	−16
	−13
* 3	−29
	+ 5
4	−24
	+18
5	− 6
	+33
6	+27
	− 9
7	+18
	−20
8	− 2
	− 4
9	− 6
	+ 6
1	0

Constata-se que o ponto mais a oeste é a estaca 3 porque apresentou o maior valor negativo.

b) Cálculo das coordenadas totais com origem em 3.

	X	Y
3	0	0
	+ 5	− 19
4	+ 5	− 19
	+18	+ 9
5	+23	− 10
	+33	+ 7
6	+56	− 3
	− 9	− 26
7	+47	− 29
	− 20	+ 1
8	+27	− 28
	− 4	+18
9	+23	− 10
	+ 6	+14
1	+29	+ 4
	− 16	+ 7
2	+13	+11
	− 13	− 11
3	0	0

c) Desenho do polígono pelas coordenadas totais. Foi inicialmente feito numa quadrícula de 10 em 10 unidades.

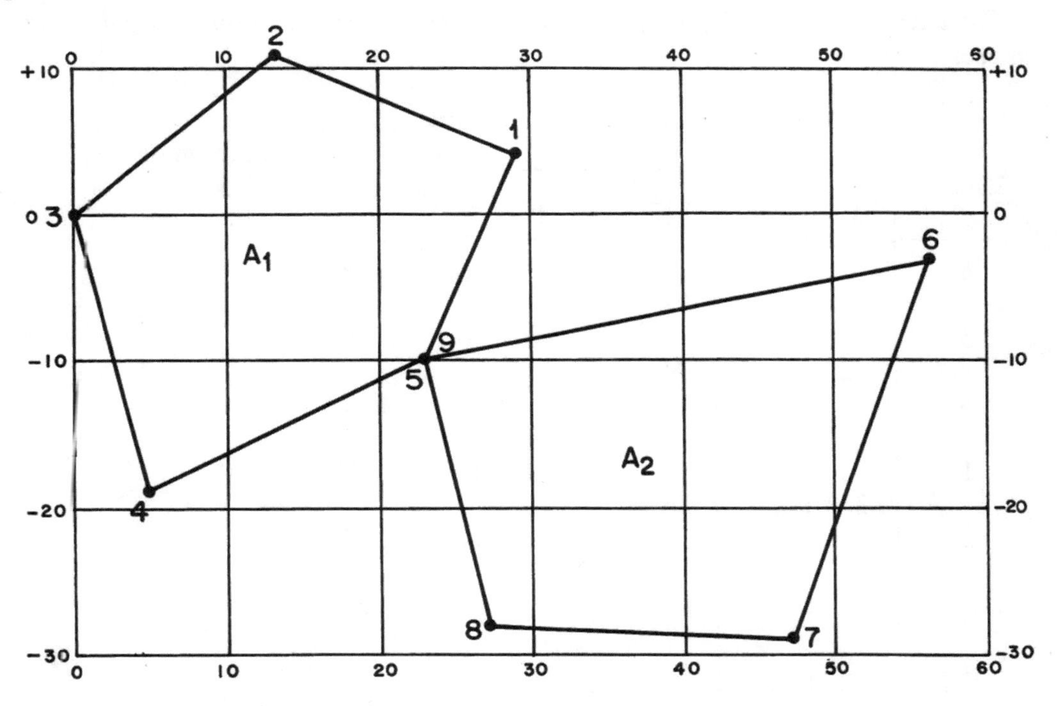

d) Pelo exame da forma do polígono, constata-se que as estacas 5 e 9 coincidem, pois têm as mesmas coordenadas totais, constata-se ainda que os dois ramos do polígono estão numerados em sentidos opostos, isto é, 1-2-3-4-5-1 (sentido anti-horário), enquanto que 9-6-7-8-9 (sentido horário). Por isso as áreas de cada ramo devem ser calculadas separadamente e depois somadas:

$$\frac{0}{0} \times \frac{5}{19} \times \frac{23}{10} \times \frac{29}{4} \times \frac{13}{11} \times \frac{0}{0}$$

Produtos positivos	Produtos negativos
$23 \times 4 = 92$	$5 \times 10 = 50$
$29 \times 11 = 319$	$13 \times 4 = 52$
$23 \times 19 = 437$	102
$29 \times 10 = 290$	
$1\,138$	

$$\text{área } A_1 = \frac{1\,138 - 102}{2} = 518 \text{ unidades quadradas}$$

$$\frac{23}{-10} \quad \frac{56}{-3} \quad \frac{47}{-29} \quad \frac{27}{-28} \quad \frac{23}{-10}$$

Produtos positivos	Produtos negativos
$56 \times 10 = 560$	$23 \times 3 = 69$
$47 \times 3 = 141$	$56 \times 29 = 1\,624$
$27 \times 29 = 783$	$47 \times 28 = 1\,316$
$23 \times 28 = 644$	$27 \times 10 = 270$
$2\,128$	$3\,279$

$$\text{área } A_2 = \frac{3\,279 - 2\,128}{2} = 575{,}5\ u^2$$

Área total = $A_1 + A_2 = 518 + 575{,}5 = 1\,093{,}5$ unidades quadradas.

EXERCÍCIO 37

Calcular a área do polígono pelas coordenadas dos vértices usando o ponto mais oeste como origem

O ponto mais oeste é a estaca 5

Estaca	Coordenadas parciais				Coordenadas totais	
	x		y		X	Y
	E	W	N	S		
4					+16	−8
		16	8			
5					0	0
	32		34			
6					+32	+34
		9		25		
1					+23	+9
	31		26			
2					+54	+35
		35		62		
3					+19	−27
		3	19			
4					+16	−8

$$\frac{0}{0} \quad \frac{32}{34} \quad \frac{23}{9} \quad \frac{54}{35} \quad \frac{19}{-27} \quad \frac{16}{-8} \quad \frac{0}{0}$$

Produtos positivos	Produtos negativos
32 × 9 = 288	54 × 27 = 1.458
23 × 35 = 805	19 × 8 = 152
16 × 27 = 432	23 × 34 = 782
1.525	54 × 9 = 486
	19 × 35 = 665
	3.543

Área: $\frac{3.543 - 1.525}{2}$ = **1.009 unidades ao quadrado**

EXERCÍCIO 38

Calcular a área por coordenadas dos vértices usando o ponto mais oeste como origem.

Estaca	Coordenadas parciais				Coordenadas totais	
	x		*y*			
	E	W	N	S	X	Y
0					12	−16
	12		6			
1					24	−10
		4	10			
2					20	0
		6		2		
3					14	−2
		4	10			
4					10	+8
		10		8		
5					0	0
	5			12		
6					5	−12
	7			4		
0					12	−16

O ponto mais oeste é a estaca 5

$$\frac{0}{0} \quad \frac{5}{-12} \quad \frac{12}{-16} \quad \frac{24}{-10} \quad \frac{20}{0} \quad \frac{14}{-2} \quad \frac{10}{8} \quad \frac{0}{0}$$

Produtos positivos	Produtos negativos
14 × 8 = 112	5 × 16 = 80
12 × 12 = 144	12 × 10 = 120
24 × 16 = 384	20 × 2 = 40
20 × 10 = 200	240
10 × 2 = 20	
860	

Área: $\frac{860 - 240}{2} = \frac{620}{2}$ = **310 unidades ao quadrado**

EXERCÍCIO 39

Calcular a área por coordenadas totais usando o ponto mais oeste como origem.

Estaca	Coordenadas parciais				Coordenadas totais	
	x		y		X	Y
	E	W	N	S		
1					12	+14
		8		6		
2					4	+8
		4		8		
3					0	0
	6		2			
4					6	2
	1			5		
5					7	−3
	10		10			
6					17	+7
		5	7			
1					12	+14
	17	17	19	19		

O ponto mais oeste é a estaca 3

$$\frac{0}{0} \quad \frac{6}{2} \quad \frac{7}{-3} \quad \frac{17}{7} \quad \frac{12}{14} \quad \frac{4}{8} \quad \frac{0}{0}$$

Produtos positivos	Produtos negativos
7 × 7 = 49	6 × 3 = 18
17 × 14 = 238	7 × 2 = 14
12 × 8 = 96	12 × 7 = 84
17 × 3 = 51	4 × 14 = 56
434	172

Área: $\frac{434 - 172}{2}$ = **131 unidades ao quadrado**

EXERCÍCIO 40

Calcular a área por coordenadas dos vértices; este exercício também foi resolvido por ddm no capítulo anterior. (Exercício 35)

Linha	Coordenadas parciais			
	x		y	
	E	W	N	S
1-2		8		6
2-3		3		8
3-4	6		2	
4-5	1			5
5-6	9		10	
6-1		5	7	

Coordenadas totais (ponto mais oeste: 3)

	X	Y
3	0	0
	+6	+2
4	+6	+2
	+1	−5
5	+7	−3
	+9	+10
6	+16	+7
	−5	+7
1	+11	+14
	−8	−6
2	+3	+8
	−3	−8
3	0	0

$$\frac{0}{0} \quad \frac{6}{2} \quad \frac{7}{-3} \quad \frac{16}{7} \quad \frac{11}{14} \quad \frac{3}{8} \quad \frac{0}{0}$$

Produtos positivos	Produtos negativos
7 × 7 = 49	6 × 3 = 18
16 × 14 = 224	7 × 2 = 14
11 × 8 = 88	11 × 7 = 77
16 × 3 = 48	3 × 14 = 42
409	151

$$\text{Área: } \frac{409-151}{2} = \frac{258}{2} = \textbf{129 unidades ao quadrado}$$

Pode-se, também, aplicar o método do cálculo de área por coordenadas dos vértices em planilha de cálculo. Vamos resolver os exercícios 39 e 40 desta outra forma:

EXERCÍCIO 39a

Estaca	Coordenada total		Y(n + 1) − Y(n − 1)	Produtos positivos	Produtos negativos
	X	Y			
1	12	+14	8 − 7 = 1	12 × 1 = 12	
2	4	+8	0 − 14 = −14		4 × 14 = 56
3	0	0	2 − 8 = −6		0 × 6 = 0
4	6	2	−3 − 0 = −3		6 × 3 = 18
5	7	−3	7 − 2 = 5	7 × 5 = 35	
6	17	+7	14 − (−3) = 17	17 × 17 = 289	
1	12	+14			
			Somas	336	74

$$\text{Área} = \frac{336-74}{2} = \textbf{131 unidades ao quadrado}$$

EXERCÍCIO 40a

Estaca	Coordenada total		Y(n + 1) − Y(n − 1)	Produtos positivos	Produtos negativos
	X	Y			
3	0	0	2 − 8 = −6		0 × 6 = 0
4	6	+2	−3 − 0 = −3		6 × 3 = 18
5	7	−3	7 − 2 = 5	7 × 5 = 35	
6	16	+7	14 − (−3) = 17	16 × 17 = 272	
1	11	+14	8 − 7 = 1	11 × 1 = 11	
2	3	+8	0 − 14 = −14		3 × 14 = 42
3	0	0			
				318	60

$$\text{Área} = \frac{318 - 60}{2} = \textbf{129 unidades ao quadrado}$$

poligonal fechada

SEQÜÊNCIA DO CÁLCULO

a) Verificação do erro de fechamento angular: a constatação do erro poderá ser feita pela somatória dos ângulos internos, comparando esta somatória com a fórmula Σ Ang Int = $(n\text{-}2)180°$. Poderá ser feita também pela comparação entre rumos calculados de saída e chegada.

b) Distribuição do erro de fechamento angular: desde que o erro seja considerado aceitável ($\leq \sqrt{n}$ em minutos), a distribuição será feita igualmente em todas as estacas ou corrigindo 1 minuto nas estacas que tenham à vante as menores linhas.

c) Cálculo das coordenadas parciais:

$x = l$ sen rumo
$y = l$ cos rumo
(l é o comprimento da linha)

Estas coordenadas são colocadas em tabelas especiais separando-se os valores de x para Leste(E) e Oeste(W), e os valores de y para Norte(N) e Sul(S).

d) Erro de fechamento linear: somam-se as 4 colunas x_E, x_W, y_N e y_S.

ex: erro nas abscissas = $\Sigma x_E - \Sigma x_W$
ey: erro nas ordenadas = $\Sigma y_N - \Sigma y_S$
Erro de fechamento absoluto: $E = \sqrt{ex^2 + ey^2}$

Erro relativo será: $M = \frac{P}{E}$ (P: perímetro)

é expresso 1:M nos trabalhos comuns (M deve ser $\geq$ 1.000)

e) Distribuição do erro de fechamento linear: caso o erro seja considerado aceitável a sua distribuição será feita através das próprias coordenadas parciais, podendo-se aplicar uma das duas fórmulas:

$Cx_{1-2}: x_{1-2}\frac{ex}{\Sigma x}$, $Cy_{1-2}: y_{1-2}\frac{ey}{\Sigma y}$ onde

Cx_{1-2}: correção a ser feita no x da linha 1-2

Cy_{1-2}: correção a ser feita no y da linha 1-2

Σx: $\Sigma x_E + \Sigma x_W$ (soma mesmo e não soma algébrica)

Σy: $\Sigma y_N + \Sigma y_S$ ou

$Cx_{1-2}: l_{1-2}\frac{ex}{P}$

$Cy_{1-2}: l_{1-2}\frac{ey}{P}$ (l_{1-2}: comprimento do lado 1-2)

Quando no levantamento usamos precisão angular superior à linear, o 1.° método é mais indicado. Quando a precisão é semelhante, usa-se o 2.° método.

f) Procura do ponto mais oeste: é a procura da estaca que ficará mais à esquerda no desenho.

g) Cálculo das coordenadas totais: basta fazer a acumulação algébrica dos valores x e y já corrigidos, a partir do ponto mais oeste.

h) Cálculo da área: pelo método das duplas distâncias meridianas ou pelo método das coordenadas dos vértices (coordenadas totais).

i) Confecção da planta.

EXERCÍCIO 41

Fazer o cálculo completo do polígono.

Observações

a) os rumos definitivos foram obtidos após os ângulos internos já terem sido corrigidos, isto é, já terem absorvido o erro de fechamento angular.

b) os comprimentos são também os definitivos

c) as colunas que aparecem junto com as coordenadas parciais com a letra c, são as correções calculadas pelas fórmulas:

$Cx_{1-2} = x_{1-2}\frac{ex}{\Sigma x}$ $Cy_{1-2} = y_{1-2}\frac{ey}{\Sigma y}$ onde

$ex = 224{,}598 - 224{,}297 = 0{,}301$

$ey = 264{,}915 - 264{,}258 = 0{,}657$

d) o ponto mais oeste é a estaca 8

$E = \sqrt{ex^2 + ey^2} = 0{,}732$

$M = \frac{774{,}327}{0{,}732} = 1\,058$

Erro relativo 1: 1 058

$\frac{ex}{\Sigma x} = \frac{0{,}301}{448{,}895} = 0{,}0006705$

$\frac{ey}{\Sigma y} = \frac{0{,}657}{529{,}173} = 0{,}0012415$

Área: $\frac{\Sigma pS - \Sigma pN}{2} = 36\,692{,}698693\ m^2$

Estaca	Rumo definitivo	Comprimento metros	Seno rumo	Co-seno rumo	Coordenadas parciais								Coordenadas parciais corrigidas				Duplas distâncias meridianas	Produtos Norte	Produtos Sul
					x				*y*				*x*		*y*				
					E	*c*	W	*c*	N	*c*	S	*c*	E	W	N	S			
MP-O	N 33° 07′ E	60,672	5463456	8375598	33,148	22			50,816	63			33,126		50.753		54.694	2.775,884582	
1	S 80° 44′ E	58,511	9869495	1610297	57,747	39					9,422	12	57,708			9.434	145.528		1.372,911152
2	N 58° 47′ E	43,340	8552135	5182758	37,065	25			22,462	28			37,040		22.434		240.276	5.390,351784	
3	S 71° 37′ E	90,464	9489678	3153730	85,847	58					28,530	35	85,789			8.565	363.105		10.372.094325
4	S 2° 06′ W	99,404	0366437	9993284			3,643	2			99,337	123		3.645		99.460	445.249		44.284,465540
5	S 66° 47′ W	63,609	9190207	3942093			58,458	39			25,075	31		58.497		25,106	383,107		9.618,284342
6	S 44° 39′ W	143,227	7027741	7114130			100,656	68			101,894	127		100,724		102,021	223,886		22.841,073606
7	N 38° 27′ W	98,965	6218314	7831511			61,540	41	77,505	96				61,581	77,409		61,581	4.766,923629	
8	N 21° 02′ E	30,067	3589110	9333718	10,791	7			28,064	35			10,784		28,029		10,789	302,264736	
9	N 0° 00′	86,068	0,0	1,0	0,0		0,0		86,068	107			0,0	0.0	85,961		21.568	1.854,006848	
MP-O																			
		P: 774,327			224,598		224,297		264,915		264,258		224,447	224,447	264,586	264,586		15.089,431579 ΣpN	88.488,828965 ΣpS

problemas com nônio

EXERCÍCIO 42

O círculo horizontal de um trânsito está subdividido de 10 em 10 minutos; o nônio permite leituras até 20 segundos. *Quantas divisões tem o nônio? No momento que o zero do nônio coincide com o zero do círculo horizontal, o último traço do nônio coincidirá com que leitura do círculo principal?*

Resposta: $\frac{10'}{20''} = \mathbf{30\ divisões}$

$(30 - 1) \times 10' = 290' = \mathbf{4° 50'}$

EXERCÍCIO 43

Projetar um nônio para ser justaposto a um círculo horizontal que está dividido de 20 em 20 minutos. O nônio deve permitir leitura de 20 segundos.

O nônio terá: $\frac{20'}{20''} = 60$ divisões

A abertura angular do nônio será: (60 divisões do nônio correspondem a 59 do círculo horizontal) 59 divisões × 20′ = 1.180′ = **19° 40′**.

EXERCÍCIO 44

Uma escala linear é dividida de 2 em 2 mm. O nônio foi construído com o comprimento total de 3,8 cm. *Calcular a acuidade do nônio.*

O comprimento do nônio corresponde a

$\frac{3{,}8\ \text{mm}}{2\ \text{mm}} = 19$ divisões da escala principal

portanto o nônio tem 20 divisões. Tendo 20 divisões sua acuidade é

$\frac{2\ \text{mm}}{20} = \mathbf{0{,}1\ mm}$ (1 décimo de milímetro)

EXERCÍCIO 45

A escala e os nônios pertencem a um teodolito. *Fazer a leitura na escala horária* (*explicando como leu*) *e também na escala anti-horária* (*explicar*).

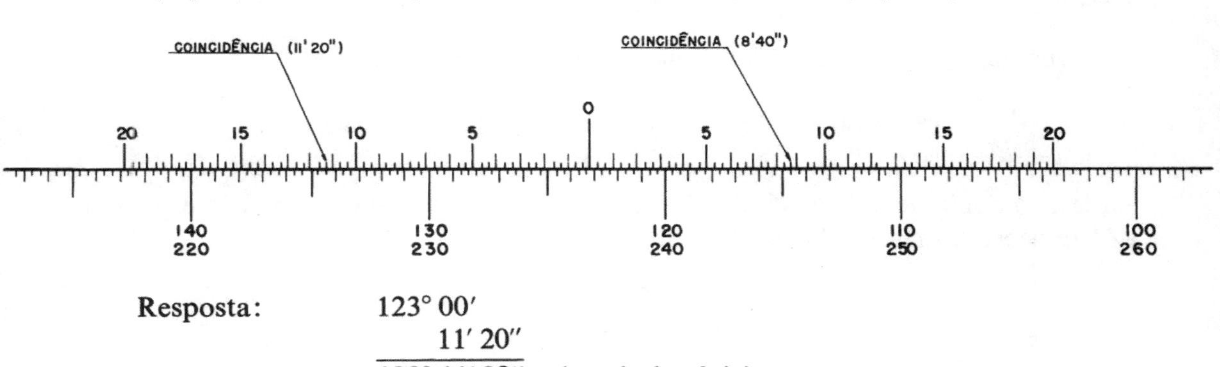

Resposta:

123° 00′
11′ 20″
123° 11′ 20″ (escala horária)

236° 40′
8′ 40″
236° 48′ 40″ (escala anti-horária)

EXERCÍCIO 46

O círculo horizontal de um teodolito é graduado de 30 em 30 minutos (menor subdivisão). *Projetar um nônio para ler até um minuto: quantas divisões terá o nônio? e quando o zero do nônio coincidir com o valor 10° no círculo principal, o último traço do nônio coincidirá com que leitura do círculo principal?*

$$\frac{30'}{1'} = 30 \text{ subdivisões}$$

30 subdivisões do nônio correspondem a 29 do círculo principal

29 do círculo principal significam: $29 \times 30' = 14° \, 30'$
$10° + 14° \, 30' = \mathbf{24° \, 30}$.

EXERCÍCIO 46a

Calcular a abertura angular de um nônio que lê de 10 em 10 segundos sobre o círculo horizontal graduado de 15 em 15 minutos.

Solução

15 minutos $= 15 \times 60 = 900$ segundos

n = número de divisões do nônio $= \frac{900}{10} = 90$ divisões

$90 - 1 = 89$ $\quad 89 \times 15$ minutos $= 1\,335$ minutos $\quad 1\,335' = 22° \, 15'$

Resposta: a abertura angular do nônio é **22° 15'**.

EXERCÍCIO 46b

Qual a abertura angular de um nônio que lê de 20 *em* 20 *segundos sobre o círculo horizontal graduado de* 15 *em* 15 *minutos?*

Solução

Quantas vezes 20 segundos é menor que 15 minutos?

$$15' \times 60 = 900'' \qquad \frac{900''}{20''} = 45; \text{ portanto } 45 \text{ vezes;}$$

por isso, o nônio deverá ter 45 divisões. As 45 divisões do nônio devem corresponder a 44 divisões do círculo horizontal; logo,

$$44 \times 15' = 660'$$
$$660 \text{ minutos} = 11°.$$

Resposta: a abertura angular do nônio é de 11 graus.

fórmulas de Bezout, Simpson, Poncelet

a) Fórmula dos trapézios (de Bezout):

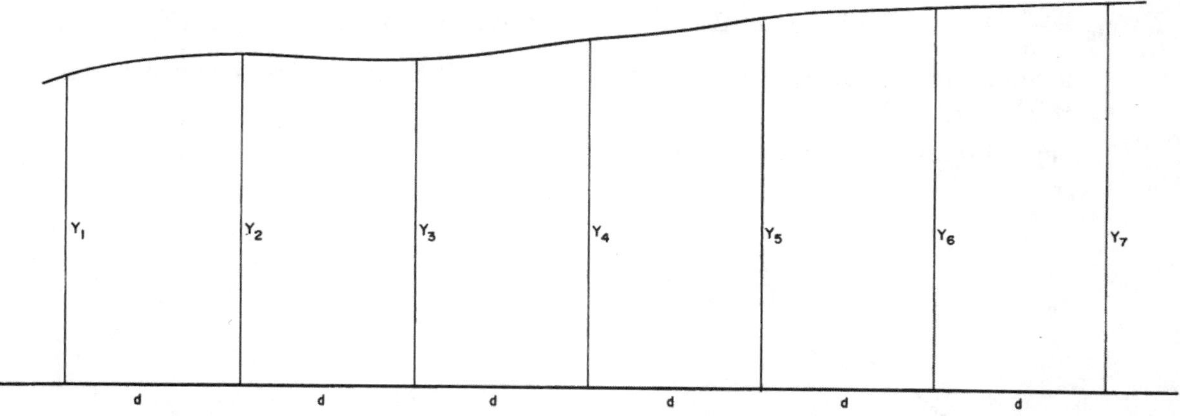

Considerando cada uma das pequenas áreas como trapézios, temos que a área total A_B será:

$$A_B = \frac{Y_1 + Y_2}{2}d + \frac{Y_2 + Y_3}{2}d + \cdots \frac{Y_6 + Y_7}{2}d \text{ colocando } \frac{d}{2} \text{ em evidência:}$$

$$A_B = \frac{d}{2}(Y_1 + 2Y_2 + 2Y_3 \cdots + 2Y_6 + Y_7) \text{ memorizando}$$

$$A_B = \frac{d}{2}(E + 2M)$$ onde E é a soma das ordenadas extremas (Y_1 e Y_7) e M são as ordenadas do meio (Y_2, Y_3, Y_4, Y_5 e Y_6).

b) Fórmula de Simpson:

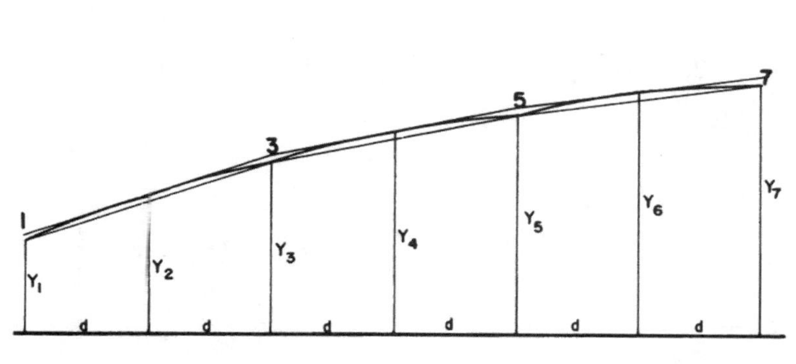

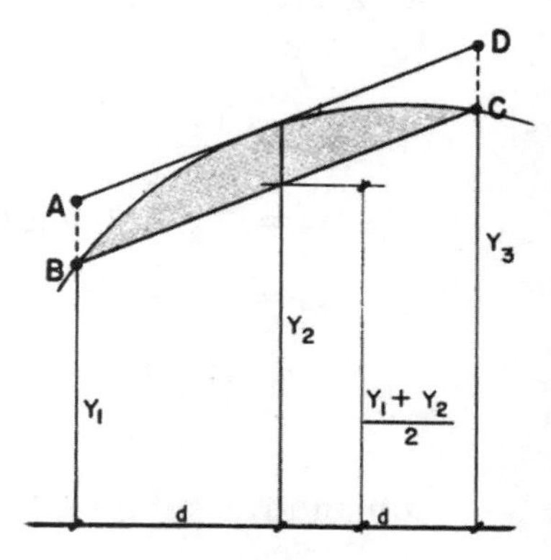

Simpson considera que a curva compreendendo 3 ordenadas: de Y_1 até Y_3, de Y_3 até Y_5, de Y_5 até Y_7 é um arco de parábola, portanto a área que é 2/3 da área do paralelogramo ABCD:

$$\therefore A_S = \frac{Y_1 + Y_3}{2}2d + \frac{Y_3 + Y_5}{2}2d + \frac{Y_5 + Y_7}{2}2d + \frac{2}{3}[Y_2 2d + Y_4 2d + Y_6 2d]$$

$$A_S = \frac{Y_1 + Y_3}{2}2d + \frac{Y_3 + Y_5}{2}2d + \frac{Y_5 + Y_7}{2}2d + \frac{2}{3}\left[\left(Y_2 - \frac{Y_1 + Y_3}{2}\right)2d + \right.$$
$$\left. + \left(Y_4 - \frac{Y_3 + Y_5}{2}\right)2d + \left(Y_6 - \frac{Y_5 + Y_7}{2}\right)2d\right]$$

$$A_S = \frac{d}{3}(3Y_1 + 3Y_3 + 3Y_3 + 3Y_5 + 3Y_5 + 3Y_7 + 4Y_2 - 2Y_1 - 2Y_3 + 4Y_4 - 2Y_3 - 2Y_5 + 4Y_6 - 2Y_5 - 2Y_7)$$

$$A_S = \frac{d}{3}[Y_1 + Y_7 + 2Y_3 + 2Y_5 + 4Y_2 + 4Y_4 + 4Y_6]$$

$A_S = \frac{d}{3}[E + 2I + 4P]$ onde E é a somatória das ordenadas extremas (Y_1 e Y_7), I é a somatória das ordenadas ímpares (Y_3 e Y_5) e P é a somatória das ordenadas pares (Y_2, Y_4 e Y_6).

c) Fórmula de Poncelet.

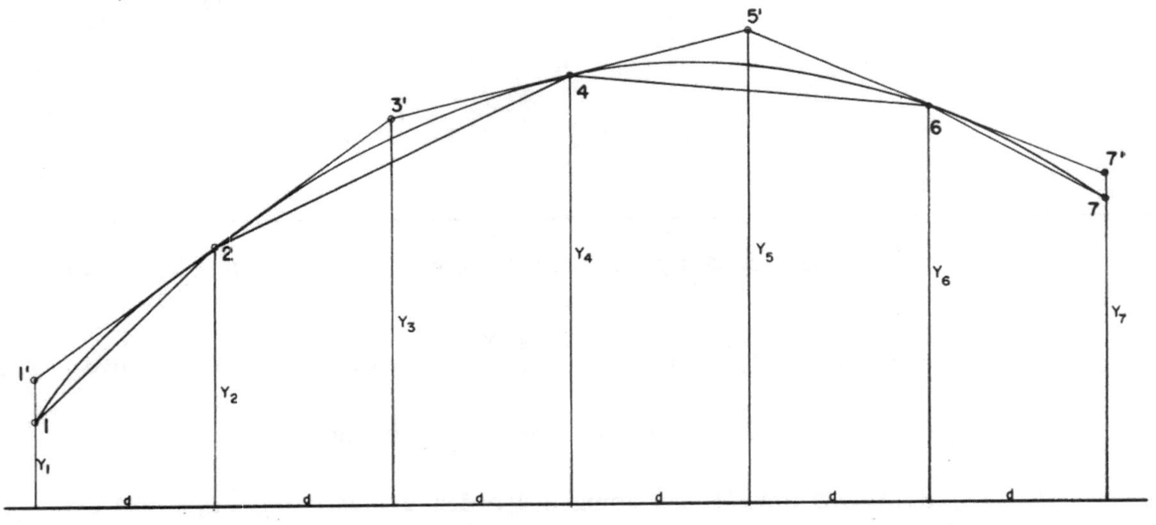

Poncelet considera que a área real A_P é a média aritmética entre A_1 e A_2, sendo A_1 a área formada pelos trapézios 1-2-4-6-7 e A_2 a área formada pelos trapézios 1'-3'-5' e 7'.

$$A_1 = \frac{Y_1 + Y_2}{2}d + \frac{Y_2 + Y_4}{2}2d + \frac{Y_4 + Y_6}{2}2d + \frac{Y_6 + Y_7}{2}d$$

$$A_2 = Y_2 2d + Y_4 2d + Y_6 2d$$

$$A_P = \frac{A_1 + A_2}{2} =$$

$$= \frac{d}{2}\left[\frac{Y_1}{2} + \frac{Y_2}{2} + Y_2 + Y_4 + Y_4 + Y_6 + \frac{Y_6}{2} + \frac{Y_7}{2} + 2Y_2 + 2Y_4 + 2Y_6\right]$$

somando e subtraindo $\frac{Y_2}{2}$ e $\frac{Y_6}{2}$

$$A_P = \frac{d}{2}\left[\frac{Y_1}{2} + \frac{Y_2}{2} + Y_2 + Y_4 + Y_4 + Y_6 + \frac{Y_6}{2} + \frac{Y_7}{2} + 2Y_2 + 2Y_4 + 2Y_6 + \frac{Y_2}{2} - \frac{Y_2}{2} + \frac{Y_6}{2} - \frac{Y_6}{2}\right]$$

$$A_P = \frac{d}{2}\left[\frac{Y_1}{2} + \frac{Y_7}{2} + 4Y_2 + 4Y_4 + 4Y_6 - \frac{Y_2}{2} - \frac{Y_6}{2}\right]$$

$A_P = \frac{d}{2}\left[4P + \frac{E - E'}{2}\right]$ onde P são as ordenadas pares: Y_2, Y_4 e Y_6, E são as ordenadas extremas Y_1 e Y_7 e E' são as ordenadas Y_2 e Y_6 (segunda e penúltima)

EXERCÍCIO 47

Calcular a área aplicando as fórmulas dos trapézios (Bezout), de Simpson e de Poncelet.

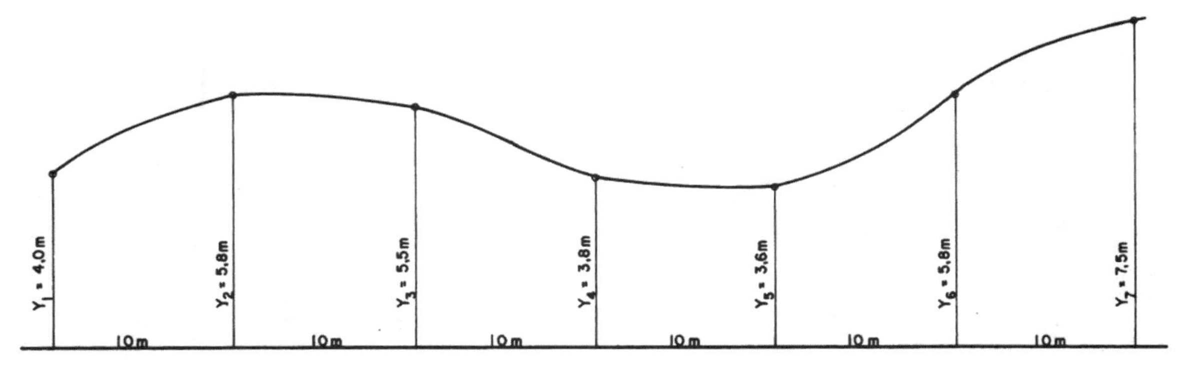

Área por Bezout: A_B
Área por Simpson: A_S
Área por Poncelet: A_P

$$A_B: \frac{10}{2}(4{,}0 + 7{,}5 + 2 \times 5{,}8 + 2 \times 5{,}5 + 2 \times 3{,}8 + 2 \times 3{,}6 + 2 \times 5{,}8) = 302{,}50 \text{ m}^2$$

$$A_S: \frac{10}{3}[(4{,}0 + 7{,}5) + 2(5{,}5 + 3{,}6) + 4(5{,}8 + 3{,}8 + 5{,}8)] = 304{,}33 \text{ m}^2$$

$$A_P: \frac{10}{2}\left[4(5{,}8 + 3{,}8 + 5{,}8) + \frac{(4{,}0 + 7{,}5) - (5{,}8 - 5{,}8)}{2}\right] = 307{,}55 \text{ m}^2$$

EXERCÍCIO 48

Calcular a área da figura, representada no papel milimetrado, em cm².

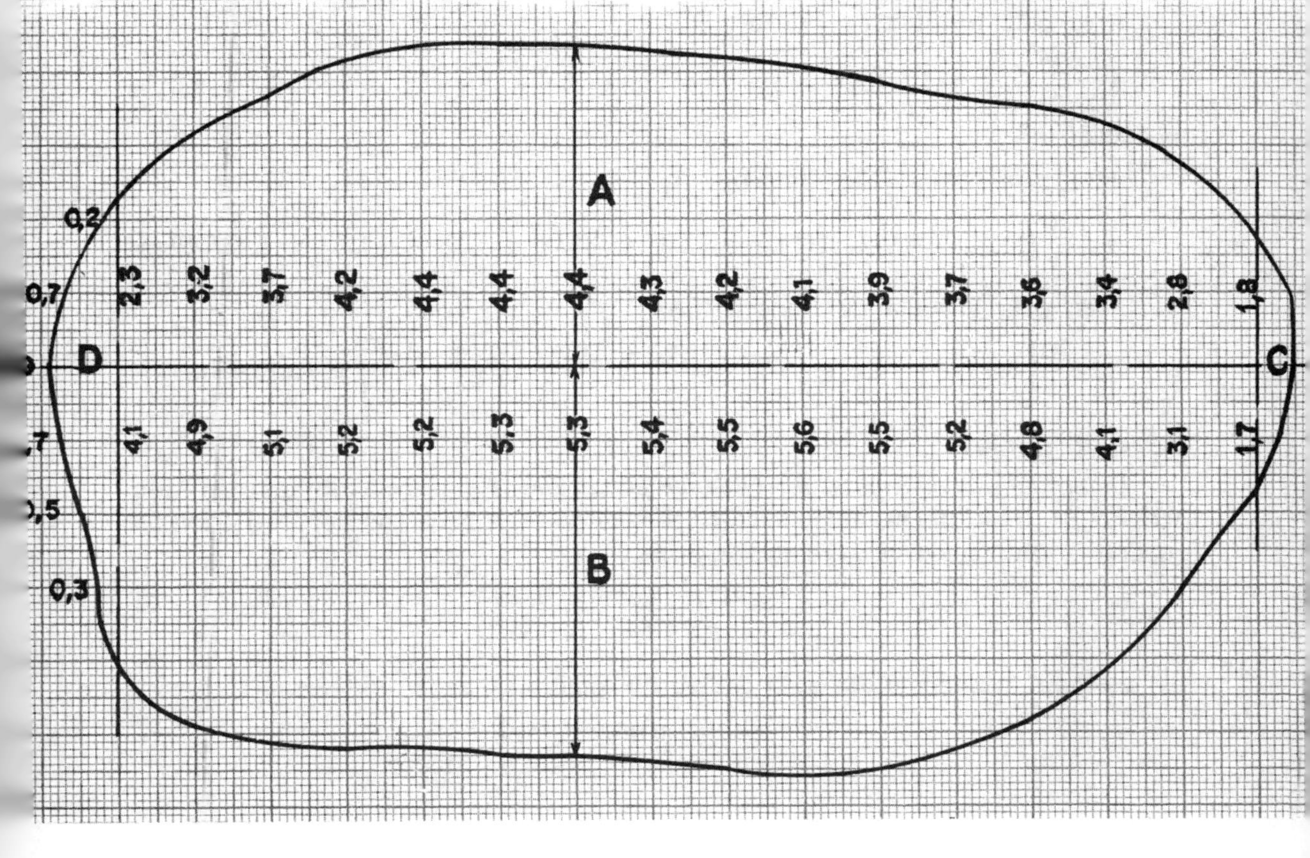

Área A: $\left(\frac{2,3}{2} + 3,2 + 3,7 + 4,2 + 4,4 + 4,4 + 4,4 + 4,3 + 4,2 + 4,1 + 3,9 + \right.$
$\left. + 3,7 + 3,6 + 3,4 + 2,8 + \frac{1,8}{2}\right) = 56,35 \text{ cm}^2$

Área B: $\left(\frac{4,1}{2} + 4,9 + 5,1 + 5,2 + 5,2 + 5,3 + 5,3 + 5,4 + 5,5 + 5,6 + 5,5 + \right.$
$\left. + 5,2 + 4,8 + 4,1 + 3,1 + \frac{1,7}{2}\right) = 73,10 \text{ cm}^2$

Área C: $\left[\frac{0,7 \times 0,4}{2} + \left(\frac{0,4}{2} + 0,5 + \frac{0,3}{2}\right) + \frac{0,3 \times 0,6}{2}\right] = 1,08 \text{ cm}^2$

Área D: $\left(\frac{0}{2} + 0,3 + 0,5 + 0,7 + 0,9 + 0,7 + \frac{0,2}{2}\right) + \frac{0,2 \times 0,2}{2} = 3,22 \text{ cm}^2$

Área total: A + B + C + D = **133,75 cm²**

Caso o desenho estivesse em escala 1: 500 e se desejasse a área real em m²:

$$\frac{133,75 \times 500^2}{100^2} = 133,75 \times 25 = 3.343,75 \text{ m}^2$$

EXERCÍCIO 49

Calcular a área total pelas fórmulas dos trapézios (Bezout), de Simpson e de Poncelet.

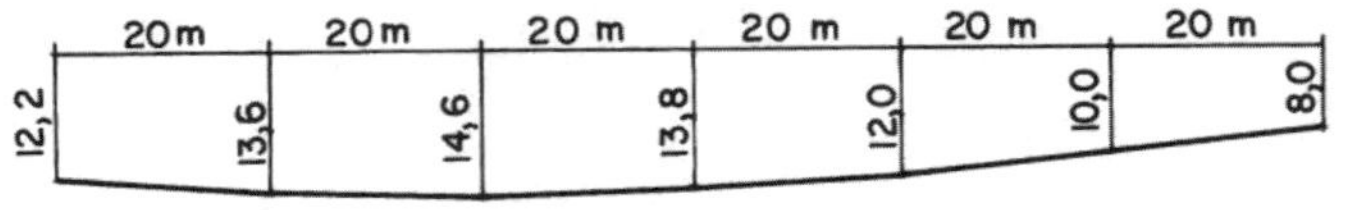

Área pela fórmula de Bezout: A_B

A_B: $\frac{20}{2}(12,2 + 2 \times 13,6 + 2 \times 14,6 + 2 \times 13,8 + 2 \times 12,0 + 2 \times 10,0 + 8,0) =$
$= \mathbf{1.482,0 \text{ m}^2}$

Área pela fórmula de Simpson: A_S

A_S: $\frac{20}{3}[(12,2 + 8,0) + 2(14,6 + 12,0) + 4(13,6 + 13,8 + 10,0)] = \mathbf{1.486,67 \text{ m}^2}$

Área pela fórmula de Poncelet: A_P

A_P: $\frac{20}{2}\left[4(13,6 + 13,8 + 10,0) + \frac{(12,2 + 8,0) - (13,6 + 10,0)}{2}\right] = \mathbf{1.479,00 \text{ m}^2}$

EXERCÍCIO 49a

Determinar as constantes p e Q de um planímetro. Foi desenhado um quadrado perfeito de 10 × 10 cm. Inicialmente, colocando-se o pólo (ponto fixo) fora do quadrado, obtivemos as seguintes leituras:

l_i = leitura inicial = 0343
l_f = leitura final = 1343

a seguir, usando-se um pólo dentro do quadrado, as leituras foram

l'_i = leitura inicial = 1851
l'_f = leitura final = 2431

Determinação da constante p

$S = p(l_f - l_i) \therefore p = \dfrac{S}{l_f - l_i} = \dfrac{100}{1343\text{-}343} = 0{,}1$ (quando o pólo está fora da área)

$p = 0{,}1$

Determinação da constante Q

$S = p(l'_f - l'_i + Q) = p(l_f - l_i)$

$Q = (l_f - l_i) - (l'_f - l'_i) = (1343 - 343) - (2431 - 1851)$

$Q = 1000 - 580 = 420$

$Q = 420$ (quando o pólo está dentro da área)

Verificação

$S = p(l_f - l_i) = 0{,}1(1343 - 343) = 100$

$S = p(l'_f - l'_i + Q) = 0{,}1(2431 - 1851 + 420) = 100$ } correto

nivelamento geométrico

DEFINIÇÕES E FÓRMULAS BÁSICAS

Altura do instrumento, AI: diferença de cota entre o plano horizontal; que contém a linha de vista, e o plano de referência de cota zero.

Visada à ré, V Ré: toda a leitura de mira que for feita com a finalidade de calcular AI, qualquer que seja sua direção.

Visada à vante, V Vante: toda a leitura de mira que for feita para determinar a cota do ponto visado; qualquer que seja sua direção. Portanto vante e ré, em nivelamento geométrico, nada tem a ver com a direção para frente ou para trás.

Visada à vante de mudança, VMud é a visada vante que determina a cota de um ponto que a seguir recebe uma visada à ré.

Visadas à vante intermediárias, VInt são todas as demais visadas à vante.

Cota de um ponto é a diferença de nível do plano horizontal que contém o ponto e o plano horizontal de referência de cota zero.

fórmulas básicas: AI = Cota + V Ré

Cota = AI − V Vante

RN. referência de nível é a cota de um ponto que serve de referência para um trabalho de nivelamento geométrico; a referência de nível absoluta é o nível do mar assumido como cota zero. Nos trabalhos de interesse particular pouco importantes, pode-se assumir uma referência arbitrária.

EXERCÍCIO 50

Compor a tabela de nivelamento geométrico, calculando as cotas dos pontos visados.

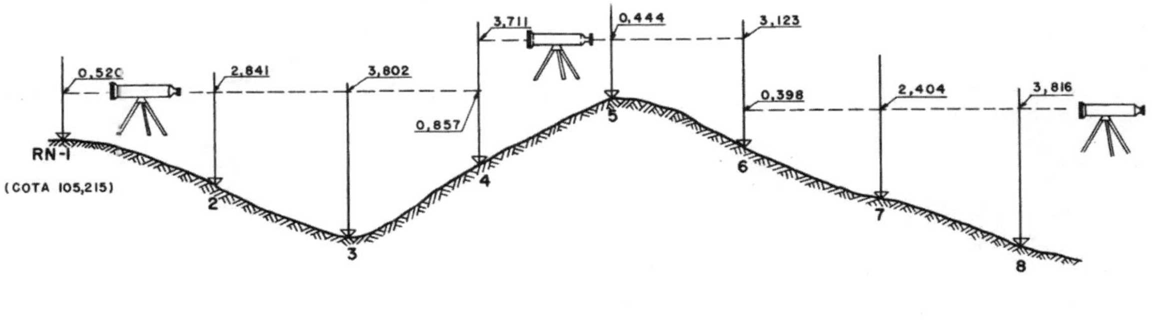

Os valores dados estão em normal. **Os valores calculados em preto.**

Estaca	V Ré	AI	V Vante		Cota
			Int	Mud	
RN-1					105,215
	0,520	**105,735**			
2			2,841		**102,894**
3			3,802		**101,933**
4				0,857	**104,878**
	3,711	**108,589**			
5			0,444		**108,145**
6				3,123	**105,466**
	0,398	**105,864**			
7			2,404		**103,460**
8				3,816	**102,048**
Soma:	**4,629**			**7,796**	

Prova do cálculo:

Cota final = cota inicial + Σ V Ré − Σ V Mud

```
  105,215
+   4,629
  -------
  109,844
-   7,796
  -------
  102,048
```

EXERCÍCIO 51

Compor a tabela de nivelamento geométrico, completá-la e fazer a prova dos cálculos. Os valores entre parêntesis são cotas dos pontos. Os valores sobre as linhas tracejadas são alturas do instrumento.

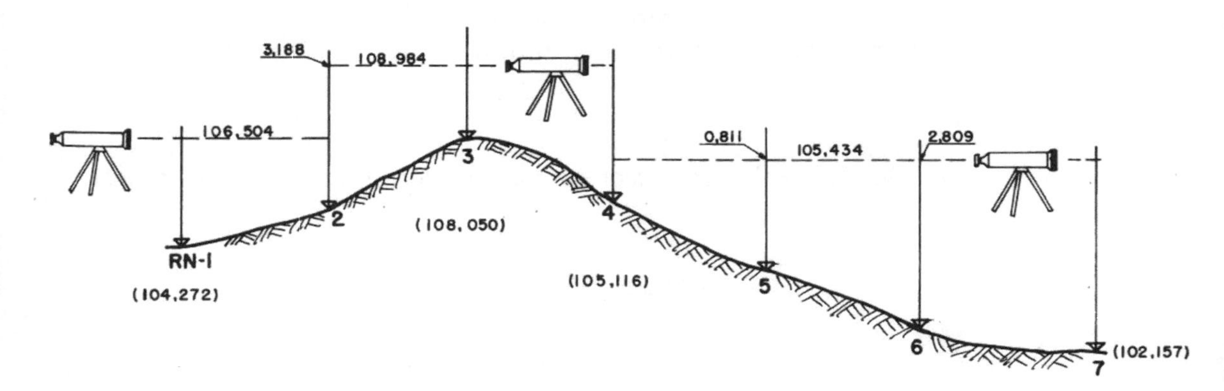

Os valores dados estão em normal. **Os valores calculados em preto.**

Estaca	V Ré	AI	V Vante		Cota
			Int	Mud	
RN-1					104,272
	2,232	106,504			
2				**0,708**	**105,796**
	3,188	108,984			
3			**0,934**		108,050
4				**3,868**	105,116
	0,318	105,434			
5			0,811		**104,623**
6			2,809		**102,625**
7				**3,277**	102,157
Soma:	**5,738**			**7,853**	

Seqüência dos cálculos

①	②
106,504	108,984
− 104,272	− 3,188
2,232	**105,796**
③ 106,504	④ 108,984
− 105,796	− 108,050
0,708	**0,934**
⑤ 108,984	⑥ 105,434
− 105,116	− 105,116
3,868	**0,318**
⑦ 105,434	⑧ 105,434
− 0,811	− 2,809
104,623	**102,625**
⑨ 105,434	
− 102,157	
3,277	

Prova dos cálculos:

Cota inicial	104,272
+ Σ V Ré	5,738
	110,010
− Σ V Mud	7,853
	102,157

EXERCÍCIO 52

Completar a tabela e fazer a prova de cálculo.

Estaca	V Ré	AI	V Vante		Cota
			Int	Mud	
RN-0					115,228
	3,847	**119,075**			
1			**2,361**		116,714
2				**1,071**	118,004
	3,931	**121,935**			
3			2,321		119,614
4				0,923	**121,012**
	2,915	**123,927**			
5			**0,738**		123,189
6			**1,928**		121,999
7			0,823		**123,104**
8				**1,812**	122,115
Soma:	**10,693**			**3,806**	

Em claro, os dados; em preto, os calculados

Seqüência dos cálculos

115,228 ①	119,075 ②
+ 3,847	− 116,714
119,075	**2,361**
119,075 ③	119,614 ④
− 118,004	+ 2,321
1,071	**121,935**
121,935 ⑤	121,935 ⑥
− 118,004	− 0,923
3,931	**121,012**
121,012 ⑦	123,927 ⑧
+ 2,915	− 123,189
123,927	**0,738**
123,927 ⑨	123,927 ⑩
− 121,999	− 0,823
1,928	**123,104**
123,927 ⑪	
− 122,115	
1,812	

Cota inicial	115,228
+ Σ V Ré	10,693
	125,921
− Σ V Mud	3,806
	122,115

EXERCÍCIO 53

Montar a tabela de nivelamento geométrico, preenchê-la e fazer a prova de cálculo. Cota de 1 = 100,000

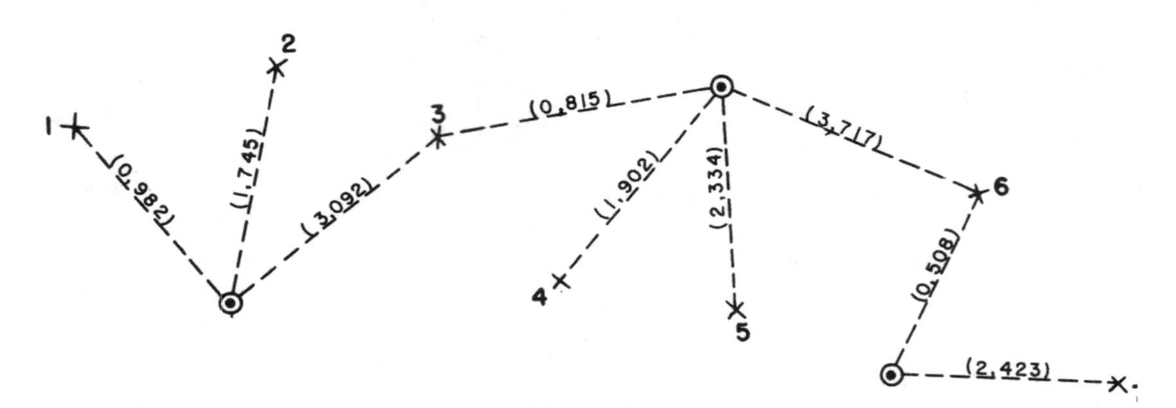

Os valores dados estão em normal. **Os valores calculados em preto.**

Estaca	V Ré	AI	V Vante Int	V Vante Mud	Cota
1					100,000
	0,982	**100,982**			
2			1,745		**99,237**
3				3,092	**97,890**
	0,815	**98,705**			
4			1,902		**96,803**
5			2,334		**96,371**
6				3,717	**94,988**
	0,508	**95,496**			
7				2,423	**93,073**
Soma:	**2,305**			**9,232**	

Prova de cálculo

Cota inicial	100,000
$+ \Sigma$ V Ré	2,305
	102,305
$- \Sigma$ V Mud	9,232
	93,073

EXERCÍCIO 54

Compor a tabela de nivelamento geométrico, completá-la e fazer a prova de cálculo. Cota inicial = 100,000 (RN)

Visadas à Ré: para o RN = 3,815
para a estaca 3 = 3,555

Visadas à vante intermediárias: para a estaca 1 = 2,418
para a estaca 2 = 1,542
para a estaca 4 = 2,541
para a estaca 5 = 1,604

Visadas à vante de mudança: para a estaca 3 = 0,330
para a estaca 6 = 0,508

Os valores dados estão em normal. **Os valores calculados em preto.**

Estaca	V Ré	AI	V Vante		Cota
			Int	Mud	
RN					100,000
	3,815	**103,815**			
1			2,418		**101,397**
2			1,542		**102,273**
3				0,330	**103,485**
	3,555	**107,040**			
4			2,541		**104,499**
5			1,604		**105,436**
6				0,508	**106,532**
Soma:	**7,370**			**0,838**	

Cota inicial 100,000
+ Σ V Ré 7,370
107,370
− Σ V Mud 0,838
Cota final **106,532**

EXERCÍCIO 55

Completar a tabela e fazer a prova de cálculo.

Estaca	V Ré	Altura do instrumento	V Vante		Cota
			Int	Mud	
11					100,000
	3,511	**103,511**			
12			2,110		**101,401**
13				0,813	**102,698**
	3,770	**106,468**			
14			3,120		103,348
15			2,084		**104,384**
16				**0,210**	106,258
	3,724	109,982			
17				1,002	**108,980**

Σ V Ré: 11,005 **Σ V Mud: 2,025**

Prova de cálculo:
Cota inicial 100,000
Σ V Ré 11,005
111,005
Σ V Mud 2,025
Cota final **108,980**

Os valores dados estão em normal. **Os valores calculados em preto.**

EXERCÍCIO 56

Indicar a combinação e fazer a leitura de mira.

Combinações: *a*: luneta com imagem direta – mira com números invertidos
b: luneta com imagem direta – mira normal
c: luneta com imagem invertida – mira normal
d: luneta com imagem invertida – mira com números invertidos

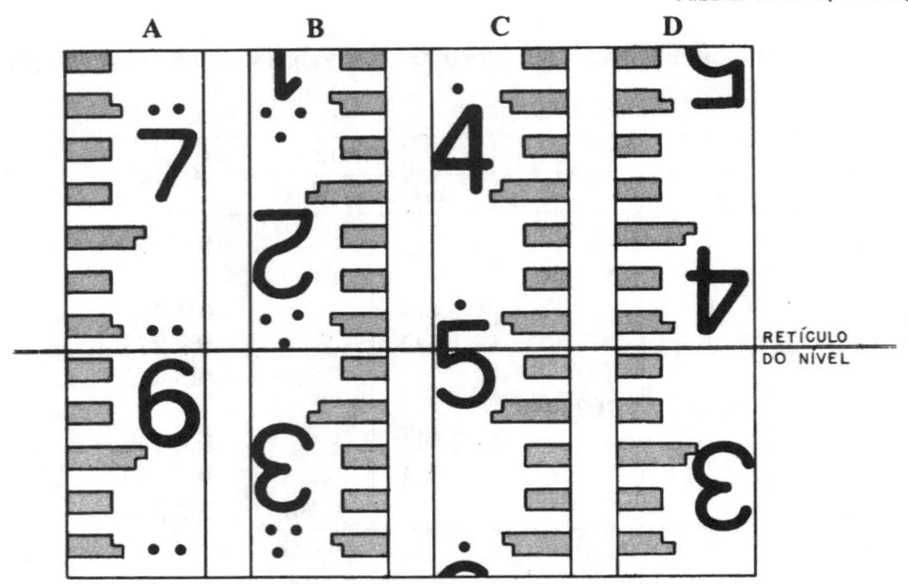

A — Luneta com imagem direta e mira normal; leitura 2,643
B — Luneta com imagem invertida e mira normal; leitura 3,267
C — Luneta com imagem invertida e mira com números invertidos; leitura 1,567
D — Luneta com imagem direta e mira com números invertidos; leitura 0,443

As lunetas dos níveis podem inverter a imagem ou não. Existem miras que são pintadas, especialmente para os aparelhos, que invertem a imagem. Essas miras são iguais em tudo às miras normais, com uma única diferença: os algarismos são pintados de cabeça para baixo.

EXERCÍCIO 56ª

Nivelamento geométrico — Completar a tabela com os valores que estão faltando e fazer a prova de cálculo:

Estaca	Visada a Ré	Altura do Instrumento	Visada a Vante		Cota
			Intermediária	Mudança	
RN-O					
	3,817				
1					75,621
2			1,509		76,524
3				0,344	
		81,440			
4			2,914		
5					80,345
	3,804				
6				0,902	
7					83,885
8			2,177		
9			1,490		85,323
10				0,438	
		90,102			
11			1,912		
12					89,701

Solução

Estaca	Visada a Ré	Altura do instrumento	Visada a Vante		Cota
			Intermediária	Mudança	
RN-O					**74,216**
	3,817	**78,033**			
1			**2,412**		75,621
2			1,509		76,524
3				0,344	**77,689**
	3,751	81,440			
4			2,914		**78,526**
5				**1,095**	80,345
	3,804	**84,149**			
6				0,902	**83,247**
	3,566	**86,813**			
7			**2,928**		83,885
8			2,177		**84,636**
9			1,490		85,323
10				0,438	**86,375**
	3,727	90,102			
11			1,912		**88,190**
12				**0,401**	89,701
	Σ = **18,665**			Σ = **3,180**	

Prova de cálculo

Cota inicial = 74,216
+ Σ de Ré = 18,665
92,881
− Σ V. Mud. = 3,180
Cota final = 89,701

Observação: os 2 pontos chaves da solução estão na estaca 2, onde a sua cota somada à visada 1,509 resulta na 1.ª altura do instrumento 78,033 e na estaca 9, onde o mesmo acontece: 85,523 + 1,490 = 86,813.

EXERCÍCIO 56b

Compor a tabela de nivelamento geométrico e fazer a "prova de cálculo".

Cotas

RN-O 308,325
2 = 304,948
4 = 303,656
6 = 300,518
9 = 297,067
10 = 295,930

Visada a Ré
para 7 = 0,618

Visada a vante de mudança
para 5 = 3,642
para 7 = 3,393

Visada a vante intermediária
para 1 = 2,412
„ 3 = 0,998
„ 8 = 1,122
„ 9 = 2,317

Altura de instrumento

com visada a Ré para RN-O = 308,748
„ „ „ „ „ 2 = 305,489

Solução: na tabela aparecem em preto os valores calculados e os dados em normal.

Estaca	Visada a Ré	Altura do instrumento	Visada a vante		Cota
			intermediária	de mudança	
RN-O					308,325
	0,423	308,748			
1			2,412		**306,336**
2				**3,800**	304,948
	0,541	305,489			
3			0,998		**304,491**
4			**1,833**		303,656
5				3,642	**301,847**
	0,312	**302,159**			
6			**1,641**		300,518
7				3,393	**298,766**
	0,618	**299,384**			
8			1,122		**298,262**
9			2,317		297,067
10				**3,454**	295,930

Σ V. Ré = 1,894 **Σ V. Mud. = 14,289**

Prova de cálculo

Cota inicial	**308,325**
	+ 1,894
	310,219
	− 14,289
Cota final	**295,930**

Observação: a solução, basicamente, parte da estaca 9, onde a soma da cota com a visada permite calcular 299,384.

taqueometria

FÓRMULAS DE TAQUEOMETRIA PARA APARELHOS NORMAIS E SEM QUALQUER SIMPLIFICAÇÃO

$$H: I\frac{f}{i}\cos^2\alpha + (f + c)\cos\alpha$$

$$V: I\frac{f}{i}\operatorname{sen}\alpha\cos\alpha + (f + c)\operatorname{sen}\alpha$$

onde:

H: distância horizontal entre o ponto A (onde está o taqueômetro) e B (onde está a mira).

I: intervalo total de leitura de mira ou seja, a leitura superior menos a leitura inferior $I = l_s - l_i$.

$\frac{f}{i}$: constante multiplicativa, sempre igual a 100 (f é a distância focal do sistema óptico e i é o intervalo real entre os retículos superior e inferior.

α: é o ângulo vertical de inclinação da linha de vista, lido no círculo vertical.

f + c: constante aditiva que separa o centro do aparelho do foco do sistema óptico; nos aparelhos modernos é igual a zero.

V: distância vertical que separa o ponto onde a linha de vista central atinge a mira (onde se faz a leitura central) e o plano horizontal do taqueômetro que passa pelo eixo horizontal do aparelho.

AA: é a distância vertical desde a estaca até a linha de vista do nível, geralmente anotada abaixo da indicação da estaca.

Quando $\frac{f}{i} = 100$ e f + c = zero, temos

$H = 100\,I\cos^2\alpha$

$V = 100\,I\,\text{sen}\,\alpha\cos\alpha$

ou

$V = 50\,I\,\text{sen}\,2\alpha$

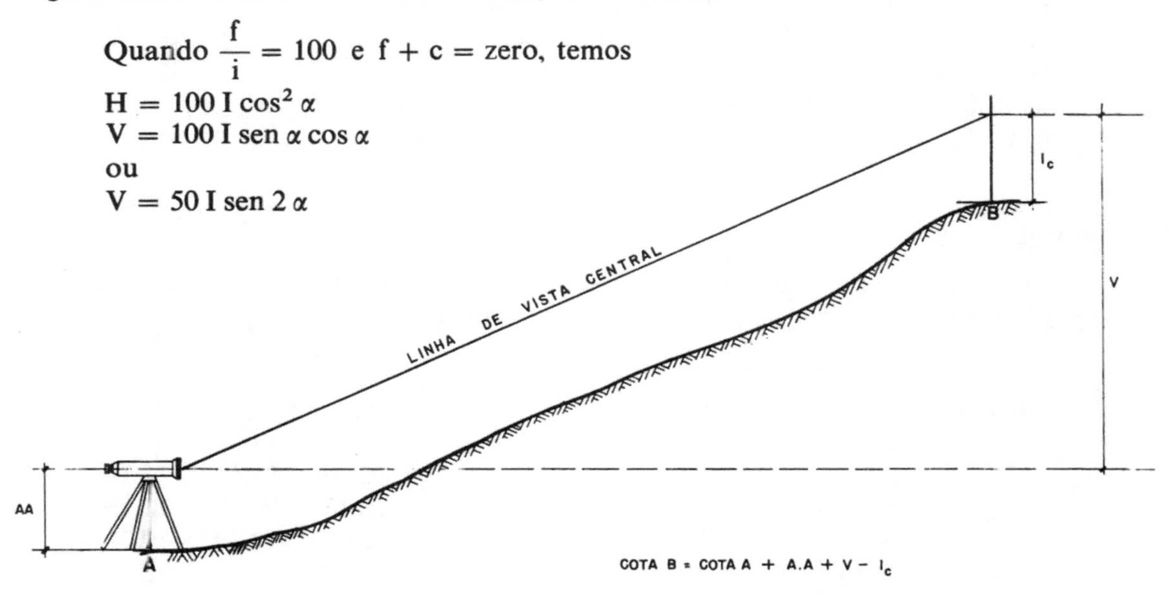

EXERCÍCIO 57

Calcular a distância horizontal entre A e B e a cota de B.

Estaca	Ponto visado	Mira			Ângulo vertical	H (distância horizontal)	V (distância vertical)	Cota
		inf.	med.	sup.				
A								100.000
1,42	B	0,325	0,567	0,809	+ 5° 45′	**47,92**	+ **4,825**	**105,678**

sen 5° 45′: 0,1002 f + c: zero

cos 5° 45′: 0,9950

$H = 100(0{,}809 - 0{,}325)0{,}9950^2 = 47{,}917 \simeq$ **47,92 m**

$V = 100 \times (0{,}809 - 0{,}325)0{,}9950 \times 0{,}1002 = +$ **4,825 m**

Cota A: 100,000
+ AA: 1,420
101,420
+ V: 4,825
106,245
$-l_c$: 0,567
Cota B: **105,678**

EXERCÍCIO 58

Calcular a distância horizontal AB e cota de B.
Taqueômetro em A visando para B.
Ângulo vertical: $\alpha = 23° 04'$
Leituras de mira: 1,642; 1,842; 1,442
Cota de A: 102,450 m
Altura do aparelho em A: 1,50
Constantes do taqueômetro: 100 e 0,20 m

H: $100(1{,}842 - 1{,}442)\cos^2 23° 04' + 0{,}2 \times \cos 23° 04'$
H: $100 \times 0{,}4 \times 0{,}92005^2 + 0{,}2 \times 0{,}92005 =$
H: $33{,}86 + 0{,}18 =$ **34,04 m**
V: $100 \times 0{,}4 \times 0{,}92005 \times 0{,}39180 + 0{,}2 \times 0{,}39180 =$ **14,50 m**
Cota B: $102{,}450 + 1{,}50 + 14{,}50 - 1{,}642 =$ **116,808 m**

EXERCÍCIO 59

Uso das tabelas comuns de taqueometria: abaixo temos trecho de tabela. *Aplicá-la para os dados apresentados na segunda tabela.*

minutos	4°		5°		6°		7°	
	H	*V*	*H*	*V*	*H*	*V*	*H*	*V*
0	99,51	6,96	99,24	8,68	98,91	10,40	98,51	12,10
2	99,51	7,02	99,23	8,74	98,90	10,45	**98,50**	**12,15**
4	99,50	7,07	99,22	8,80	98,88	10,51	98,49	12,21
6	99,49	7,13	99,21	8,85	98,87	10,57	98,47	12,27
8	99,48	7,19	99,20	8,91	98,86	10,62	98,46	12,32
10	99,47	7,25	99,19	8,97	**98,85**	**10,68**	98,44	12,38
12	99,46	7,30	99,18	9,03	98,83	10,74	98,43	12,43
14	**99,46**	**7,36**	99,17	9,08	98,82	10,79	98,41	12,49
etc.								

Foram feitas as seguintes leituras: f + c = zero

estaca	ponto visado	mira			ângulo vertical
		inf.	med.	sup.	
A					
	1	1,000	1,404	1,808	+ 6° 10′
	2	1,310	1,500	1,690	+ 4° 14′
	3	0,600	0,951	1,302	− 7° 02′

1,808	1,690	1,302
− 1,000	1,310	0,600
0,808	0,380	0,702

H_{A-1}: $0{,}808 \times 98{,}85 =$ **79,87**
V_{A-1}: $0{,}808 \times 10{,}68 =$ **8,63**

H_{A-2}: $0{,}380 \times 99{,}46 =$ **37,79**
V_{A-2}: $0{,}380 \times 7{,}36 =$ **2,80**

H_{A-3}: $0{,}702 \times 98{,}50 =$ **69,15**
V_{A-3}: $0{,}702 \times 12{,}15 =$ **-8,53**

método das rampas

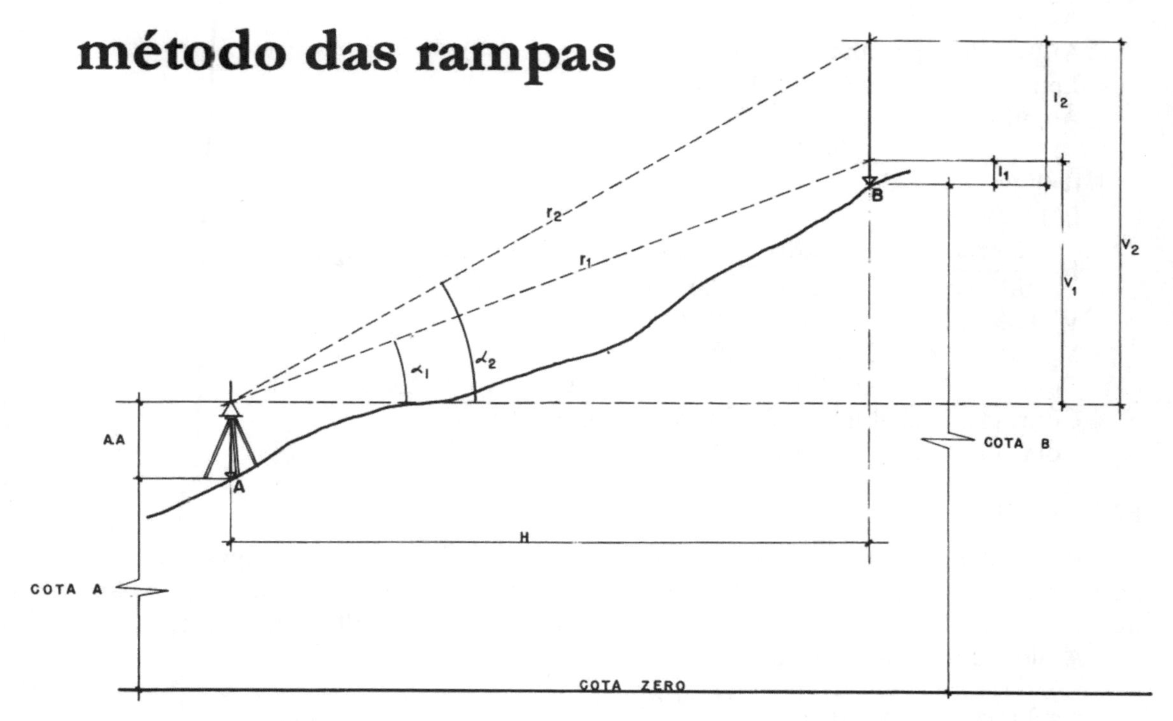

$$\begin{aligned} V_1 &= H \operatorname{tg} \alpha_1 \\ V_2 &= H \operatorname{tg} \alpha_2 \\ \hline V_2 - V_1 &= H (\operatorname{tg} \alpha_2 - \operatorname{tg} \alpha_1) \end{aligned} \qquad H = \frac{V_2 - V_1}{\operatorname{tg} \alpha_2 - \operatorname{tg} \alpha_1} = \frac{l_2 - l_1}{\operatorname{tg} \alpha_2 - \operatorname{tg} \alpha_1}$$

H: distância horizontal AB

l_2 e l_1 são leituras de mira

α_2 e α_1 são ângulos verticais lidos no círculo vertical do teodolito cujas tangentes são as rampas r_2 e r_1

$$H = \frac{\text{diferença de leituras}}{\text{diferença de rampas}} \qquad \begin{aligned} V_1 &= H \operatorname{tg} \alpha_1 \\ V_2 &= H \operatorname{tg} \alpha_2 \end{aligned}$$

Cota B = cota $A + A.A + V_1 - l_1$

Cota B = cota $A + A.A + V_2 - l_2$

EXERCÍCIO 60

Determinar distância horizontal AB e cota do ponto B.

Método das rampas: de A visando para B.

Leituras de mira: 3,600 e 0,400

Rampas: −0,02 e −0,10

Cota A: 52,420 m   Altura do aparelho: A.A = 1.50.

$$H: \frac{3{,}600 - 0{,}400}{0{,}010 - 0{,}02} = \frac{3{,}2}{0{,}08} = 40{,}00$$

$V_1 = H \times r_1 = 40{,}00 \times (-0{,}02) = \mathbf{-0{,}800}$

$V_2 = H \times r_2 = 40{,}00 \times (-0{,}10) = \mathbf{-4{,}000}$

Cota B = 52,420 + 1,50 − 0,800 − 3,600 = **49,520 m**

Cota B = 52,420 + 1,50 − 4,000 − 0,400 = **49,520 m**

EXERCÍCIO 61

Calcular a distância horizontal 10-11 e a cota de 11.

O aparelho está no ponto 10 visando para o ponto 11.

Cota de 10: 72,228 m

Altura do aparelho: 1,51 m
Leituras de mira 3,210 e 1,100
Ângulos verticais $-0° 50'$
$+ 1° 20'$
tg $0° 50'$: 0,0145
tg $1° 20'$: 0,0233

$$H: \frac{\text{diferença de leituras}}{\text{diferença de rampas}} = \frac{3{,}210 - 1{,}100}{0{,}0233 + 0{,}0145} = \frac{2{,}110}{0{,}0378} = \mathbf{55{,}82}$$

V_1: $55{,}82 \times (-0{,}0145) = \mathbf{-0{,}809}$
V_2: $55{,}82 \times 0{,}0233 = \mathbf{+1{,}301}$
Cota 11: Cota 10 + AA + $V_1 - L_1$ = Cota 10 + AA + $V_2 - l_2$
Cota 11: $72{,}228 + 1{,}510 - 0{,}809 - 1{,}100 = \mathbf{71{,}829}$
Cota 11: $72{,}228 + 1{,}510 + 1{,}301 - 3{,}210 = \mathbf{71{,}829}$

EXERCÍCIO 61a

Para calcular a altura de uma torre, o teodolito foi colocado a uma distância horizontal de 100 m (da torre). Visando para o topo e para a base da torre, os ângulos verticais lidos foram: $+12° 15'$ e $-1° 12'$. Calcular a altura da torre.

Aplicando o método das rampas:

$$\text{distância horizontal} = \frac{\text{altura da torre}}{\text{diferença de rampas}}$$

altura da torre = distância horizontal × diferença de rampas,
$h = 100$ m (tg $12° 15'$ + tg $1° 12'$),
$h = 100\,(0{,}2171213 + 0{,}0209470) = 23{,}81$ m.
Resposta: a altura da torre é 23,81 m.

mira de base (*subtense bar*)

Trata-se de uma barra de "invar" com 2 m colocada horizontalmente sobre um tripé e perpendicular à linha de vista que vem do teodolito.

Planta

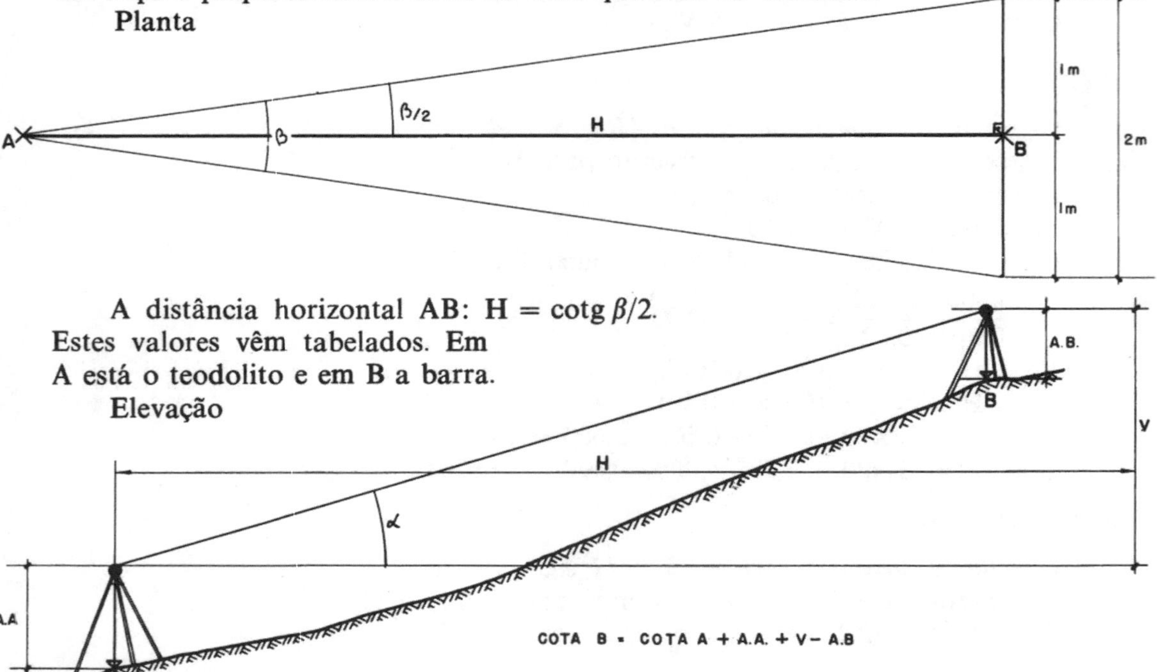

A distância horizontal AB: H = cotg $\beta/2$. Estes valores vêm tabelados. Em A está o teodolito e em B a barra.

Elevação

AA é a altura do aparelho
AB é a altura da barra

V: H tg α

A seguir são apresentados dois exercícios executados e que serviram de teste para a precisão do método.

EXERCÍCIO 62

Usando o "subtense bar" foi medido o triângulo 1-2-3. *Calculá-lo completamente determinando erros de fechamento angular, linear e de cotas.* (valores angulares em grados)

Estaca	Ponto visado	Altura da barra	Leituras do círculo horizontal				Ângulo horizontal	Ângulo horizontal corrigido	β	Distância horizontal H	Ângulo zenital	Ângulo vertical 100-Z	Distância vertical V
			ré	vante									
				à esquerda	central	à direita							
1	3		8,88998										+
1,46	2	1,46 m		76,60280	77,54748	78,49150	68,65750	68,67	1,88870	67,409	96,882	3,118	3,29
2	1		352,74363									(−)	—
1,55	3	1,44 m		15,61882	16,55538	17,48942	63,81175	63,83	1,87060	68,061	103,519	3,519	3,76
3	2		331,79488										+
1,55	1	1,27 m		398,30131	399,27981	0,25800	67,48493	67,50	1,95669	65,066	99,936	0,064	0,06
							199,95418	200,00		200,536			

Erro angular: **0,04582** Perímetro

Obs.: os valores registrados abaixo das estacas são as alturas do aparelho: AA.

Cálculo do triângulo assumindo rumo de 3-1: 90° E

(os rumos foram passados de grados para graus por falta de funções naturais em grados)

linha	rumo	seno	co-seno	coordenadas parciais			
				x		y	
				E	W	N	S
1-2	N 28° 11,92 W	.47250	.88133		31,851	59,410	
2-3	S 29° 15,00 W	.48862	.87250		33,256		59,383
3-1	90° E	1,0	0,0	65,066		0	0
				65,066	65,107	59,410	59,383
					ex: 0,041		ey: 0,027

$$M = \frac{P}{E} = \frac{200{,}536}{0{,}049} = 4.092$$

Erro relativo = **1: 4.092**

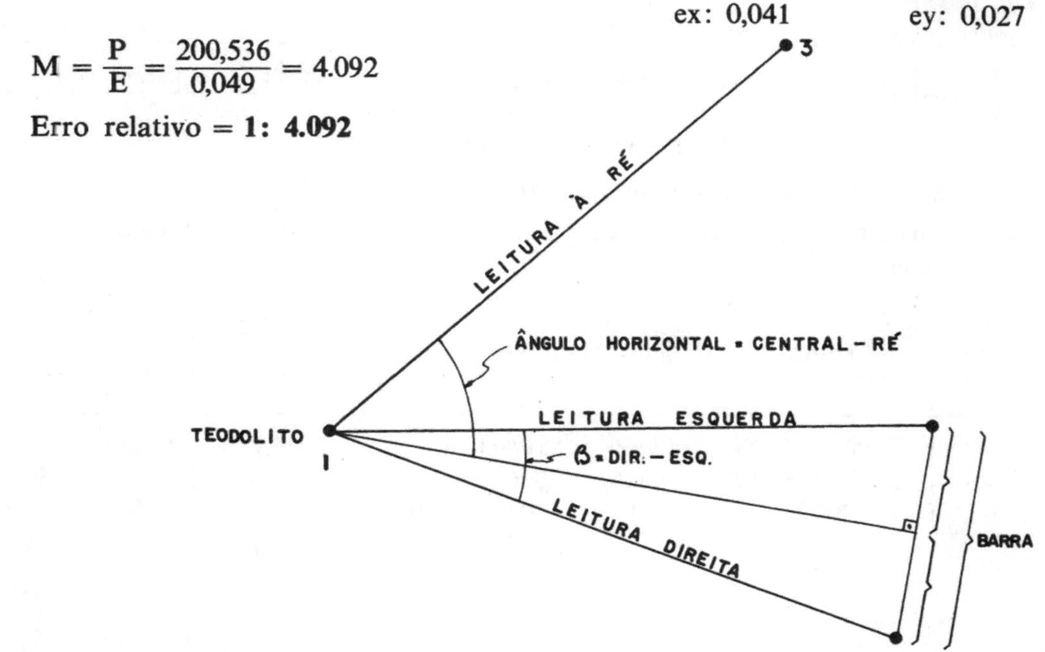

Assumindo que cota 1 = 10,00

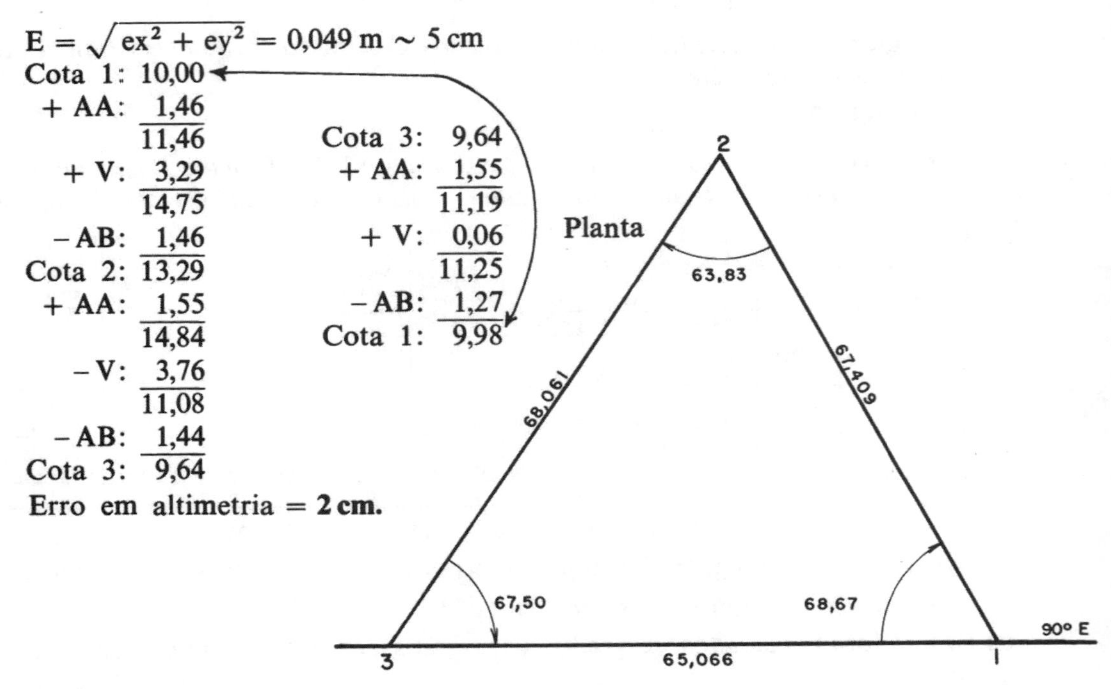

EXERCÍCIO 63

Foi usada a mira de base ("subtense bar") para o levantamento do triângulo abaixo. *Proceder ao seu cálculo, determinando os erros de fechamento angular, linear e de altimetria*. (valores angulares em grados)

Estaca	Ponto visado	Altura da barra	Leitura do círculo horizontal: ré	vante: à esquerda	vante: central	vante: à direita	Ângulo horizontal	Ângulo horizontal corrigido	β	Distância horizontal H	Ângulo zenital	Ângulo vertical	Distância vertical V
1	3		149,3142									(+)	
1,50	2	1,44 m		220,2827	221,2488	222,2145	71,9346	71,938	1,9320	65,898	96,1973	3,8027	+3,92
2	1		289,8396									(–)	
1,505	3	1,40 m		353,9647	354,8585	355,7522	65,0189	65,022	1,7875	71,225	103,8845	3,8845	–4,35
3	2		165,8437									+	
1,51	1	1,46 m		227,9328	228,8803	229,8273	63,0366	63,040	1,8945	67,220	99,7901	0,2099	+0,21
							Σ = 199,9901	200,000		P = 204,343 m			

Erro angular = **0,0099**

Cálculo do triângulo assumindo rumo de 3-1: 90° E

(os rumos foram transformados de grados para graus por falta de tabelas de funções naturais em grados).

linha	rumo	seno	co-seno	coordenadas parciais x: E	x: W	y: N	y: S
1-2	N 25° 15,35 W	.42666	.90441		28,116	59,600	
2-3	S 33° 15,84 W	.54850	.83615		39,067		59,555
3-1	90° E	1,0	0,0	67,220		0	0
				67,220	67,183	59,600	59,555

ex: 0,037 ey: 0,045

E: $\sqrt{ex^2 + ey^2} = 0{,}058$

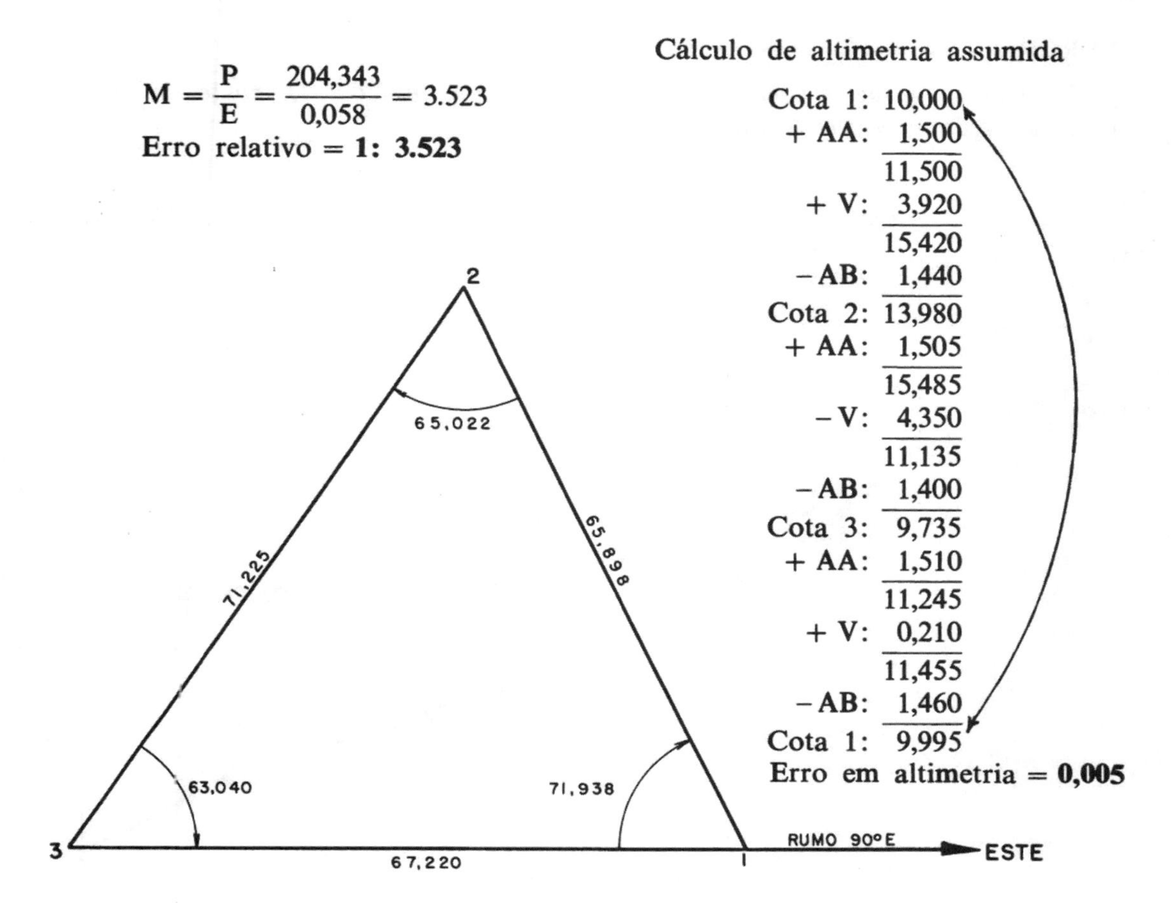

nível de mão

O nível de mão, por ser um aparelho de baixa precisão porém de leitura muito rápida, permite a obtenção de pontos de cota inteira diretamente no campo.

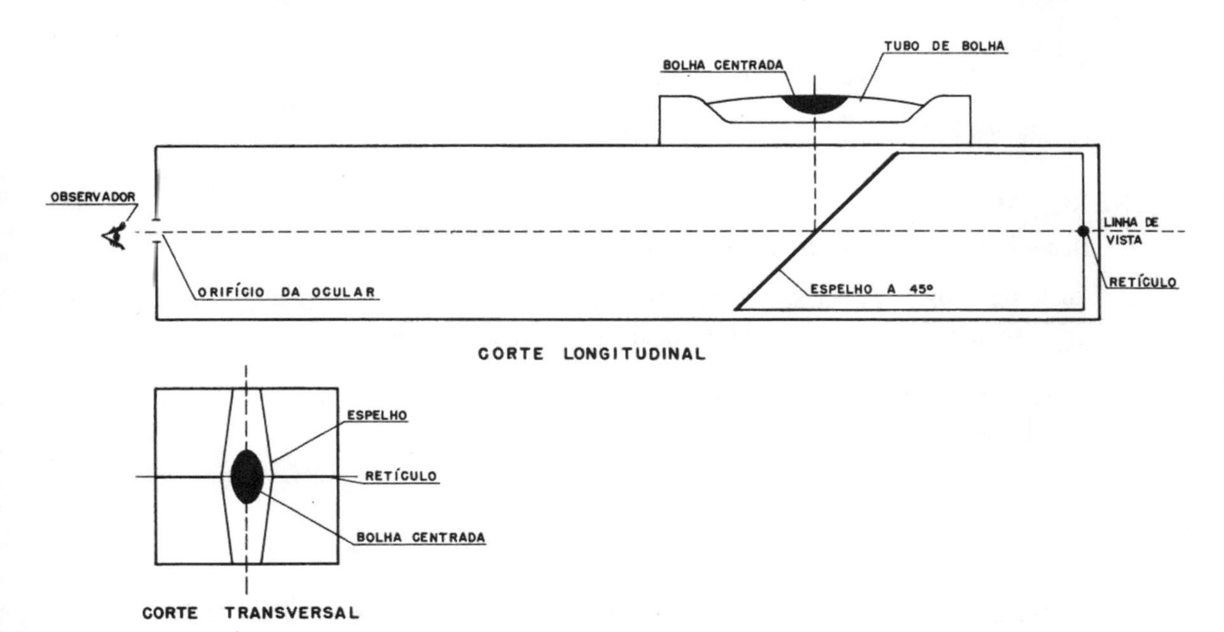

EXERCÍCIO 64

Mostrar em esquema como se podem determinar as posições dos pontos de cota inteira na seção transversal abaixo.

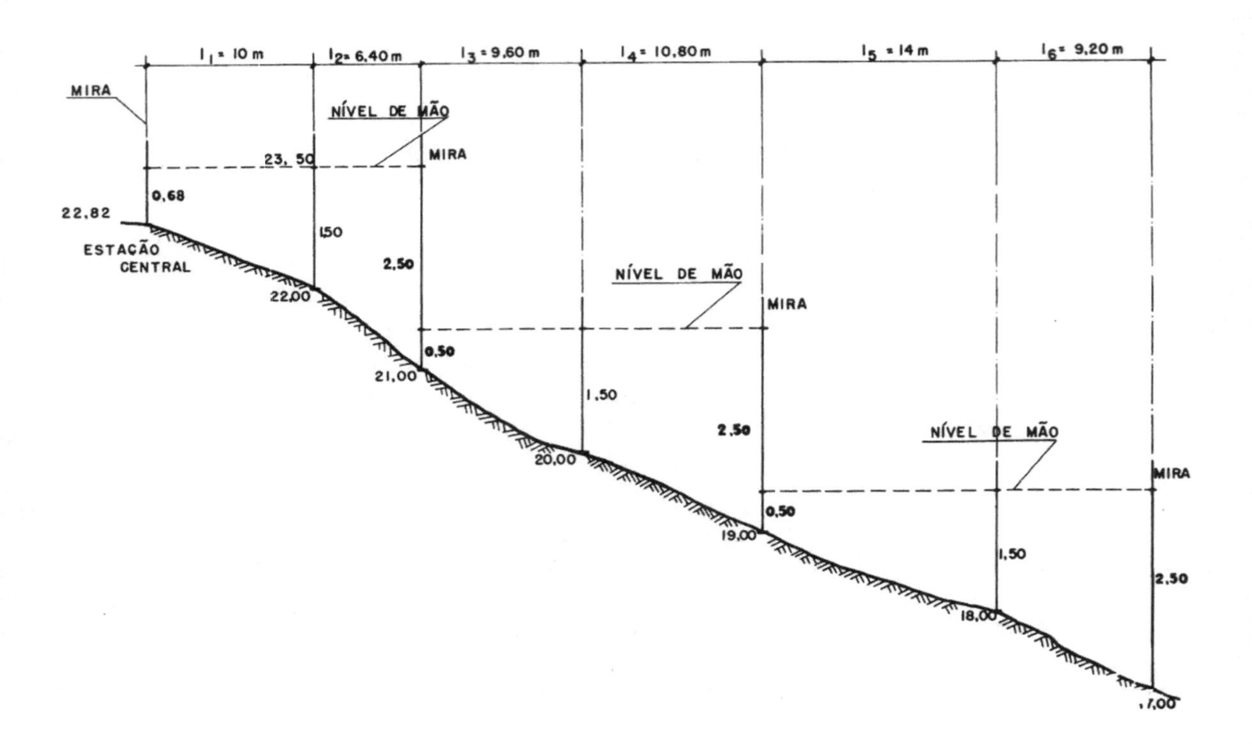

Explicação: o nível de mão é seguro sobre a baliza à altura de 1,50 m do chão, isto é, na 3.ª mudança de cor (vermelho e branco).

Em preto aparecem as leituras que devem ser feitas na mira para que os pontos sejam de cota inteira. O sistema de anotação de caderneta é:

△n	22	21	20	19	18	17	**cota**
22,82	10,00	16,40	26,00	36,80	50,80	60,00	**dist. horiz. acumulada**

n.º da seção: n **cota da estaca: 22,82**

EXERCÍCIO 65

Desenhar a seção transversal representada pela anotação:

98	97	98	99	100	△8	101	102	103	102	101	100
61,2	48,3	35,5	21,4	10,2	100,42	8,40	19,2	28,4	36,5	48,4	60,0

Escala horizontal 1: 1.000
Escala vertical 1: 100

Nota: os desenhos estão em proporção, embora fora das escalas citadas.

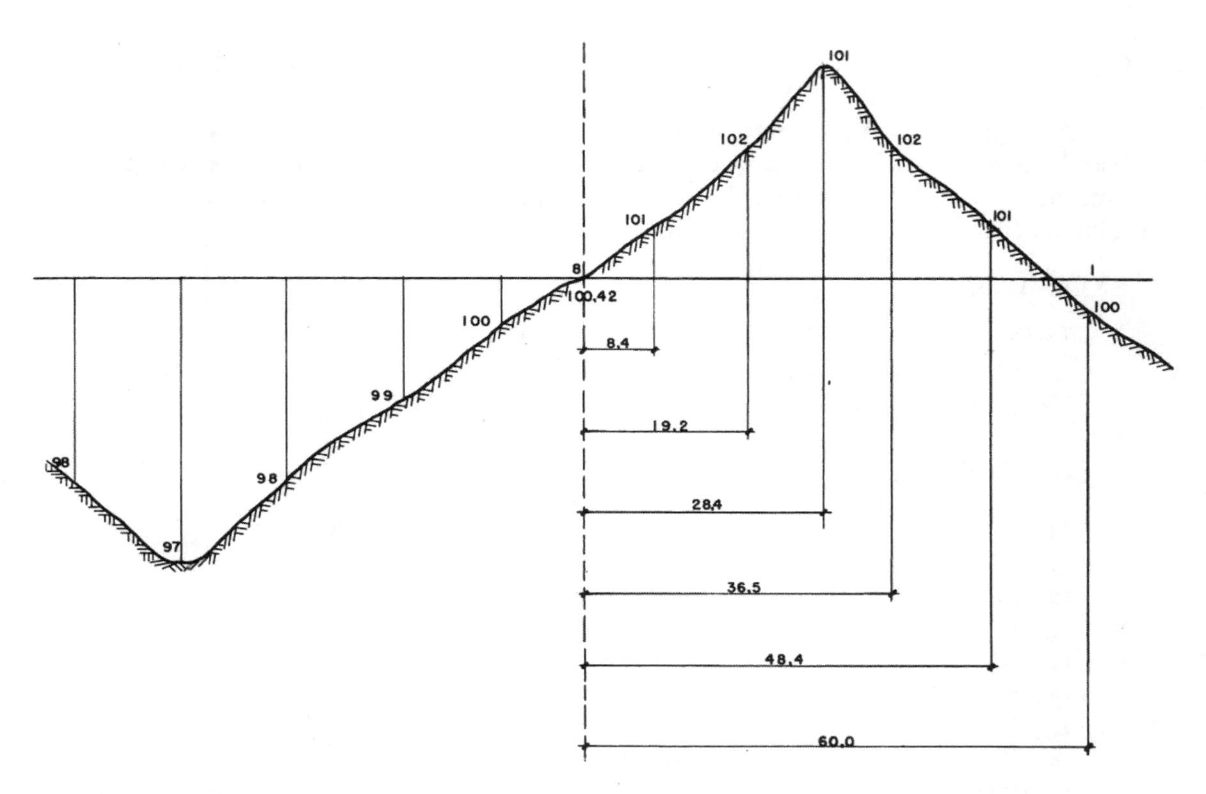

clinômetro (nível de Abney)

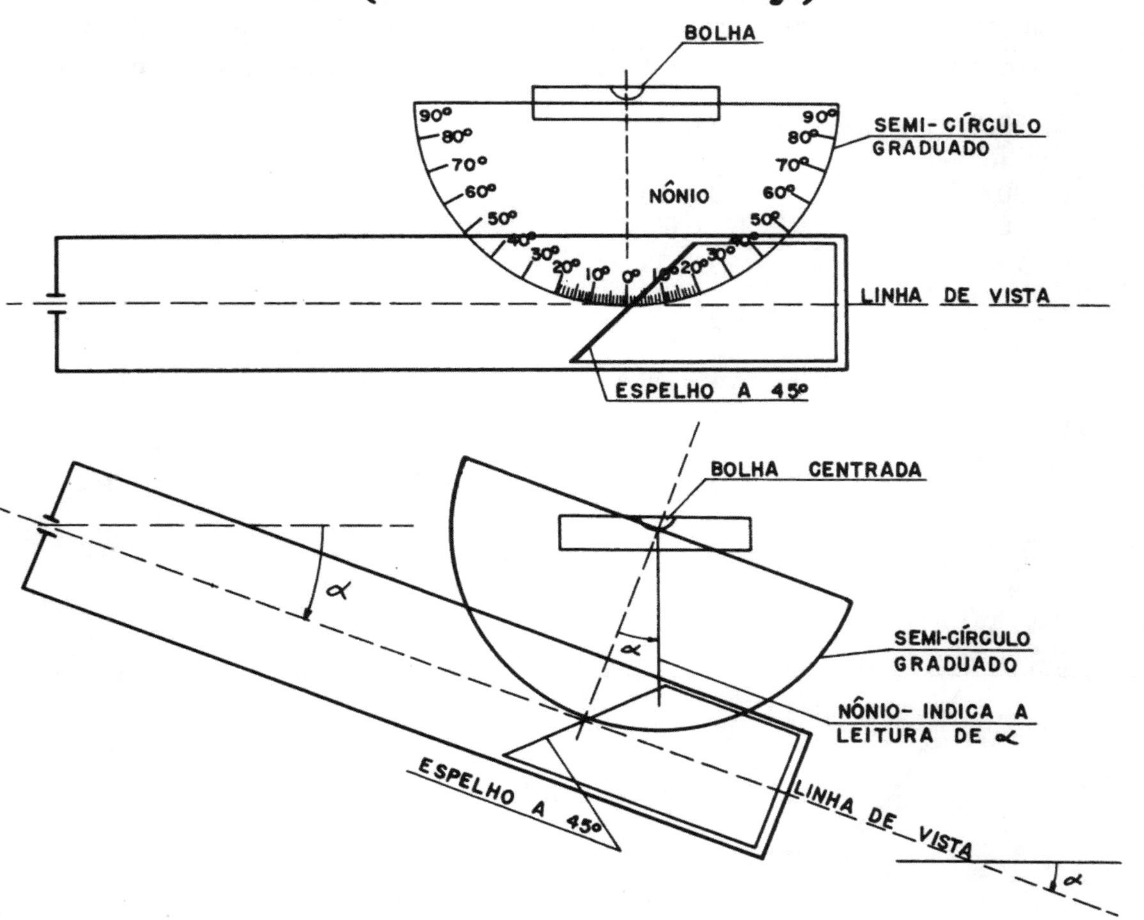

As figuras mostram como é possível medir a inclinação α da linha de vista usando o nível de Abney. Já que a linha de vista é paralela ao terreno, porque o clinômetro está 1,50 m acima do solo e visa para outra baliza também a 1,50 m, a inclinação da linha de vista é também a inclinação do terreno.

EXERCÍCIO 66

Baseado na anotação de caderneta, desenhar a seção transversal abaixo:

+ 15°	+ 9°	+ 5°	+ 0°	− 4°	− 10°	n	+ 8°	+ 6°	+ 3°	+ 1°	− 2°	− 3°
10 m	10 m	10 m	10 m	10 m	10 m	32,20	10 m	10 m	10 m	10 m	10 m	10 m

em escalas { horizontal = 1: 1000; vertical = 1: 100 }

tg 1.°: 0,017	32,20	35,35
tg 2.°: 0,035	+ 1,41	− 0,35
tg 3.°: 0,052	33,61	35,00
tg 4.°: 0,070	+ 1,05	− 0,52
tg 5.°: 0,087	34,66	34,48
tg 6.°: 0,105	+ 0,52	
tg 8.°: 0,141	35,18	
tg 9.°: 0,158	+ 0,17	
tg 10.°: 0,176	35,35	
tg 15.°: 0,268		

34,87	32,19	30,61	29,74	29,74	30,44	n	33,61	34,66	35,18	35,35	35,00	34,48
60 m	50 m	40 m	30 m	20 m	10 m	32,2	10 m	20 m	30 m	40 m	50 m	60 m

32,20	29,74
− 1,76	+ 0,87
30,44	30,61
− 0,70	+ 1,58
29,74	32,19
0	+ 2,68
29,74	34,87

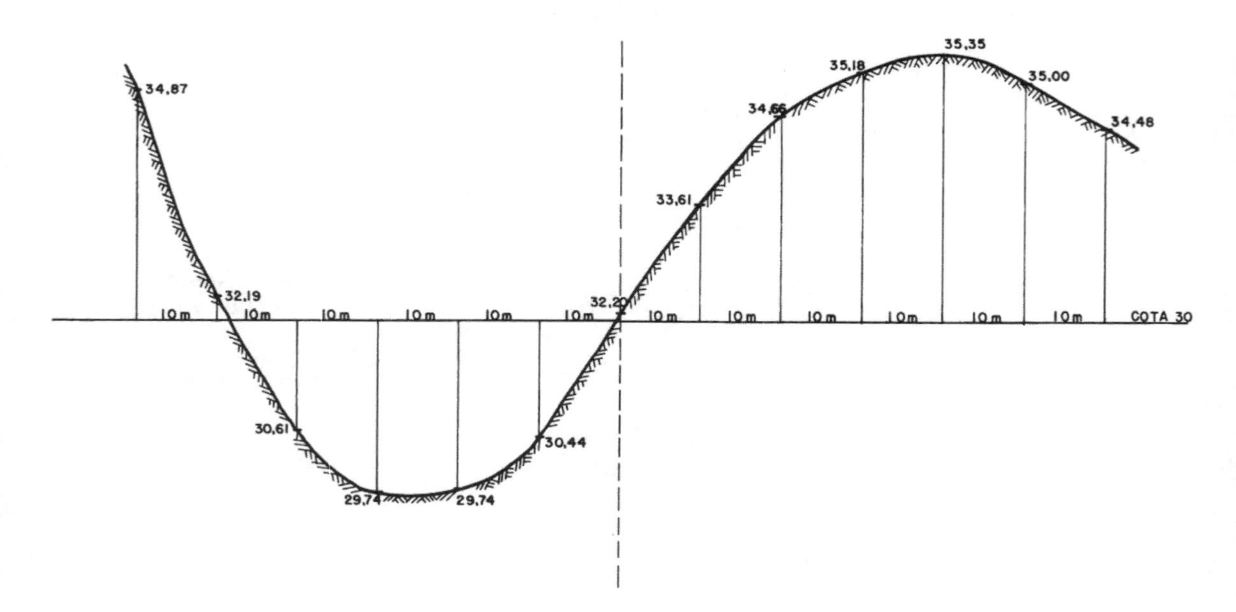

curvas de nível

INTERPOLAÇÃO PARA DETERMINAR PONTOS DE COTA INTEIRA

EXERCÍCIO 67

Determinar os pontos de cota inteira e traçar as curvas de nível 13, 14, 15, 16 e 17, com interpolação gráfica

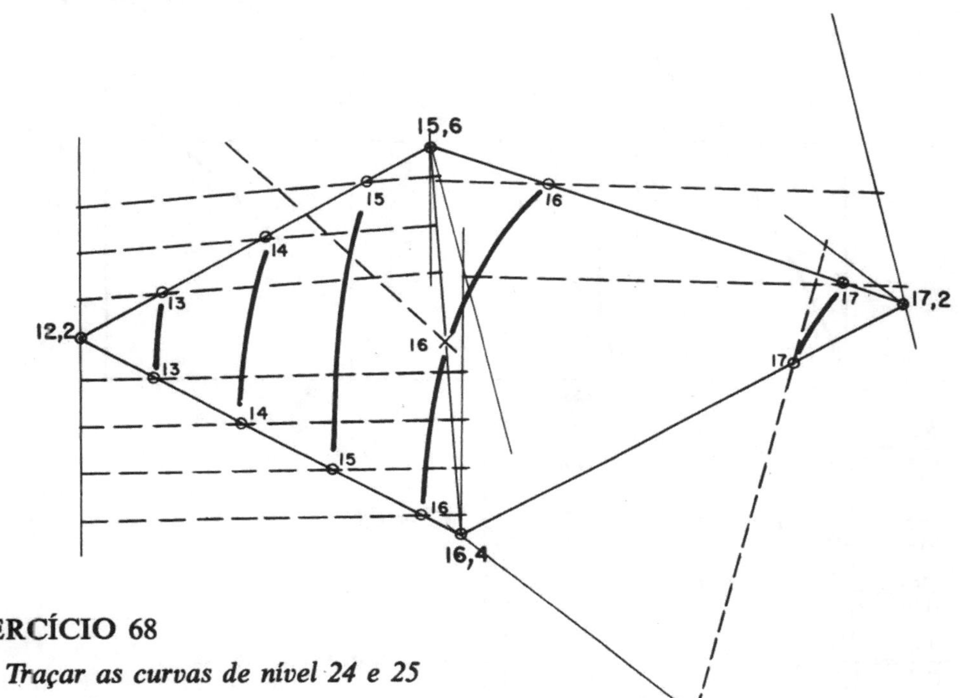

EXERCÍCIO 68

Traçar as curvas de nível 24 e 25

$$\frac{x_1}{0{,}3} = \frac{10}{0{,}8} \quad \therefore \quad x_1 = \frac{3}{0{,}8} = 3{,}75$$

$$\frac{x_2}{0{,}3} = \frac{10}{1{,}1} \quad \therefore \quad x_2 = \frac{3}{1{,}1} = 2{,}73$$

$$\frac{x_3}{0{,}2} = \frac{10}{1{,}1} \quad \therefore \quad x_3 = \frac{2}{1{,}1} = 1{,}82$$

$$\frac{x_4}{0{,}5} = \frac{10}{1{,}4} \quad \therefore \quad x_4 = \frac{5}{1{,}4} = 3{,}57$$

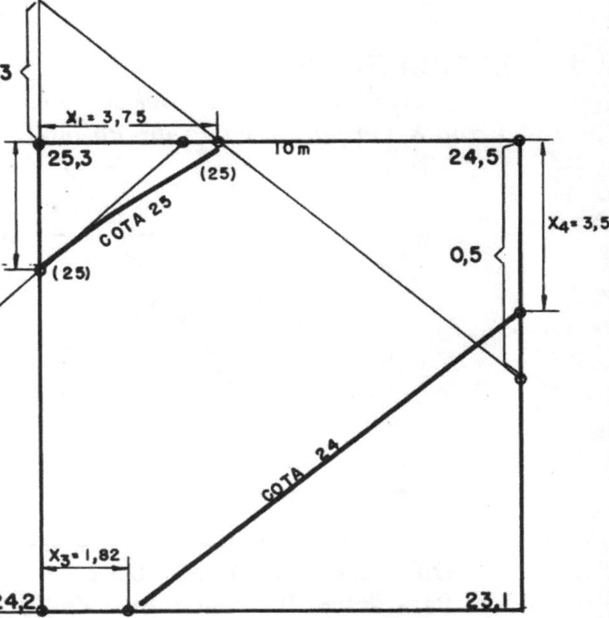

EXERCÍCIO 69

Traçar as curvas de nível de cotas 11, 12, 13 e 14

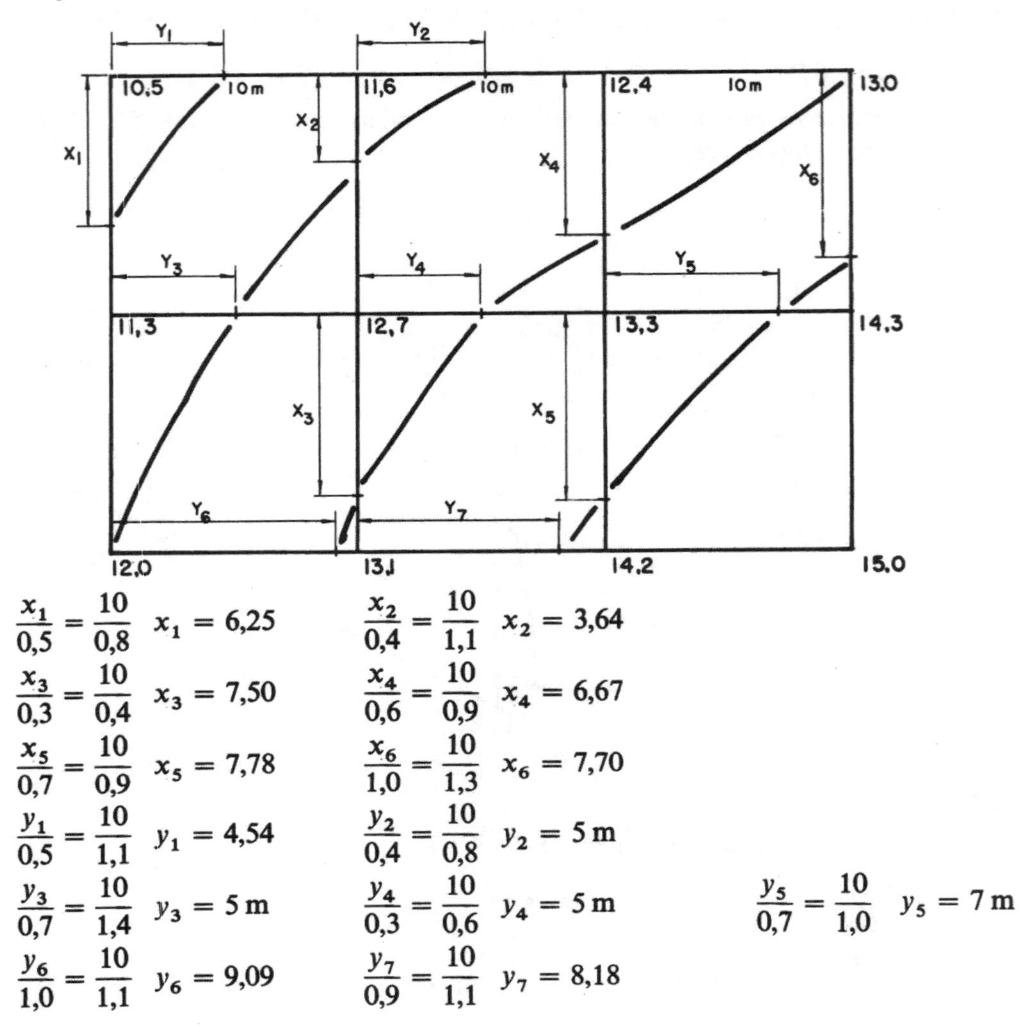

$\frac{x_1}{0,5} = \frac{10}{0,8}$ $x_1 = 6,25$ $\frac{x_2}{0,4} = \frac{10}{1,1}$ $x_2 = 3,64$

$\frac{x_3}{0,3} = \frac{10}{0,4}$ $x_3 = 7,50$ $\frac{x_4}{0,6} = \frac{10}{0,9}$ $x_4 = 6,67$

$\frac{x_5}{0,7} = \frac{10}{0,9}$ $x_5 = 7,78$ $\frac{x_6}{1,0} = \frac{10}{1,3}$ $x_6 = 7,70$

$\frac{y_1}{0,5} = \frac{10}{1,1}$ $y_1 = 4,54$ $\frac{y_2}{0,4} = \frac{10}{0,8}$ $y_2 = 5\text{ m}$

$\frac{y_3}{0,7} = \frac{10}{1,4}$ $y_3 = 5\text{ m}$ $\frac{y_4}{0,3} = \frac{10}{0,6}$ $y_4 = 5\text{ m}$ $\frac{y_5}{0,7} = \frac{10}{1,0}$ $y_5 = 7\text{ m}$

$\frac{y_6}{1,0} = \frac{10}{1,1}$ $y_6 = 9,09$ $\frac{y_7}{0,9} = \frac{10}{1,1}$ $y_7 = 8,18$

EXERCÍCIO 70

Traçar as curvas de nível de cotas 7 e 8 m do plano inclinado abaixo. É fixada a cota 8,3 m para o canto direito inferior.

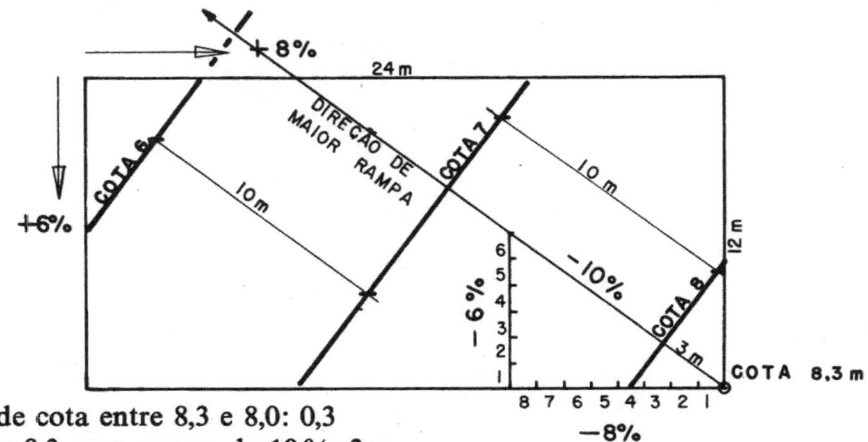

Diferença de cota entre 8,3 e 8,0: 0,3
Para descer 0,3 com rampa de 10%: 3 m

EXERCÍCIO 71

Interpolar para determinar pontos de cota inteira de metro em metro e traçar as curvas de nível.

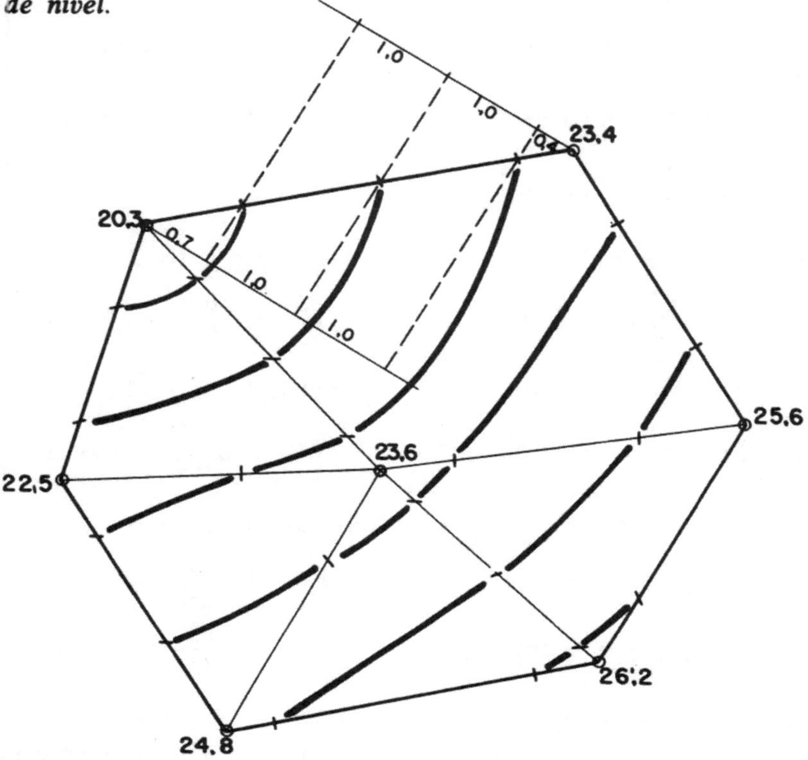

EXERCÍCIO 71a

Locar as estacas e, em seguida, interpolar e traçar as curvas de nível de metro em metro.

Estaca	X	Y	Cota
1	0	0	9,2 m
2	7,5 cm	+2,4 cm	13,3 m
3	4,5 cm	−3,2 cm	12,5 m
4	11,5 cm	−4,0 cm	14,2 m
5	18,3 cm	−1,5 cm	16,2 m

Solução

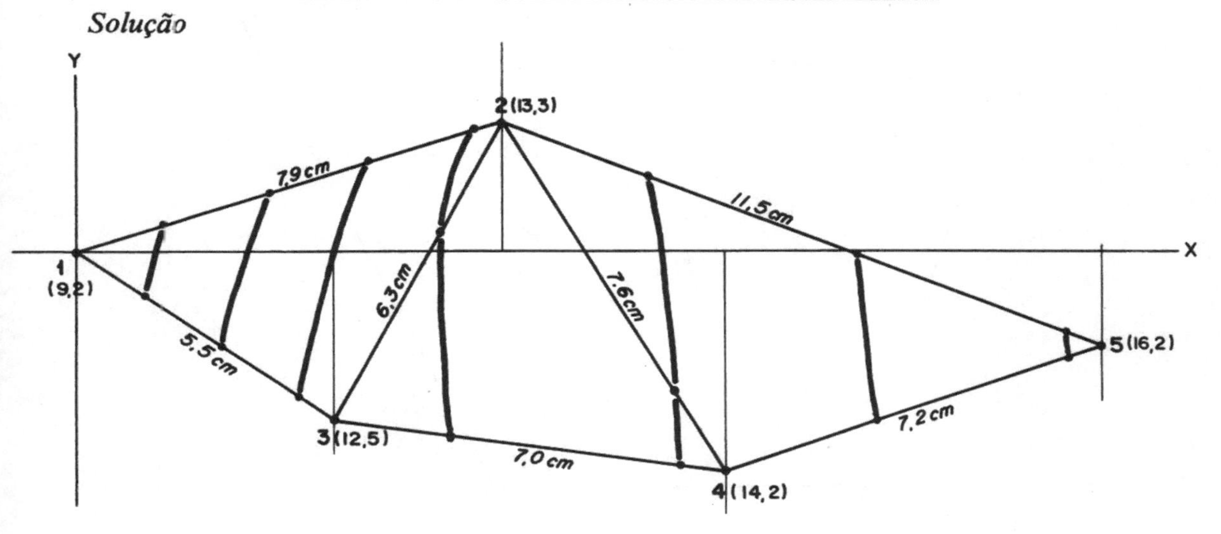

Interpolação entre 1 e 2

$$x_1 = 7{,}9\,\frac{0{,}8}{4{,}1} = 1{,}54 \text{ cm}$$

$$x_2 = 7{,}9\,\frac{1{,}8}{4{,}1} = 3{,}47 \text{ cm}$$

$$x_3 = 7{,}9\,\frac{2{,}8}{4{,}1} = 5{,}40 \text{ cm}$$

$$x_4 = 7{,}9\,\frac{3{,}8}{4{,}1} = 7{,}32 \text{ cm}$$

Interpolação entre 1 e 3

$$y_1 = 5{,}5\,\frac{0{,}8}{3{,}3} = 1{,}33 \text{ cm}$$

$$y_2 = 5{,}5\,\frac{1{,}8}{3{,}3} = 3{,}00 \text{ cm}$$

$$y_3 = 5{,}5\,\frac{2{,}8}{3{,}3} = 4{,}67 \text{ cm}$$

Interpolação entre 2 e 5

$$r_1 = 11{,}5\,\frac{0{,}7}{2{,}9} = 2{,}78 \text{ cm}$$

$$r_2 = 11{,}5\,\frac{1{,}7}{2{,}9} = 6{,}74 \text{ cm}$$

$$r_3 = 11{,}5\,\frac{2{,}7}{2{,}9} = 10{,}71 \text{ cm}$$

Interpolação entre 2 e 3

$$V = 6{,}3\,\frac{0{,}5}{0{,}8} = 3{,}94 \text{ cm}$$

Interpolação entre 2 e 4

$$W = 7{,}6\,\frac{0{,}7}{0{,}9} = 5{,}91 \text{ cm}$$

Interpolação entre 3 e 4

$$Z_1 = 7{,}0\,\frac{0{,}5}{1{,}7} = 2{,}06 \text{ cm}$$

$$Z_2 = 7{,}0\,\frac{1{,}5}{1{,}7} = 6{,}18 \text{ cm}$$

Interpolação entre 4 e 5

$$t_1 = 7{,}2\,\frac{0{,}8}{2{,}0} = 2{,}88 \text{ cm}$$

$$t_2 = 7{,}2\,\frac{1{,}8}{2{,}0} = 6{,}48 \text{ cm}$$

Constitui erro a interpolação entre os pontos 1 e 4, entre 3 e 5, e pior ainda, entre 1 e 5, pois só se deve interpolar entre os pontos imediatamente próximos e nunca cruzar direções de interpolação.

cálculo da distância entre 2 pontos (indiretamente)

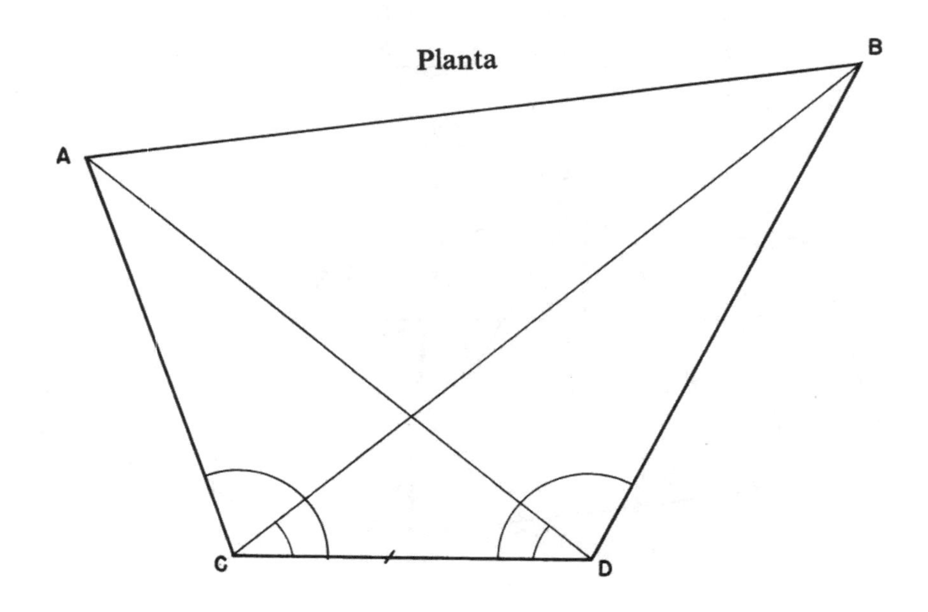

Dados:

PLANIMETRIA

No campo, desejando-se calcular a distância horizontal AB, mediremos a distância horizontal CD e os ângulos horizontais ACD, BCD, ADC e BDC

ALTIMETRIA

Para calcular a diferença de cota entre A e B, mede-se os ângulos verticais de visada de C para A = α_{CA}; de C para B = α_{CB}; de D para A = α_{DA} e de Dp/B = α_{DB}.

EXERCÍCIO 72

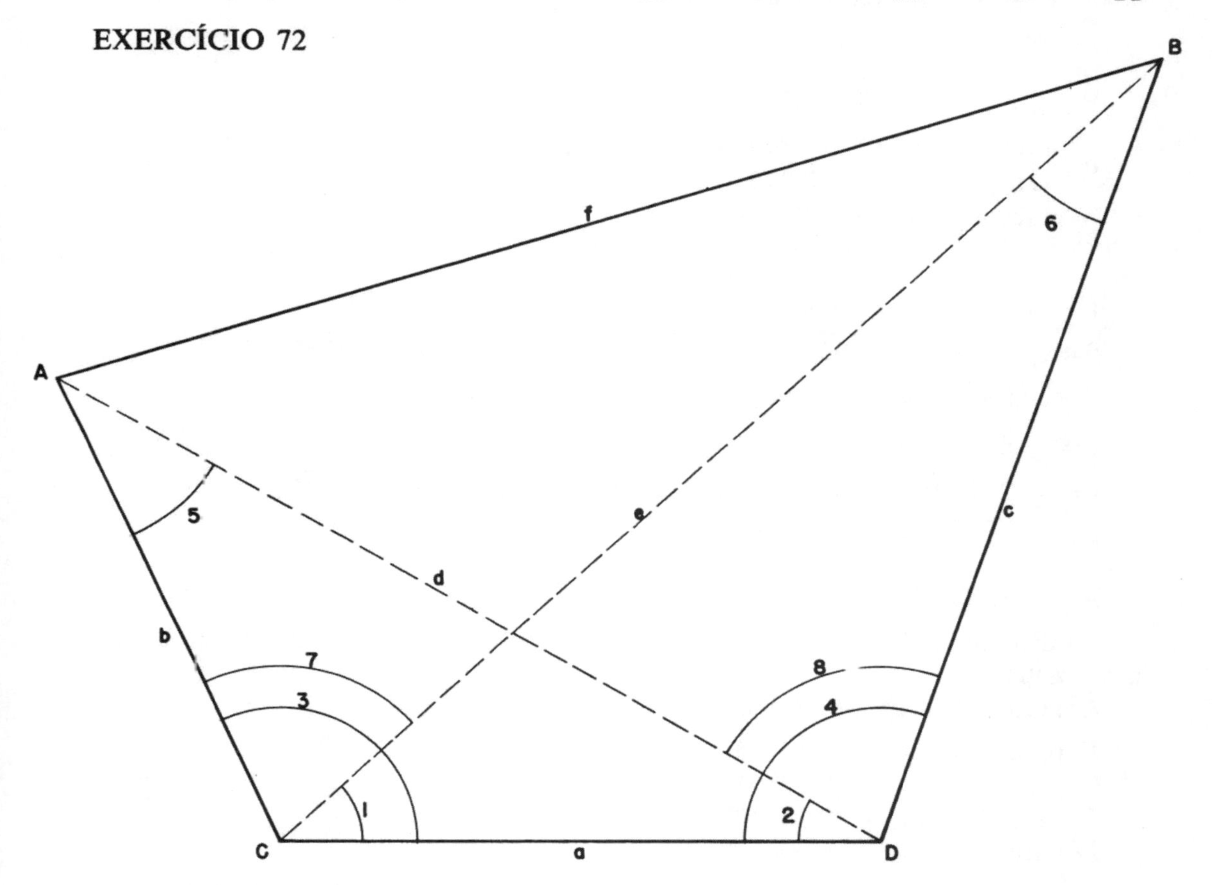

Dados:

PLANIMETRIA

a = 149,08

ângulo	valor em graus minutos	seno	co-seno
1	42° 56′	0,6811469	
2	30° 22′	0,5055319	
3	114° 28′	0,9102024	
4	109° 52′	0,9404860	
5	35° 10′	0,5759568	
6	27° 12′	0,4570979	
7	71° 32′		0,3167529
8	79° 30′		0,1822355

$5 = 180° - (3 + 2)$	$6 = 180 - (1 + 4)$	$7 = 3 - 1$	$8 = 4 - 2$
$3 = 114°\,28'$	$179°\,60'$	$3 = 114°\,28'$	
$2 = \underline{30°\,22'}$	$\underline{144°\,50'}$	$1 = \underline{42°\,56'}$	
$144°\,50'$	$5 = 35°\,10'$	$7 = 71°\,32'$	
$1 = 42°\,56'$	$179°\,60'$	$4 = 109°\,52'$	
$4 = \underline{109°\,52'}$	$\underline{152°\,48'}$	$2 = \underline{30°\,22'}$	
$152°\,48'$	$6 = 27°\,12'$	$8 = 79°\,30'$	

$$b:\ \frac{a \text{ sen } 2}{\text{sen } 5} = \frac{149{,}08 \times 0{,}5055319}{0{,}5759568} = \mathbf{130{,}851}$$

$$d:\ \frac{a \text{ sen } 3}{\text{sen } 5} = \frac{149{,}08 \times 0{,}9102024}{0{,}5759568} = \mathbf{235{,}595}$$

$$c:\ \frac{a \text{ sen } 1}{\text{sen } 6} = \frac{149{,}08 \times 0{,}6811469}{0{,}4570979} = \mathbf{222{,}152}$$

$$e:\ \frac{a \text{ sen } 4}{\text{sen } 6} = \frac{149{,}08 \times 0{,}9404860}{0{,}4570979} = \mathbf{306{,}734}$$

$$f = \sqrt{b^2 + e^2 - 2be \cos 7}$$

$$f = \sqrt{130{,}851^2 + 306{,}734^2 - 2 \times 130{,}851 \times 306{,}734 \times 0{,}3167529}$$

$$f = \sqrt{85.781{,}049063} = \mathbf{292{,}884}$$

$$f = \sqrt{d^2 + c^2 - 2dc \cos 8} =$$

$$f = \sqrt{235{,}595^2 + 222{,}152^2 - 2 \times 235{,}595 \times 222{,}152 \times 0{,}1822355}$$

$$f = \sqrt{85.780{,}868378} = \mathbf{292{,}884}$$

ALTIMETRIA

As distâncias CA e CB calculadas na planimetria são as distâncias CA′ e CB′ da altimetria

Ângulos verticais de visa de:

C para A = α_{CA} = + 15° 08′
C para B = α_{CB} = + 18° 51′
D para A = α_{DA} = + 14° 13′
D para B = α_{DB} = + 30° 09′

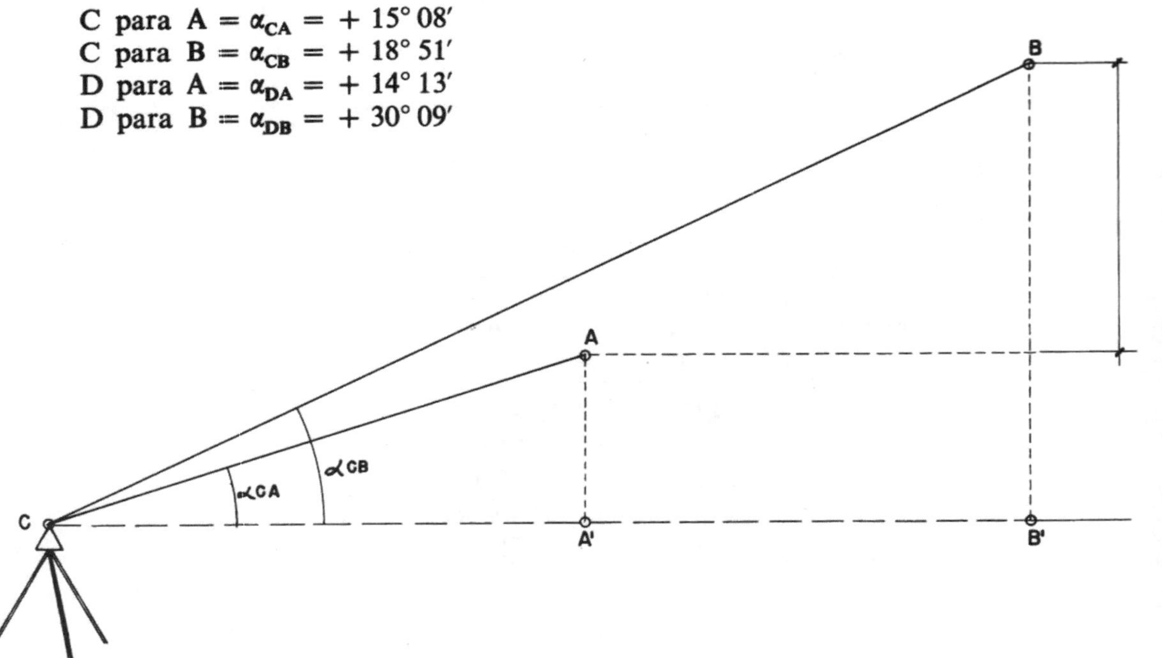

$AA' = CA' \text{ tg } \alpha_{CA} = b \text{ tg } 15°\ 08' = 130{,}851 \times 0{,}2704449$
$AA' = 35{,}388$
$BB' = CB' \text{ tg } \alpha_{CB} = e \text{ tg } 18°\ 51' = 306{,}734 \times 0{,}3414019$
$BB' = 104{,}720$ AB vertical $= BB' - AA' = 69{,}332$

$AA'' = DA' \text{ tg } \alpha_{DA} = d \times \text{tg } 14°\ 13' = 235{,}595 \times 0{,}2533484 = 59{,}688$
$BB'' = DB' \text{ tg } \alpha_{DB} = c \times \text{tg } 30°\ 09' = 222{,}152 \times 0{,}5808462 = 129{,}036$
AB vertical $= 129{,}036 - 59{,}688 = 69{,}348$
Erro de altimetria $= 69{,}348 - 69{,}332 =$ **0,016**

EXERCÍCIO 73

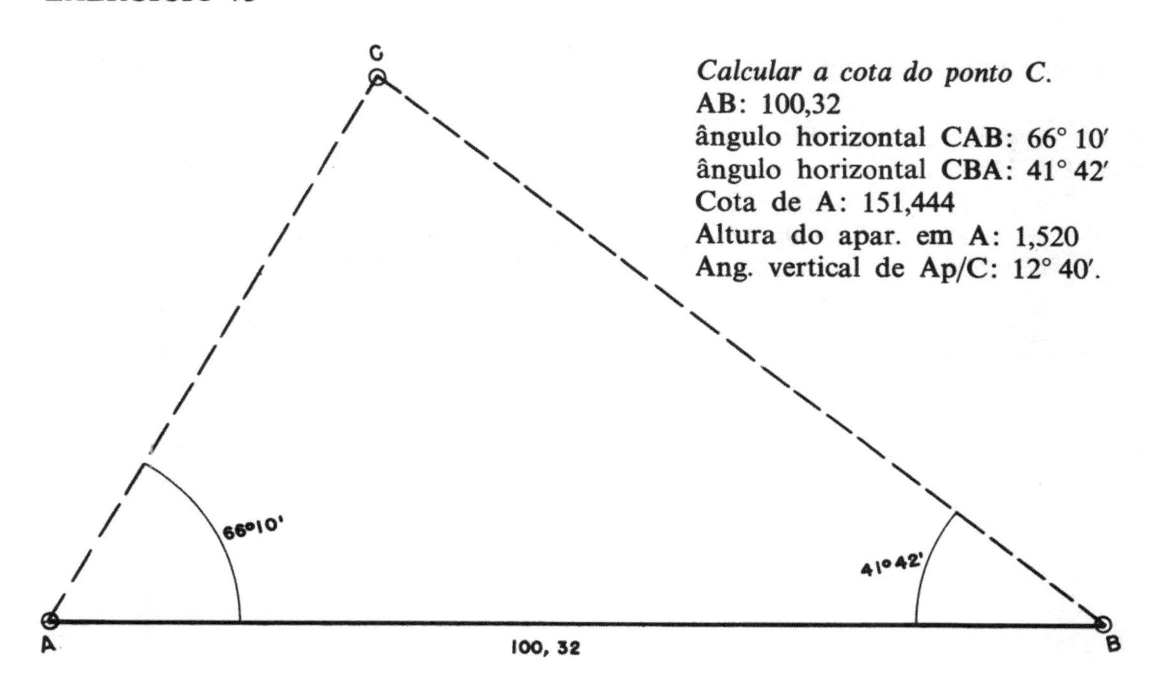

Calcular a cota do ponto C.
AB: 100,32
ângulo horizontal CAB: 66° 10′
ângulo horizontal CBA: 41° 42′
Cota de A: 151,444
Altura do apar. em A: 1,520
Ang. vertical de Ap/C: 12° 40′.

Cálculo do âng. em C = 180 − (66° 10′ + 41° 42′) $\hat{C} =$ **72° 08′**
Cálculo da dist. horizontal AC

$$\frac{AC}{\text{sen } 41°\ 42'} = \frac{100{,}32}{\text{sen } 72°\ 08'} \qquad AC = 100{,}32\frac{0{,}66523}{0{,}95177} = \mathbf{70{,}12}$$

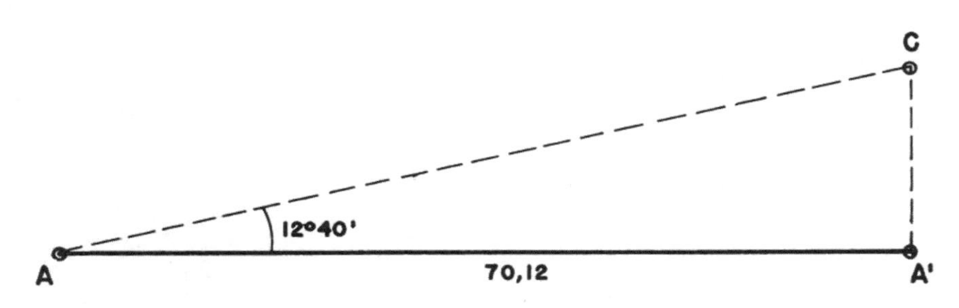

$CA' = 70{,}12 \text{ tg } 12°\ 40'$
$CA' = 70{,}12 \times 0{,}22475 =$ **15,759 m**

Cota C = Cota de A + AA + CA′ = 151,444 + 1,520 + 15,759
Cota C = **168,723 m**.

EXERCÍCIO 73a

Calcular a distância AB por coordenadas.

Valores medidos no campo: ângulos $\hat{1}$, $\hat{2}$, $\hat{3}$ e $\hat{4}$ e distância CD (ver figura)

Seqüência dos cálculos:

1) Cálculo dos ângulos 5 e 6, por soma de ângulos do triângulo.
2) Cálculo de b, c, d, e pela lei dos senos.
3) Cálculo dos rumos dos lados, assumindo-se CD como sentido Norte.
4) Cálculo das coordenadas parciais dos lados.
5) Cálculo das coordenadas totais de A e B.
6) Cálculo da distância AB.

Dados e item 1) = cálculos dos ângulos $\hat{5}$ e $\hat{6}$

Ângulo	Seno	Cosseno	
$\hat{1} = 39° 12'$	0.6320293	0.7749445	$\hat{5} = 180 - (\hat{1} + \hat{2}) = 76° 33'$
$\hat{2} = 64° 15'$	0.9006982	0.4344453	$\hat{6} = 180 - (\hat{3} + \hat{4}) = 54° 05'$
$\hat{3} = 73° 51'$	0.9605368	0.2781530	a = 122,420 m.
$\hat{4} = 52° 04'$	0.7887266	0.6147442	
$\hat{5} = 76° 33'$	0.9725733	—	
$\hat{6} = 54° 05'$	0.8098710	—	

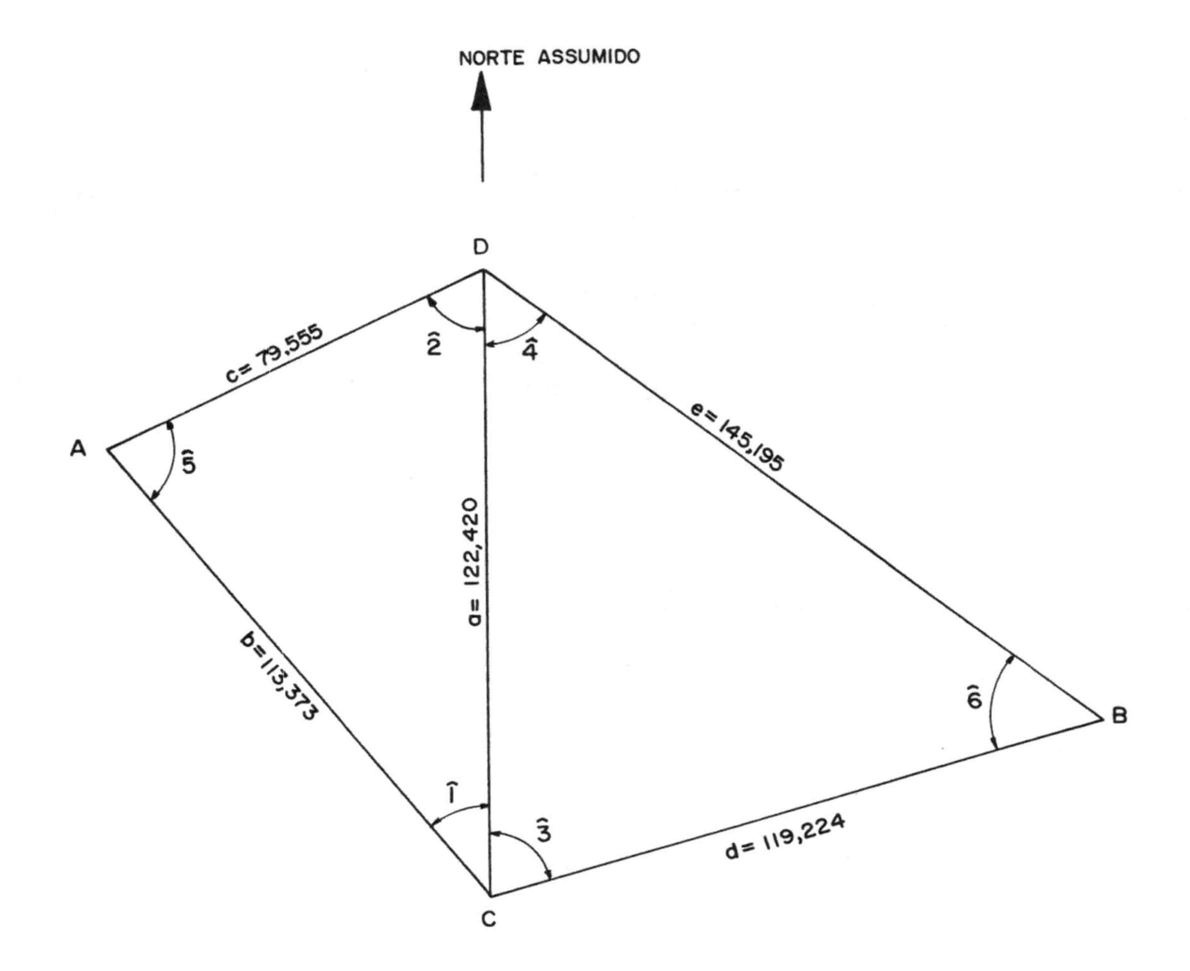

2) cálculo de b, c, d, e

$$b = \frac{a \text{ sen } \hat{2}}{\text{sen } \hat{5}} = \frac{122{,}420 \times 0{,}9006982}{0{,}9725733} = 113{,}373$$

$$c = \frac{a \text{ sen } \hat{1}}{\text{sen } \hat{5}} = \frac{122{,}420 \times 0{,}6320293}{0{,}9725733} = 79{,}555$$

$$d = \frac{a \text{ sen } \hat{4}}{\text{sen } \hat{6}} = \frac{122{,}420 \times 0{,}7887266}{0{,}8098710} = 119{,}224$$

$$e = \frac{a \text{ sen } \hat{3}}{\text{sen } \hat{6}} = \frac{122{,}420 \times 0{,}9605368}{0{,}8098710} = 145{,}195$$

3) Cálculo dos rumos, considerando-se o rumo de CD = NO° temos

- Rumo de CA = N 39° 12′ W
- Rumo de AD = N 64° 15′ E
- Rumo de DB = S 52° 04′ E
- Rumo de BC = S 73° 51′ W

4) Cálculo das coordenadas parciais dos lados

Lado	Comprimento	Rumo	Seno	Cosseno	Coordenadas parciais			
					x		y	
					E	W	N	S
CA	113,373	N 39° 12′ W	,6320293	,7749445		71,655	87,858	
AD	79,555	N 64° 15′ E	,9006982	,4344453	71,655		34,562	
DB	145,195	S 52° 04′ E	,7887266	,6147442	114,519			89,258
BC	119,224	S 73° 51′ W	,9605368	,2781530		114,519		33,162
				Soma	186,174	186,174	122,420	122,420

5) Cálculo das coordenadas totais de A e B assumindo como origem o ponto C

Vértice	X	Y
C	O − 71,655	O + 87,858
A	− 71,655 + 71,655	+ 87,858 + 34,562
D	O +114,519	+122,420 − 89,258
B	+114,519 − 114,519	+ 33,162 − 33,162
C	O	O

6) Cálculo da distância AB = *l*

$$x_{AB} = X_B - X_A = 114{,}519 + 71{,}655 = 186{,}174$$
$$y_{AB} = Y_B - Y_A = 33{,}162 - 87{,}858 = -54{,}696$$
$$l = \sqrt{x_{AB}^2 + y_{AB}^2} = \sqrt{186{,}174^2 + 54{,}696^2} = \mathbf{194{,}042}$$

Resposta: distância AB = **194,042 m**

topografia subterrânea

TEODOLITO COM LUNETA AUXILIAR LATERAL

EXERCÍCIO 74

Em um teodolito preparado para galeria de minas, munido de luneta auxiliar lateral, corrigir o ângulo horizontal H_1 medido.

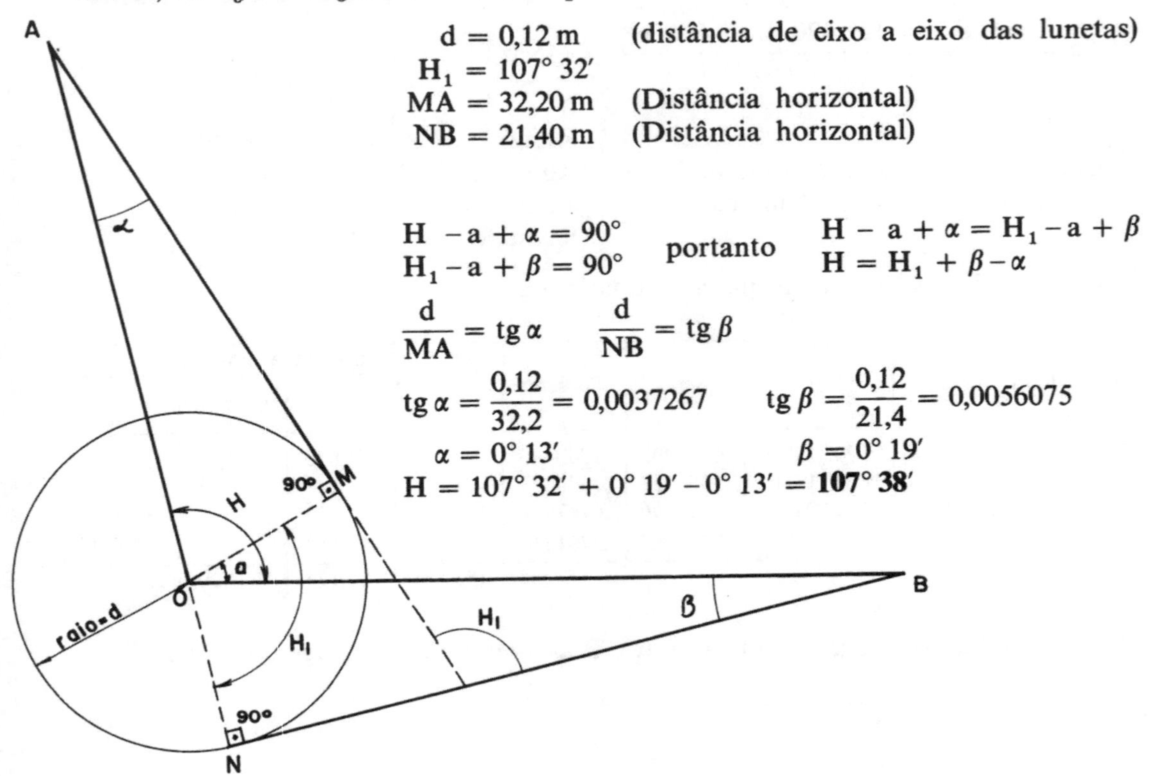

$d = 0{,}12$ m (distância de eixo a eixo das lunetas)

$H_1 = 107°\ 32'$

$MA = 32{,}20$ m (Distância horizontal)

$NB = 21{,}40$ m (Distância horizontal)

$H - a + \alpha = 90°$
$H_1 - a + \beta = 90°$
portanto
$H - a + \alpha = H_1 - a + \beta$
$H = H_1 + \beta - \alpha$

$$\frac{d}{MA} = \operatorname{tg}\alpha \qquad \frac{d}{NB} = \operatorname{tg}\beta$$

$$\operatorname{tg}\alpha = \frac{0{,}12}{32{,}2} = 0{,}0037267 \qquad \operatorname{tg}\beta = \frac{0{,}12}{21{,}4} = 0{,}0056075$$

$$\alpha = 0°\ 13' \qquad \beta = 0°\ 19'$$

$$H = 107°\ 32' + 0°\ 19' - 0°\ 13' = \mathbf{107°\ 38'}$$

TEODOLITO COM LUNETA AUXILIAR SUPERIOR

EXERCÍCIO 75

Calcular a distância AB horizontal (projeção horizontal) para $\alpha = -42°\ 10'$.

h: 0,12 m

A'B: 22,40 m

$$\alpha = \alpha_1 - \beta \qquad \operatorname{tg}\beta = \frac{h}{A'B}$$

$$\operatorname{tg}\beta = \frac{0{,}12}{22{,}4} = 0{,}005357 \text{ portanto } \beta = 18'$$

$$\alpha = 42°\ 10' - 0°\ 18' = 41°\ 52'$$

$$AB = \sqrt{22{,}40^2 + 0{,}12^2} = 22{,}40$$

Projeção horizontal de AB = AB cos 41° 52′ = 22,40 × 0,7446999 = **16,68 m**.

Caso não fosse feita a correção do ângulo α_1 a projeção horizontal de AB erradamente seria:

$$AB \cos 42°\ 10' = 22{,}40 \times 0{,}74120 = 16{,}60$$

Erro de 8 cm

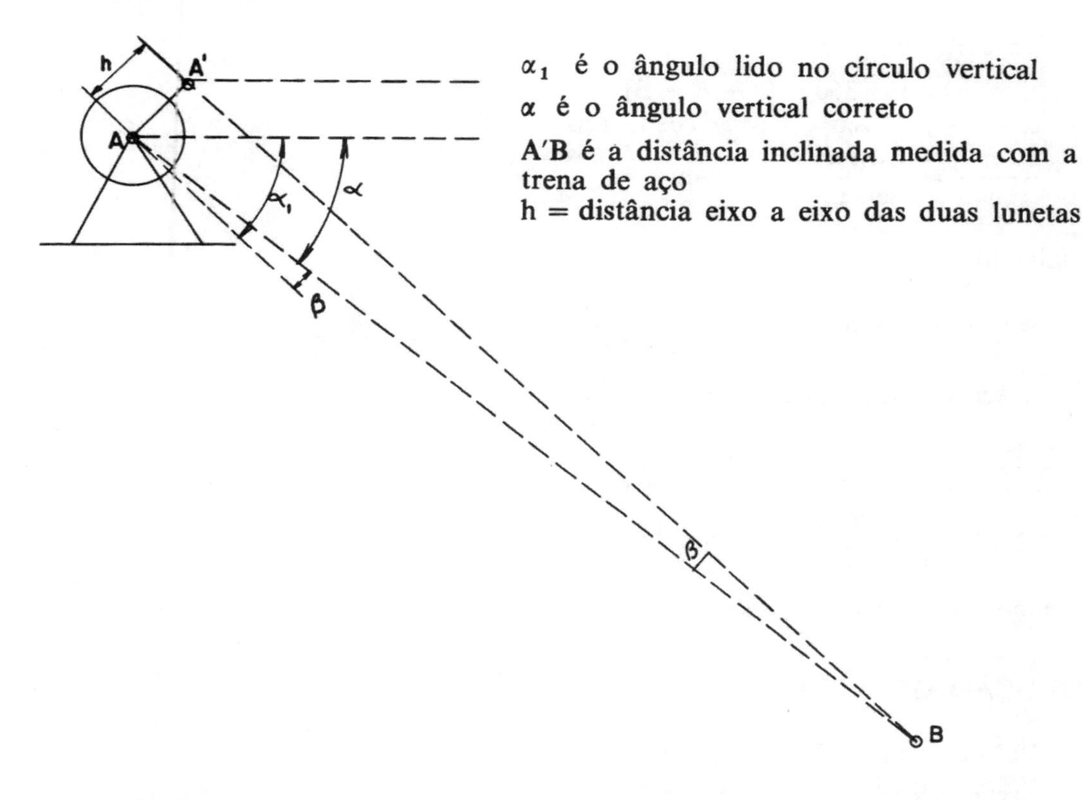

α_1 é o ângulo lido no círculo vertical
α é o ângulo vertical correto
A'B é a distância inclinada medida com a trena de aço
h = distância eixo a eixo das duas lunetas

problema dos três pontos (Pothenot)

DUAS SOLUÇÕES ANALÍTICAS

1.ª Solução:

Valores conhecidos previamente: a, b e $\hat{B}$; valores medidos do bote: α e β; procura-se localizar o ponto P.

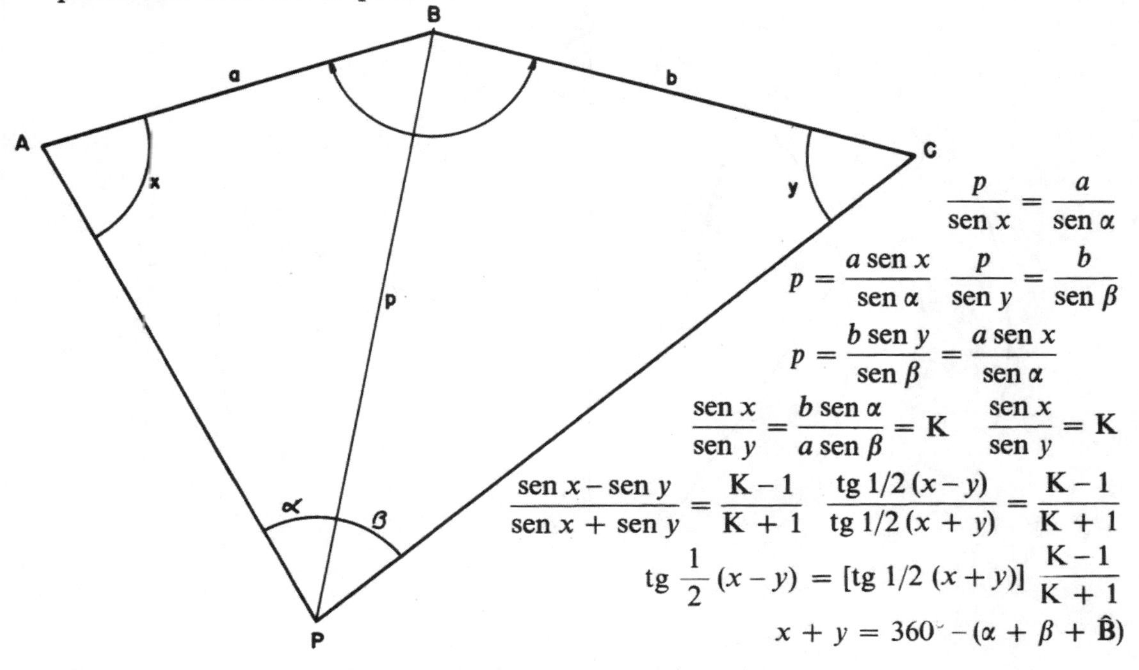

$$\frac{p}{\text{sen}\, x} = \frac{a}{\text{sen}\, \alpha}$$

$$p = \frac{a \,\text{sen}\, x}{\text{sen}\, \alpha} \qquad \frac{p}{\text{sen}\, y} = \frac{b}{\text{sen}\, \beta}$$

$$p = \frac{b \,\text{sen}\, y}{\text{sen}\, \beta} = \frac{a \,\text{sen}\, x}{\text{sen}\, \alpha}$$

$$\frac{\text{sen}\, x}{\text{sen}\, y} = \frac{b \,\text{sen}\, \alpha}{a \,\text{sen}\, \beta} = \text{K} \qquad \frac{\text{sen}\, x}{\text{sen}\, y} = \text{K}$$

$$\frac{\text{sen}\, x - \text{sen}\, y}{\text{sen}\, x + \text{sen}\, y} = \frac{\text{K} - 1}{\text{K} + 1} \qquad \frac{\text{tg}\, 1/2\,(x - y)}{\text{tg}\, 1/2\,(x + y)} = \frac{\text{K} - 1}{\text{K} + 1}$$

$$\text{tg}\, \frac{1}{2}\,(x - y) = [\text{tg}\, 1/2\,(x + y)]\, \frac{\text{K} - 1}{\text{K} + 1}$$

$$x + y = 360^\circ - (\alpha + \beta + \hat{\text{B}})$$

Determinando-se x e y o problema está resolvido.

2.ª solução:

$$x + y = d = 360° - (\alpha + \beta + \hat{B})$$

$$x = d - y \qquad \text{sen } x = \text{sen } d \cos y - \text{sen } y \cos d$$

$$\frac{b \text{ sen } y}{\text{sen } \beta} = \frac{a \text{ sen } x}{\text{sen } \alpha} \quad \therefore \quad \text{sen } x = \frac{b \text{ sen } y \text{ sen } \alpha}{a \text{ sen } \beta}$$

igualando

$$\text{sen } d \cos y - \text{sen } y \cos d = \frac{b \text{ sen } y \text{ sen } \alpha}{a \text{ sen } \beta}$$

$$\div \text{ sen } y \qquad \text{sen } d \text{ cotg } y - \cos d = \frac{b \text{ sen } \alpha}{a \text{ sen } \beta}$$

$$\div \text{ sen } d \qquad \text{cotg } y - \text{cotg } d = \frac{b \text{ sen } \alpha}{a \text{ sen } \beta \text{ sen } d}$$

$$\text{cotg } y = \frac{b \text{ sen } \alpha}{a \text{ sen } \beta \text{ sen } d} + \text{cotg } d$$

calcula-se y e depois $x = d - y$

SOLUÇÃO GRÁFICA

Valores conhecidos antecipadamente: *a*, *b* e $\hat{B}$
Valores medidos no bote: α e β
Procura-se determinar a posição do ponto P.

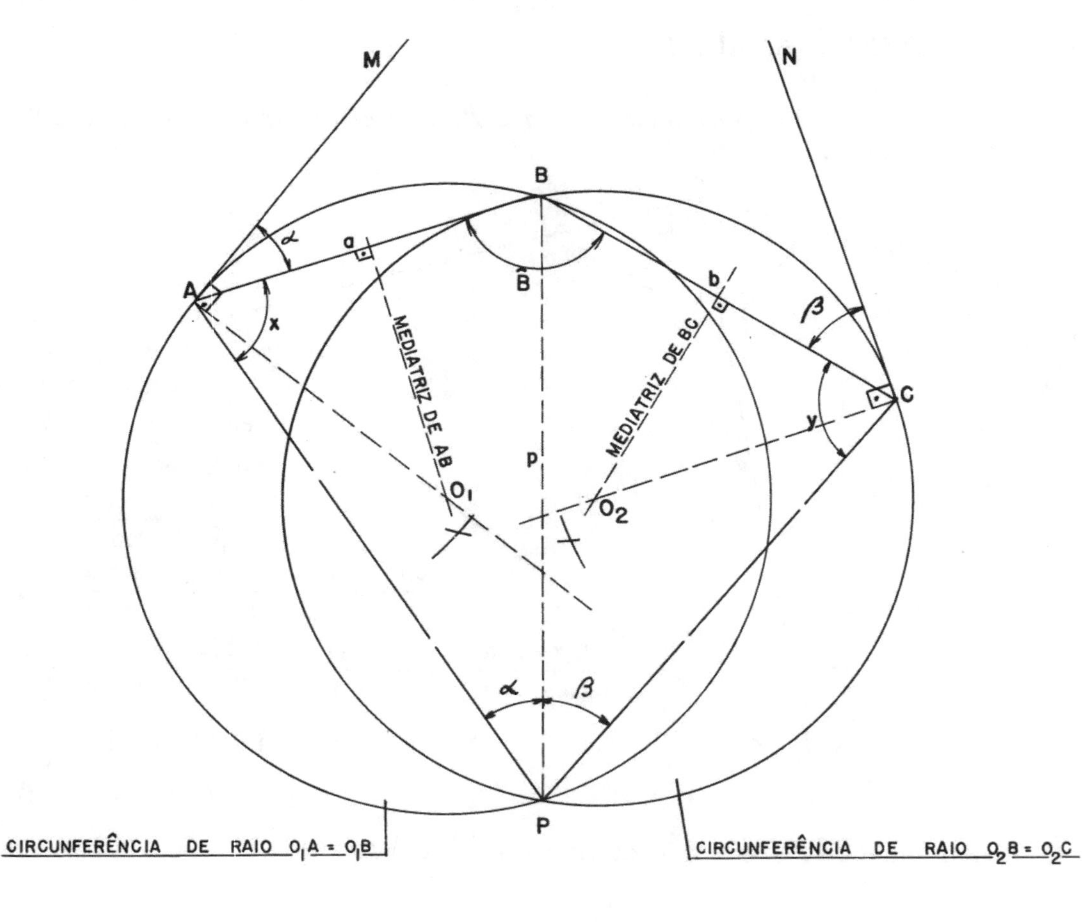

Seqüência: as retas AB e BC já se encontram traçadas

a) traçar as retas AM e CN que fazem respectivamente ângulos α e β com AB e BC.
b) traçar as retas AO_1 e CO_2 respectivamente perpendiculares à AM e CN.
c) traçar as mediatrizes à AB e BC determinando os pontos O_1 e O_2.
d) traçar as circunferências O_1 e O_2 cujos raios são respectivamente O_1A e O_2C.
e) o cruzamento das duas circunferências determina P.

Pothenot (1.ª solução analítica)

Dados para o ponto P

$\alpha = 34° 16'$	$\hat{B} = 131° 22'$	
$\beta = 40° 28'$	AB = 728,04 m	BC = 821,45 m

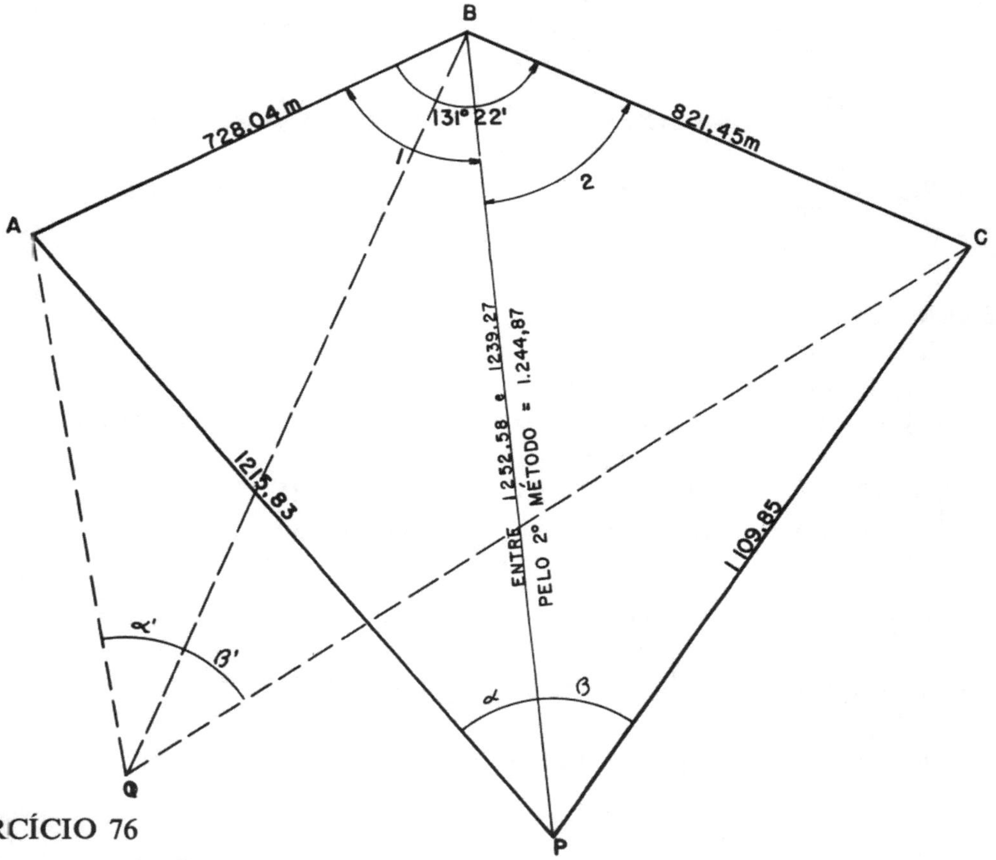

EXERCÍCIO 76

Para o ponto P

$$x + y = 360° - (B + \alpha + \beta) = 360° - (34° 16' + 40° 28' + 131° 22') = 153° 54'$$

$$\text{tg}\ \frac{1}{2}(x - y) = \left[\text{tg}\ \frac{1}{2}(x + y)\right] \frac{K - 1}{K + 1}$$

$$\text{onde}\ K = \frac{BC \text{ sen } \alpha}{AB \text{ sen } \beta} = \frac{\overset{(0{,}5630453)}{821{,}45 \text{ sen } 34° 16'}}{\underset{(0{,}6490056)}{728{,}04 \text{ sen } 40° 28'}}$$

$$K = \frac{462{,}513561685}{472{,}502037024} = 0{,}978860$$

$$\frac{K-1}{K+1} = \frac{-0{,}021140}{+1{,}978860} = -0{,}010682918$$

$$\text{tg}\,\frac{1}{2}(x+y) = \text{tg}\,\frac{153°\,54'}{2} = \text{tg}\,76°\,57' = 4{,}3142955$$

$$\text{tg}\,\frac{1}{2}(x-y) = -0{,}010682918 \times 4{,}3142955 = -0{,}0460893$$

$$\therefore \quad \frac{x-y}{2} = -2°\,38{,}33'$$

$$\begin{aligned} x + y &= 153\ \ 54{,}'00 \\ x - y &= -5°\,16{,}'66 \\ \hline 2x &= 148°\,37{,}'34 \\ x &= 74°\,18{,}'67 \\ y &= 79°\,35{,}'33 \end{aligned}$$

$$\left.\begin{aligned} PB &= \frac{AB\,\text{sen}\,x}{\text{sen}\,\alpha} = 728{,}04\,\frac{0{,}9627445}{0{,}5630453} = 1\,244{,}87 \\ PB &= \frac{BC\,\text{sen}\,y}{\text{sen}\,\beta} = 821{,}45\,\frac{0{,}9835363}{0{,}6490056} = 1\,244{,}87 \end{aligned}\right\}\text{sem erro}$$

$$PA = \frac{AB\,\text{sen}\,1}{\text{sen}\,\alpha} = 1.215{,}83 \qquad \hat{1} = 180 - (75°\,37',84 + 34°\,16')$$

$$PC = \frac{BC\,\text{sen}\,2}{\text{sen}\,\beta} = 1.109{,}85 \qquad \hat{2} = 180 - (78°\,16',16 + 40°\,28')$$

EXERCÍCIO 77

Para o ponto Q

$\alpha' = 33°\,58'$ $\qquad\beta' = 33°\,31'$

$$x + y = 360° - (B + \alpha' + \beta') = 360° - (131°\,22' + 33°\,58' + 33°\,31') = 161°\,09'$$

$$K = \frac{BC\,\text{sen}\,\alpha'}{AB\,\text{sen}\,\beta'} = \frac{821{,}45\,\text{sen}\,33°\,58'\ (0{,}5587105)}{728{,}04\,\text{sen}\,33°\,31'\ (0{,}5521795)} = \frac{458{,}952740225}{402{,}008763180} = 1{,}14165$$

$$\frac{K-1}{K+1} = \frac{0{,}14165}{2{,}14165} = 0{,}066141$$

$$\text{tg}\,\frac{1}{2}(x+y) = \text{tg}\,\frac{161°\,09'}{2} = \text{tg}\,80°\,34'5 = 6{,}0242010$$

$$\text{tg}\,\frac{1}{2}(x-y) = 0{,}066141 \times 6{,}0242010 = 0{,}3984467.$$

$$\frac{x-y}{2} = 21°\,43',48$$

$$\begin{aligned} x + y &= 161\,09',00 \\ x - y &= 43°\,26',96 \\ \hline 2x &= 204°\,35',96 \\ x &= 102°\,17',98 \end{aligned} \qquad y = 102°\,17',98 - 43°\,26',96 = 58°\,51{,}'02$$

$$\left.\begin{aligned} QB &= \frac{AB\,\text{sen}\,x}{\text{sen}\,\alpha'} = \frac{728{,}04 \times 0{,}9770468}{0{,}5587105} = 1\,273{,}16 \\ QB &= \frac{BC\,\text{sen}\,y}{\text{sen}\,\beta'} = \frac{821{,}45 \times 0{,}8558190}{0{,}5521795} = 1\,273{,}16 \end{aligned}\right\}\text{sem erro}$$

Pothenot (2.ª solução analítica)

EXERCÍCIO 78 (mesmos dados do exercício 76)

Para o ponto P

$$\text{cotg}\, y = \frac{\text{BC sen}\, \alpha}{\text{AB sen}\, \beta\, \text{sen}\, d} + \text{cotg}\, d \qquad \text{onde} \qquad d = 360 - (\alpha + \beta + \text{B})$$

$$\text{B} = 131°\, 22'$$

$\text{AB} = 728{,}04 \qquad \text{BC} = 821{,}45 \qquad \alpha = 34°\, 16' \qquad \beta = 40°\, 28'$

$d = 360° - (34°\, 16' + 40°28' + 131°\, 22') = 153°\, 54'$

$$\text{cotg}\, y = \frac{821{,}45 \times \text{sen}\, 34°\, 16'}{728{,}04 \times \text{sen}\, 40°\, 28' \times \text{sen}\, 153°\, 54'} + \text{cotg}\, 153°\, 54'$$

$$\text{cotg}\, y = \frac{821{,}45 \times 0{,}5630453}{728{,}04 \times 0{,}6490056 \times 0{,}4399392} + (-2{,}0412540)$$

$$\text{cotg}\, y = \frac{462{,}51356}{207{,}87241} - 2{,}0412540 = 2{,}22498 - 2{,}0412540$$

$\text{cotg}\, y = 0{,}18373 \qquad y = 79°\, 35',3$

$x = d - y = 153°\, 54' - 79°\, 35',3 = 74°\, 18',7$

$$\left.\begin{array}{l} \text{PB} = \dfrac{\text{AB sen}\, x}{\text{sen}\, \alpha} = \dfrac{728{,}04 \times 0{,}9627468}{0{,}5630453} = 1.244{,}87 \\ \text{PB} = \dfrac{\text{BC sen}\, y}{\text{sen}\, \beta} = \dfrac{821{,}45 \times 0{,}9835347}{0{,}6490056} = 1.244{,}87 \end{array}\right\} \text{sem erro}$$

EXERCÍCIO 79 (mesmos dados do exercício 77)

Para o ponto Q

$\text{B} = 131°\, 22' \qquad \alpha = 33°\, 58' \qquad \beta = 33°\, 31' \qquad \text{AB} = 728{,}04 \qquad \text{BC} = 821{,}45$

$d = 360° - (131°\, 22' + 33°\, 28' + 33°\, 31') = 161°\, 09'$

$$\text{cotg}\, y = \frac{821{,}45 \times \text{sen}\, 33°\, 58'}{728{,}04 \times \text{sen}\, 33°\, 31' \times \text{sen}\, 161°\, 09'} + \text{cotg}\, 161°\, 09'$$

$$\text{cotg}\, y = \frac{821{,}45 \times 0{,}5587105}{728{,}04 \times 0{,}5521795 \times 0{,}3230917} + (-2{,}9290995)$$

$\text{cotg}\, y = 3{,}5335150 - 2{,}9290995$

$\text{cotg}\, y = 0{,}6044155 \qquad y = 58°\, 51'$

$x = 161°\, 09' - 58°\, 51' = 102°\, 18'$

$$\left.\begin{array}{l} \text{QB} = \dfrac{\text{AB sen}\, x}{\text{sen}\, \alpha} = \dfrac{728{,}04 \times 0{,}9770456}{0{,}5587105} = 1.273{,}16 \\ \text{QB} = \dfrac{\text{BC sen}\, y}{\text{sen}\, \beta} = \dfrac{821{,}45 \times 0{,}8558160}{0{,}5521795} = 1.273{,}15 \end{array}\right\} \text{ótima aproximação}$$

terraplenagem

EXERCÍCIO 80

a) *Calcular a cota final do plano horizontal que resulte em volumes de corte e aterro iguais.*

b) *Traçar as curvas de nível de metro em metro e a curva de passagem de corte para aterro.*

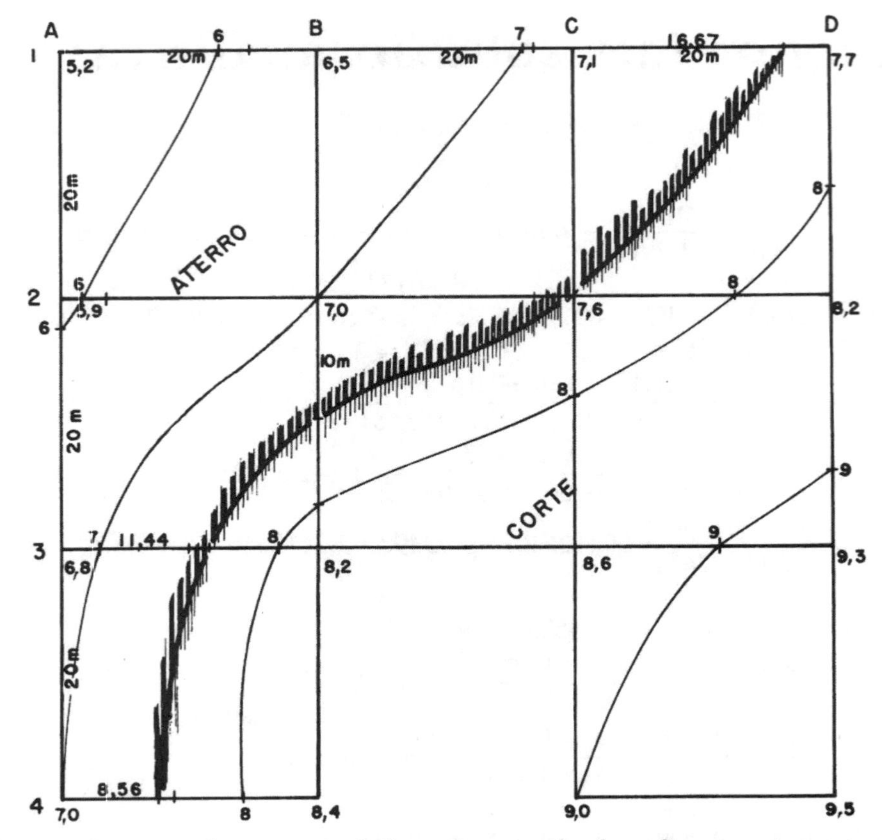

Observação: os valores nos vértices dos quadrados são as cotas, em metros.

a)

p = 1	p = 2	p = 3	p = 4
5,2	6,8	8,2	7,0
7,7	5,9	8,6	7,6
9,5	6,5	16,8	14,6
9,0	7,1	×3	4
8,4	8,2	50,4	58,4
7,0	9,3	58,4	
46,8	43,8	87,6	
	2	46,8	
	87,6	243,2	

$$\frac{243,2}{32} = 7,60 \text{ m}$$

a) Cota final que resulta em $V_C = V_A$: **7,60 m**

b) $\dfrac{x_1}{0,8} = \dfrac{20}{1,3}$ $x_1 = 12,31$ $\dfrac{x_2}{0,5} = \dfrac{20}{0,6}$ $x_2 = \dfrac{10}{0,6} = 16,67$ etc. (ver figura)

EXERCÍCIO 81

Calcular o volume de corte quando o projeto exigir uma plataforma horizontal na cota 3.

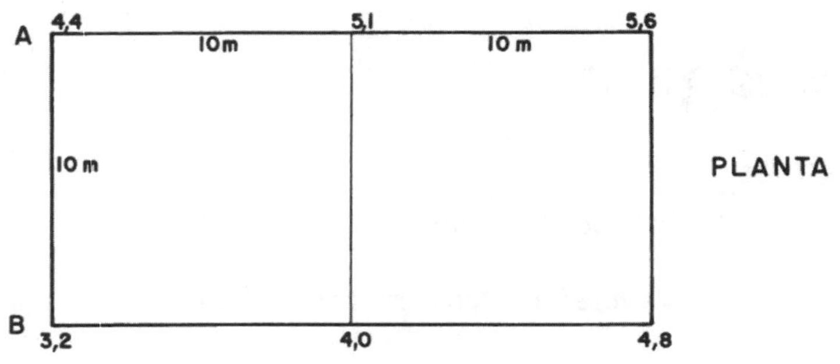

PLANTA

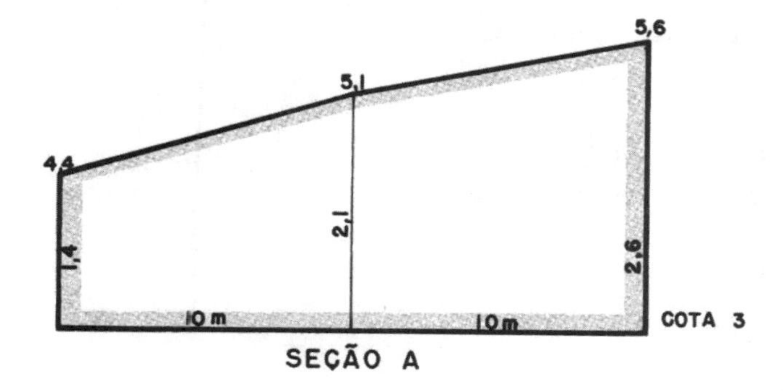

Área de corte =

$$A_c = \frac{10}{2}(1{,}4 + 2 \times 2{,}1 + 2{,}6)$$

$$A_c = 41\ m^2$$

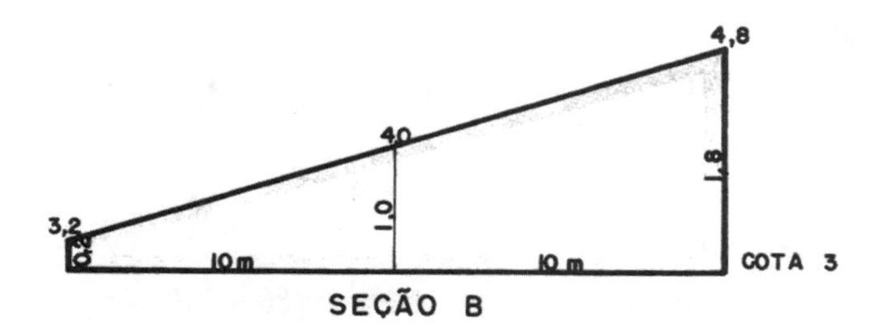

Área de corte =

$$B_c = \frac{10}{2}(0{,}2 + 2 \times 1{,}0 + 1{,}8)$$

$$B_c = 20\ m^2$$

Volume pela fórmula de prisma:

$$V = \frac{41 + 20}{2} 10 = \mathbf{305\ m^3}$$

Volume pela fórmula de tronco de pirâmide:

$$V = \frac{41 + 20 + \sqrt{41 \times 20}}{3} 10 = \frac{89{,}63}{3} 10 = \mathbf{298{,}77\ m^3}$$

Observação: a fórmula de tronco de pirâmide aproxima-se mais do volume real.

EXERCÍCIO 82

a) *Calcular a cota final para plataforma horizontal com volumes de corte e aterro iguais* b) *calcular o número de viagens de caminhão com 8 m³ por viagem, necessários caso seja imposta a cota final = 3,5 m.*

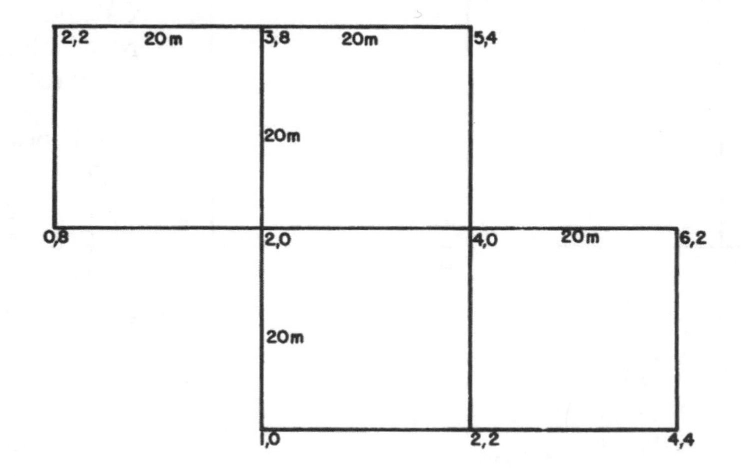

a) Cálculo da cota final do plano que resulta em $V_C = V_A$:

p = 1	p = 2	p = 3	
2,2	3,8	2,0	18,0
5,4	2,2	4,0	12,0
6,2	6,0	6,0	20,0
4,4	× 2	× 3	50,0 ÷ 16 = 3,125
1,0	12,0	18,0	
0,8			
20,0			

Resposta: **cota final de 3,125 m**

b) Área = 20 × 20 × 4 = 1.600 m²

(3,500 – 3,125) 1.600 = 600 m³ de terra necessários para o aterro

$\frac{600 \text{ m}^3}{8}$ = **75 viagens**

EXERCÍCIO 83

Calcular a cota final para plano horizontal, de forma que sobrem 180 m³ de terra, que serão usados em outro aterro.

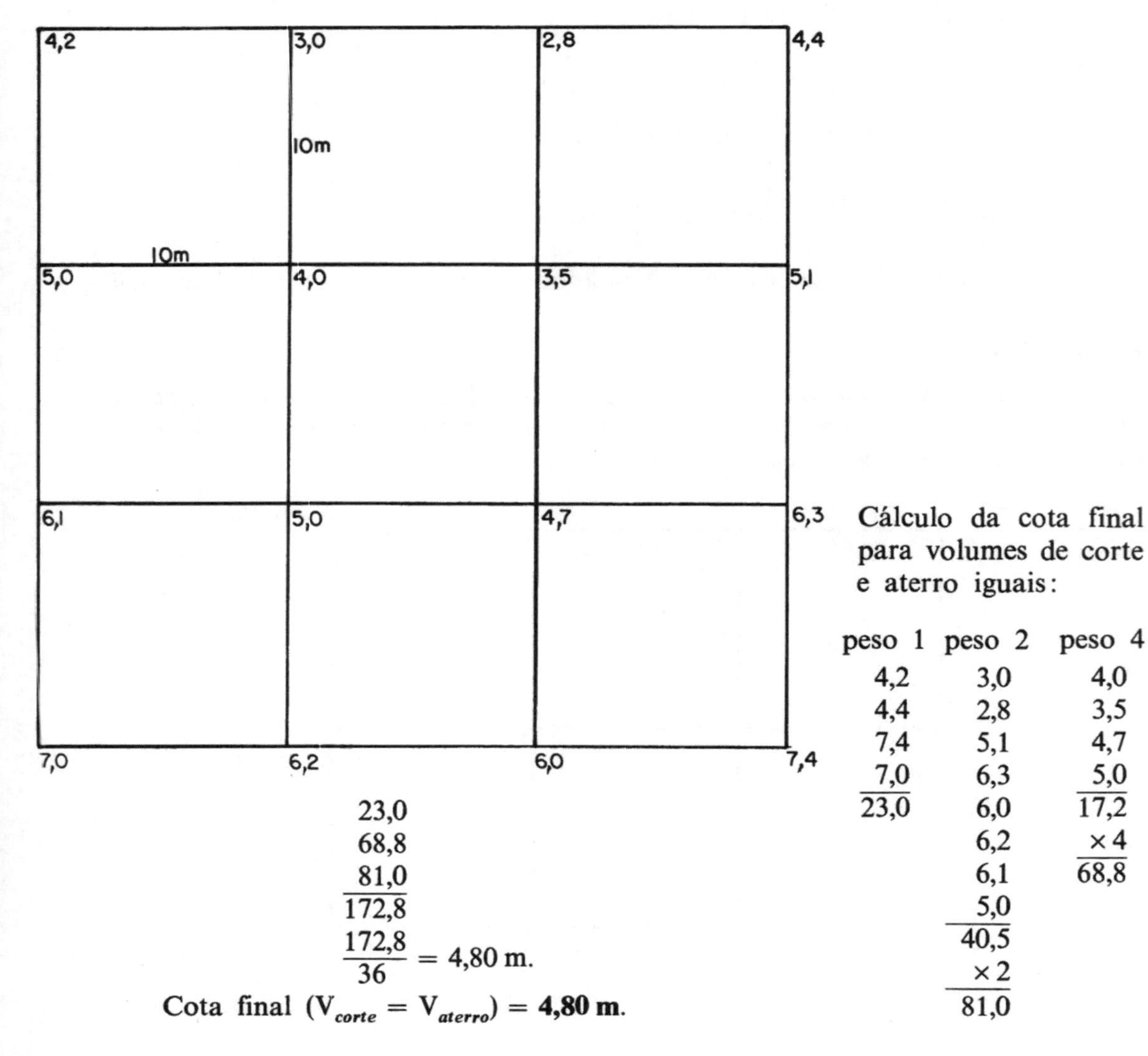

Cálculo da cota final para volumes de corte e aterro iguais:

peso 1	peso 2	peso 4
4,2	3,0	4,0
4,4	2,8	3,5
7,4	5,1	4,7
7,0	6,3	5,0
23,0	6,0	17,2
	6,2	× 4
	6,1	68,8
	5,0	
	40,5	
	× 2	
	81,0	

23,0
68,8
81,0
172,8

$\frac{172{,}8}{36} = 4{,}80$ m.

Cota final ($V_{corte} = V_{aterro}$) = **4,80 m.**

Diferença de cotas × área = diferença de volumes

$$\therefore \quad \text{dif. de cotas} = \frac{\text{dif. de volumes}}{\text{área}} = \frac{180\ \text{m}^3}{900\ \text{m}^2} = \mathbf{0{,}20\ m}$$

$$\therefore \quad \text{Cota a ser adotada} = 4{,}80 - 0{,}20 = \mathbf{4{,}60\ m}$$

EXERCÍCIO 84

Calcular a cota final que resulte em volumes de corte e aterro iguais e calcular estes volumes:

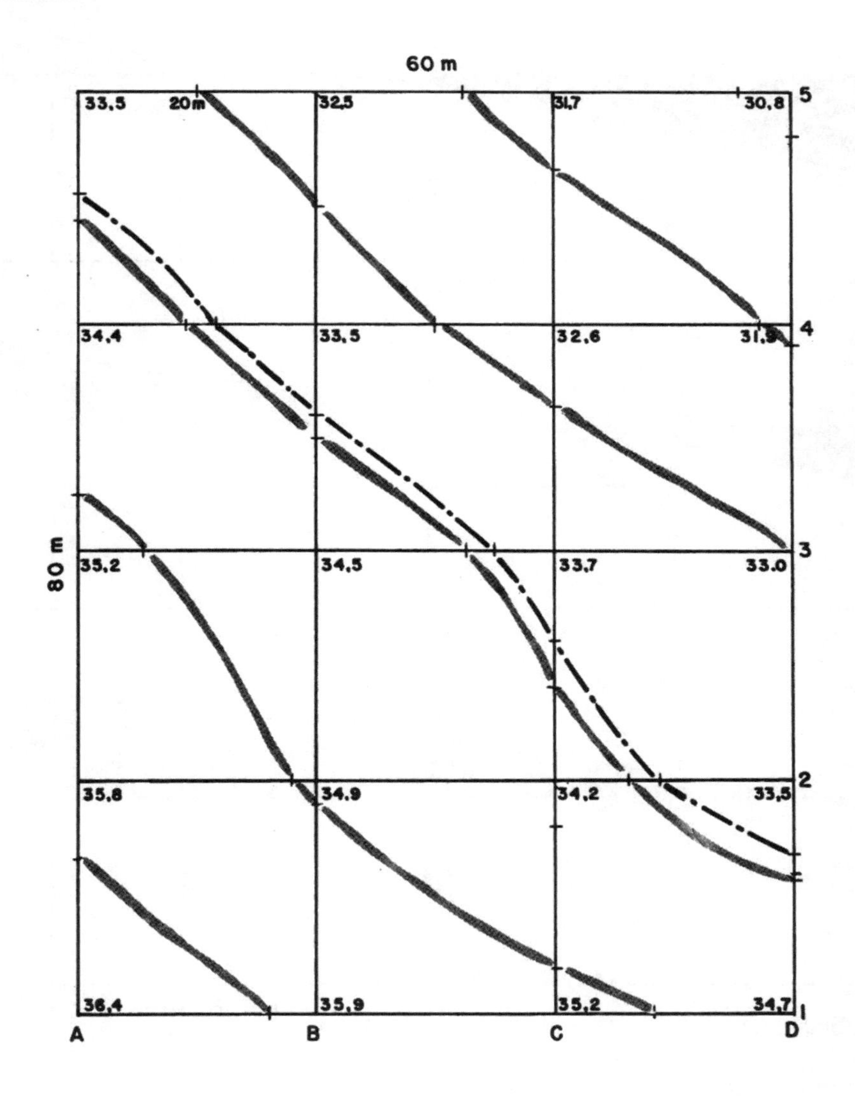

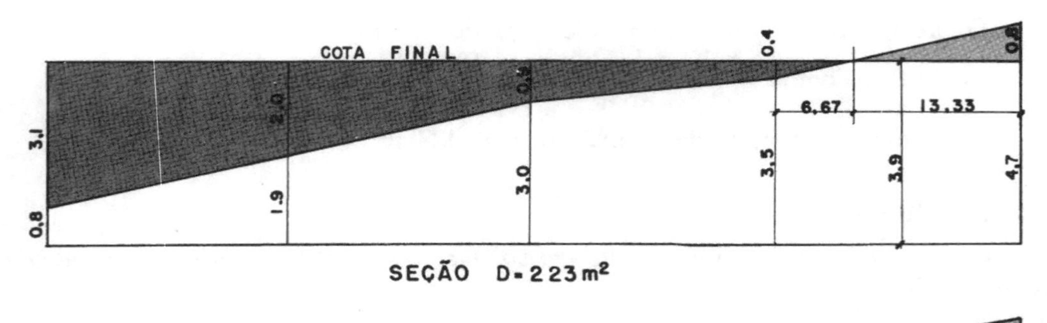

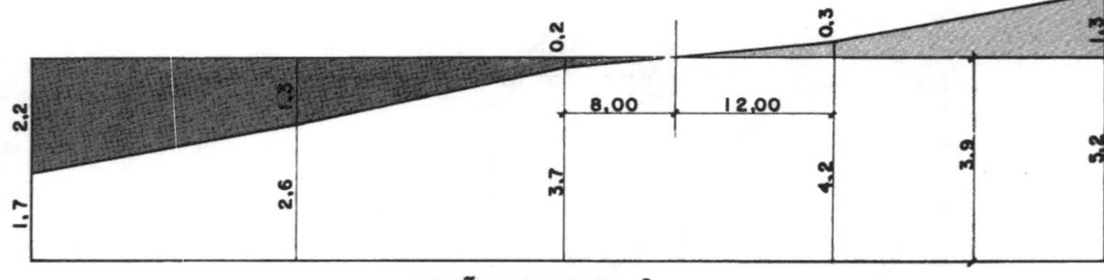

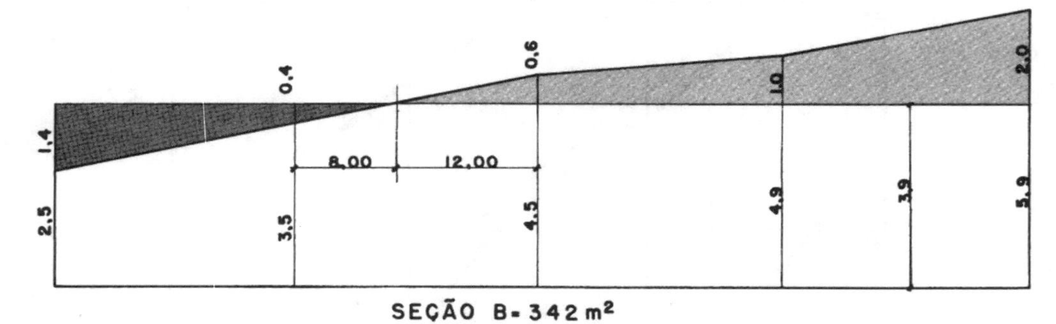

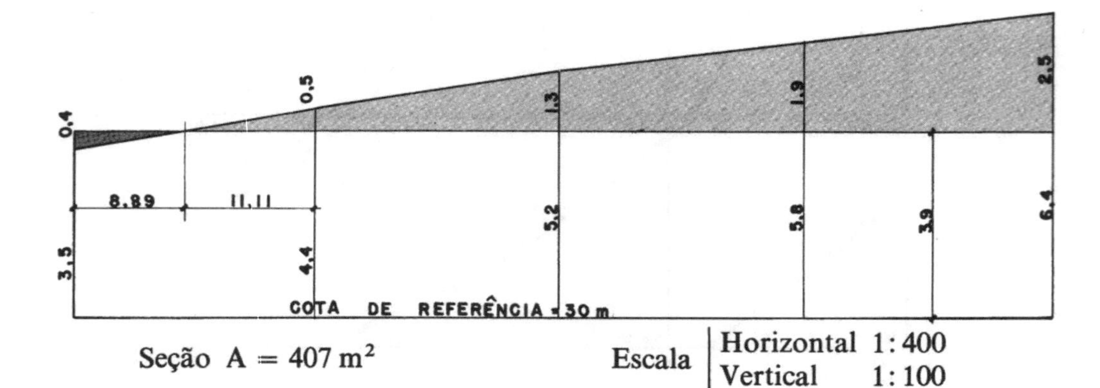

Cálculos das áreas totais das seções:

$$S_A = \frac{20}{2}(3{,}5 + 2 \times 4{,}4 + 2 \times 5{,}2 + 2 \times 5{,}8 + 6{,}4) = 407{,}0\,\text{m}^2$$

$$S_B = \frac{20}{2}(2{,}5 + 2 \times 3{,}5 + 2 \times 4{,}5 + 2 \times 4{,}9 + 5{,}9) = 342{,}0\,\text{m}^2$$

$$S_C = \frac{20}{2}(1{,}7 + 2 \times 2{,}6 + 2 \times 3{,}7 + 2 \times 4{,}2 + 5{,}2) = 279{,}0\,\text{m}^2$$

$$S_D = \frac{20}{2}(0{,}8 + 2 \times 1{,}9 + 2 \times 3{,}0 + 2 \times 3{,}5 + 4{,}7) = 223{,}0$$

Cálculo do volume total a partir da cota 30

$$V_{total} = \frac{20}{2}(S_A + 2S_B + 2S_C + S_D)$$

$$V_T = \frac{20}{2}(407 + 2 \times 342 + 2 \times 279 + 223) = 18.720\ m^3$$

Cálculo da altura média (hm) que produz volumes iguais de corte e aterro

$$hm = \frac{V_T}{\text{área}} = \frac{18.720}{60 \times 80} = 3{,}90\ m$$

Cota final $= C_F =$ cota de referência + hm = 30 + 3,90 = 33,90 m

Cálculo da cota final pelas alturas ponderadas (para verificação)

p = 1	p = 2	p = 4
3,5	2,5	3,5
0,8	1,7	2,6
4,7	1,9	4,5
6,4	3,0	3,7
15,4	3,5	4,9
	5,2	4,2
	5,9	23,4
	5,8	×4
	5,2	93,6
	4,4	
	39,1 × 2 = 78,2	

15,4 + 78,2 + 93,6 = 187,20

número total de alturas somadas = = 48

$$\frac{187{,}20}{48} = 3{,}90 = hm$$

Cota final = 30,0 + 3,90 = **33,90**

Cálculo das áreas de corte e aterro

Seção A

área de aterro

$$A_A = \frac{8{,}89 \times 0{,}4}{2} = 1{,}7778\ m^2$$

área de corte

$$A_C = \frac{11{,}11 \times 0{,}5}{2} + \frac{20}{2}(0{,}5 + 2 \times 1{,}3 + 2 \times 1{,}9 + 2{,}5) = 96{,}7778\ m^2$$

Seção B

área de aterro

$$B_A = (1{,}4 + 0{,}4)\frac{20}{2} + \frac{0{,}4 \times 8{,}00}{2} = 19{,}6000\ m^2$$

área de corte

$$B_C = \frac{12{,}00 \times 0{,}6}{2} + \frac{20}{2}(0{,}6 + 2 \times 1{,}0 + 2{,}0) = 49{,}6000\ m^2$$

Seção C

área de aterro

$$C_A = \frac{20}{2}(2{,}2 + 2 \times 1{,}3 + 0{,}2) + \frac{0{,}2 \times 8{,}00}{2} = 50{,}8000\ m^2$$

área de corte

$$C_C = \frac{0{,}3 \times 12{,}00}{2} + \frac{20}{2}(0{,}3 + 1{,}3) = 17{,}8000\ m^2$$

Seção D

área de aterro

$$D_A = \frac{20}{2}(3{,}1 + 2 \times 2{,}0 + 2 \times 0{,}9 + 0{,}4) + \frac{0{,}4 \times 6{,}67}{2} = 94{,}3333\ \text{m}^2$$

área de corte

$$D_C = \frac{0{,}8 \times 13{,}33}{2} = 5{,}3333\ \text{m}^2$$

Cálculo dos volumes de corte e aterro aplicando fórmula de prismas

$$V_C = \frac{20}{2}(96{,}7778 + 2 \times 49{,}6000 + 2 \times 17{,}800 + 5{,}3333) = \mathbf{2.369{,}00\ m^3}$$

$$V_A = \frac{20}{2}(1{,}7778 + 2 \times 19{,}600 + 2 \times 50{,}8000 + 94{,}3333) = \mathbf{2.369{,}00\ m^3}$$

Cálculo dos volumes de corte e aterro aplicando fórmula de troncos de pirâmides

$$V_{A-B} = (A + B + \sqrt{AB})\frac{20}{3}$$

$$V_{corte} = (5{,}3333 + 2 \times 17{,}8 + 2 \times 49{,}6 + 96{,}777 + \sqrt{5{,}3333 \times 17{,}8} + \sqrt{17{,}8 \times 49{,}6} + \sqrt{49{,}6 \times 96{,}7777})\frac{20}{3} = \mathbf{2.304{,}213\ m^3}$$

$$V_{aterro} = (94{,}3333 + 2 \times 50{,}8 + 2 \times 19{,}6 + 1{,}7777 + \sqrt{94{,}3333 \times 50{,}8} + \sqrt{50{,}8 \times 19{,}6} + \sqrt{19{,}6 \times 1{,}7777})\frac{20}{3} = \mathbf{2.290{,}550\ m^3}$$

Nota: apesar dos resultados com a fórmula de prisma serem coincidentes, os resultados com tronco de pirâmide são mais reais.

EXERCÍCIO 85

Nos dados do exercício anterior projetar o plano horizontal que resultará em sobra de 960 m³ de terra, isto é, V_C-V_A *= 960 m³ e comprovar calculando estes volumes.*

Para resultar em V_C-V_A = 960 m³, devemos baixar a cota final a partir da cota que resulta em volumes iguais:

$$h = \frac{\text{dif. de volumes}}{\text{área do terreno}} = \frac{960}{4.800} = 0{,}2\ \text{m}$$

Portanto a cota final será = 33,90 – 0,20 = 33,70 m.

Vamos calcular agora os volumes de corte e aterro, para comprovar que a diferença será de 960 m³.

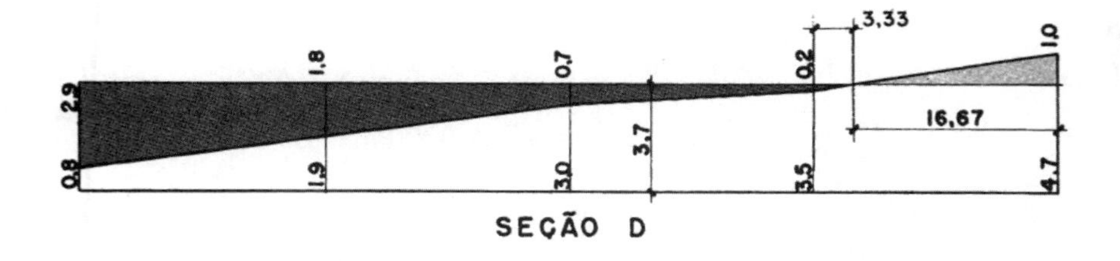

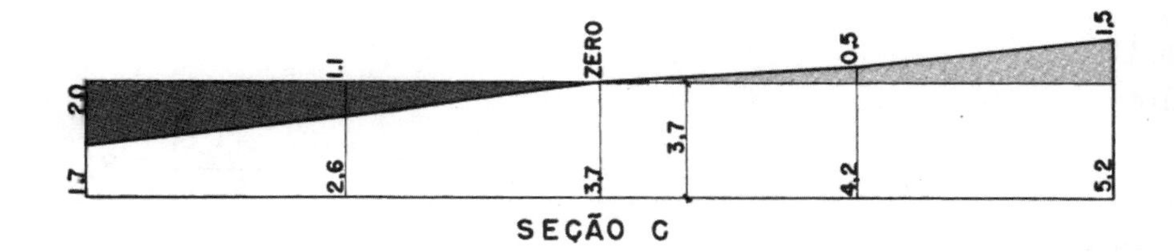

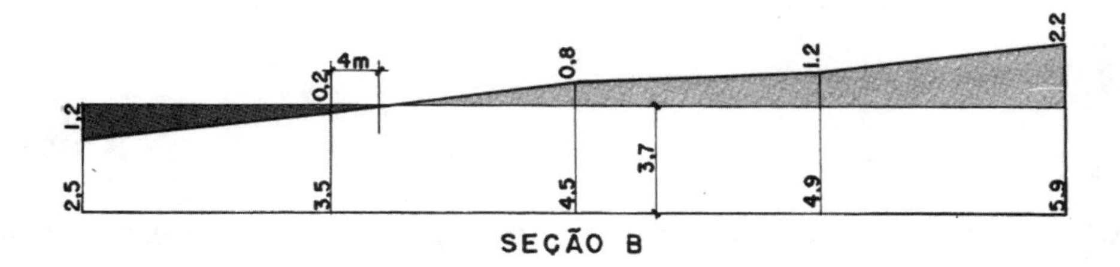

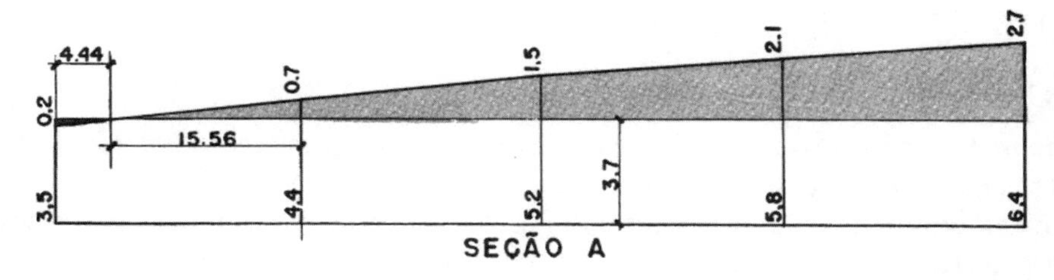

Seção A — Escala: Horizontal 1: 500; Vertical 1: 200

Cálculo das áreas de corte e aterro

Seção A

área de aterro

$$A_A = \frac{0{,}2 \times 4{,}44}{2} = 0{,}444\,\text{m}^2$$

área de corte

$$A_C = \frac{15{,}56 \times 0{,}7}{2} + \frac{20}{2}(0{,}7 + 2 \times 1{,}5 + 2 \times 2{,}1 + 2{,}7) = 111{,}444\,\text{m}^2$$

Seção B

área de aterro

$$B_A = \frac{20}{2}(1{,}2 + 0{,}2) + \frac{0{,}2 \times 4}{2} = 14{,}4000\,\text{m}^2$$

área de corte

$$B_C = \frac{0{,}8 \times 16}{2} + \frac{20}{2}(0{,}8 + 2 \times 1{,}2 + 2{,}2) - 60{,}4000\,\text{m}^2$$

Seção C

área de aterro

$$C_A = \frac{20}{2}(2{,}0 + 2 \times 1{,}1 + 0) = 42{,}0000\,\text{m}^2$$

área de corte

$$C_C = \frac{20}{2}(0 + 2 \times 0{,}5 + 1{,}5) = 25{,}0000\,\text{m}^2$$

Seção D

área de aterro

$$= \frac{20}{2}(2{,}9 + 2 \times 1{,}8 + 2 \times 0{,}7 + 0{,}2) + \frac{0{,}2 \times 3{,}33}{2} = 81{,}3333\,\text{m}^2$$

área de corte

$$= \frac{16{,}67 \times 1{,}0}{2} = 8{,}3333\,\text{m}^2$$

Cálculo dos volumes de corte e aterro

$$V_C = \frac{20}{2}(111{,}4444 + 2 \times 60{,}4000 + 2 \times 25{,}0000 + 8{,}3333) = \mathbf{2.905{,}7777\ m^3}$$

$$V_A = \frac{20}{2}(0{,}4444 + 2 \times 14{,}4000 + 2 \times 42{,}0000 + 81{,}3333) = \mathbf{1.945{,}7777\ m^3}$$

$2.905{,}7777 - 1.945{,}7777 = 960\,\text{m}^3$ como se esperava.

EXERCÍCIO 86

Ainda baseado nos dados dos exercícios anteriores projetar um plano inclinado de +4% na direção e sentido de 1 para 5, com $V_C = V_A$.

Nestas condições a linha 3 que é eixo de simetria permanece com a cota final de compensação (volume de corte = volume de aterro), portanto a cota 33,90 m, inclinando-se o plano a partir desta reta. O traço do plano inclinado ficará como na figura.

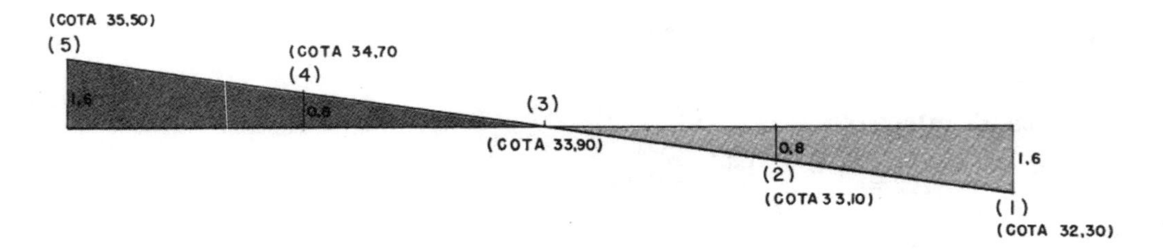

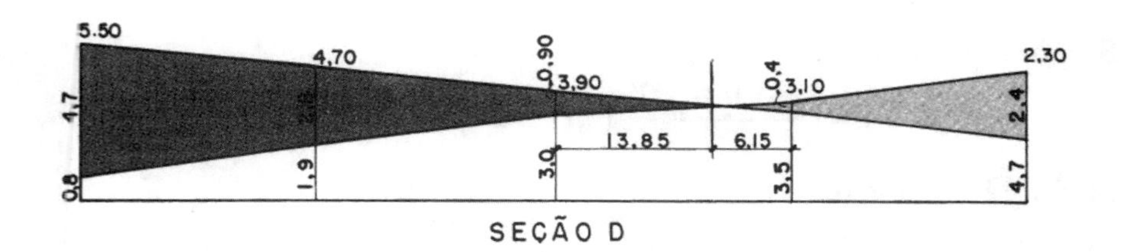

SEÇÃO D

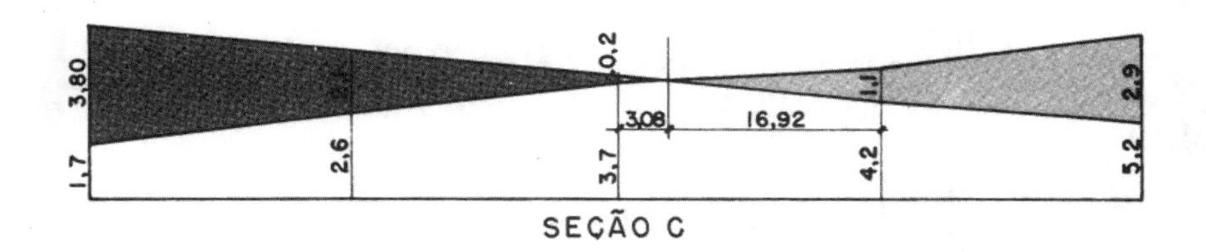

SEÇÃO C

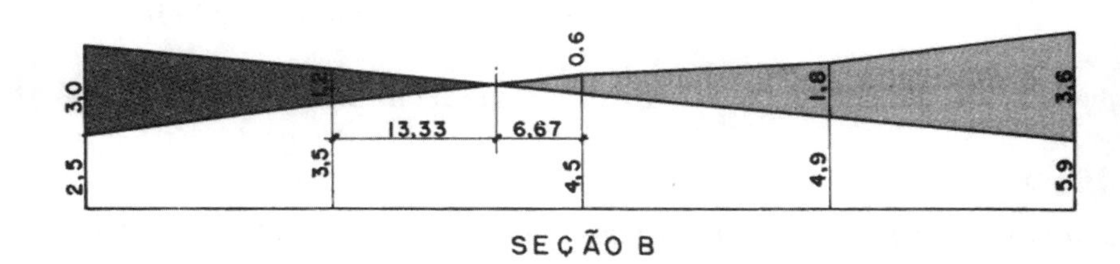

SEÇÃO B

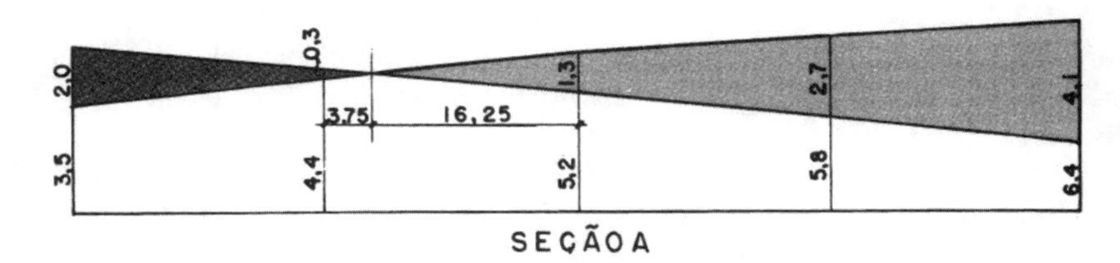

SEÇÃO A

Cálculo das áreas de corte e aterro

Seção A de aterro

$$A_A = \frac{20}{2}(2{,}0 + 0{,}3) + \frac{0{,}3 \times 3{,}75}{2} = 23{,}5625\,\text{m}^2$$

Seção A de corte

$$A_C = \frac{16{,}25 \times 1{,}3}{2} + \frac{20}{2}(1{,}3 + 2 \times 2{,}7 + 4{,}1) = 118{,}5625\,\text{m}^2$$

Seção B de aterro

$$B_A = \frac{20}{2}(3{,}0 + 1{,}2) + \frac{1{,}2 \times 13{,}33}{2} = 50{,}0000\,\text{m}^2$$

Seção B de corte

$$B_C = \frac{20}{2}(0{,}6 + 2 \times 1{,}8 + 3{,}6) + \frac{0{,}6 \times 6{,}67}{2} = 80{,}0000\,\text{m}^2$$

Seção C de aterro

$$C_A = \frac{20}{2}(3{,}8 + 2 \times 2{,}1 + 0{,}2) + \frac{0{,}2 \times 3{,}08}{2} = 82{,}3080\,\text{m}^2$$

Seção C de corte

$$C_C = \frac{1,1 \times 16,92}{2} + \frac{20}{2}(1,1 + 2,9) = 49,3060\,m^2$$

Seção D de aterro

$$D_A = \frac{20}{2}(4,7 + 2 \times 2,8 + 0,9) + \frac{0,9 \times 13,85}{2} = 117,2325\,m^2$$

Seção D de corte

$$D_C = \frac{0,4 \times 6,15}{2} = \frac{20}{2}(0,4 + 2,4) = 29,200\,m^2$$

Volume de aterro

$$\frac{20}{2}(23,5625 + 2 \times 50 + 2 \times 82,3080 + 117,2325) = \mathbf{4.054,11\,m^3}$$

Volume de corte

$$\frac{20}{2}(118,5625 + 2 \times 80 + 2 \times 49,3060 + 29,2000) = \mathbf{4.063,74\,m^3}$$

a diferença é motivada por abandono de casas decimais.

EXERCÍCIO 87

Aplicando o método aproximado das linhas de mesmo corte e mesmo aterro, calcular os volumes de corte e de aterro. Posteriormente, para comprovar, calcular estes volumes pelas seções transversais. Retângulo de 40 × 60 m *quadriculado de* 10 *em* 10 m.

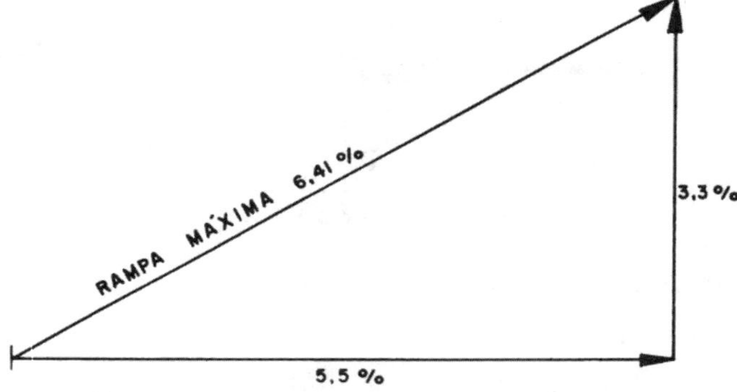

ATERRO

(*observação*: as áreas foram calculadas quando o desenho original estava na escala 1:200, antes da redução para ser inserido no texto)

Área entre a curva zero e a seção G = 287,2 cm²
Área entre a curva 1a e a seção G = 224,3 cm²
Área entre a curva 2a e a seção G = 140,8 cm²
Área entre a curva 3a e a seção G = 75,3 cm²
Área entre a curva 4a e a seção G = 21,1 cm²

$A_{0-1a} = 287,2 - 224,3 = 62,9\,cm^2$
$A_{1a-2a} = 224,3 - 140,8 = 83,5\,cm^2$
$A_{2a-3a} = 140,8 - 75,3 = 65,5\,cm^2$
$A_{3a-4a} = 75,3 - 21,1 = 54,2\,cm^2$
$A_{4a} = 21,1\,cm^2$

Volume de aterro

$62,9 \times 0,5 + 83,5 \times 1,5 + 65,5 \times 2,5 + 54,2 \times 3,5 + 21,1 \times 4,2 = 31,45 +$
$+ 125,25 + 163,75 + 189,70 + 88,62 = 598,77$

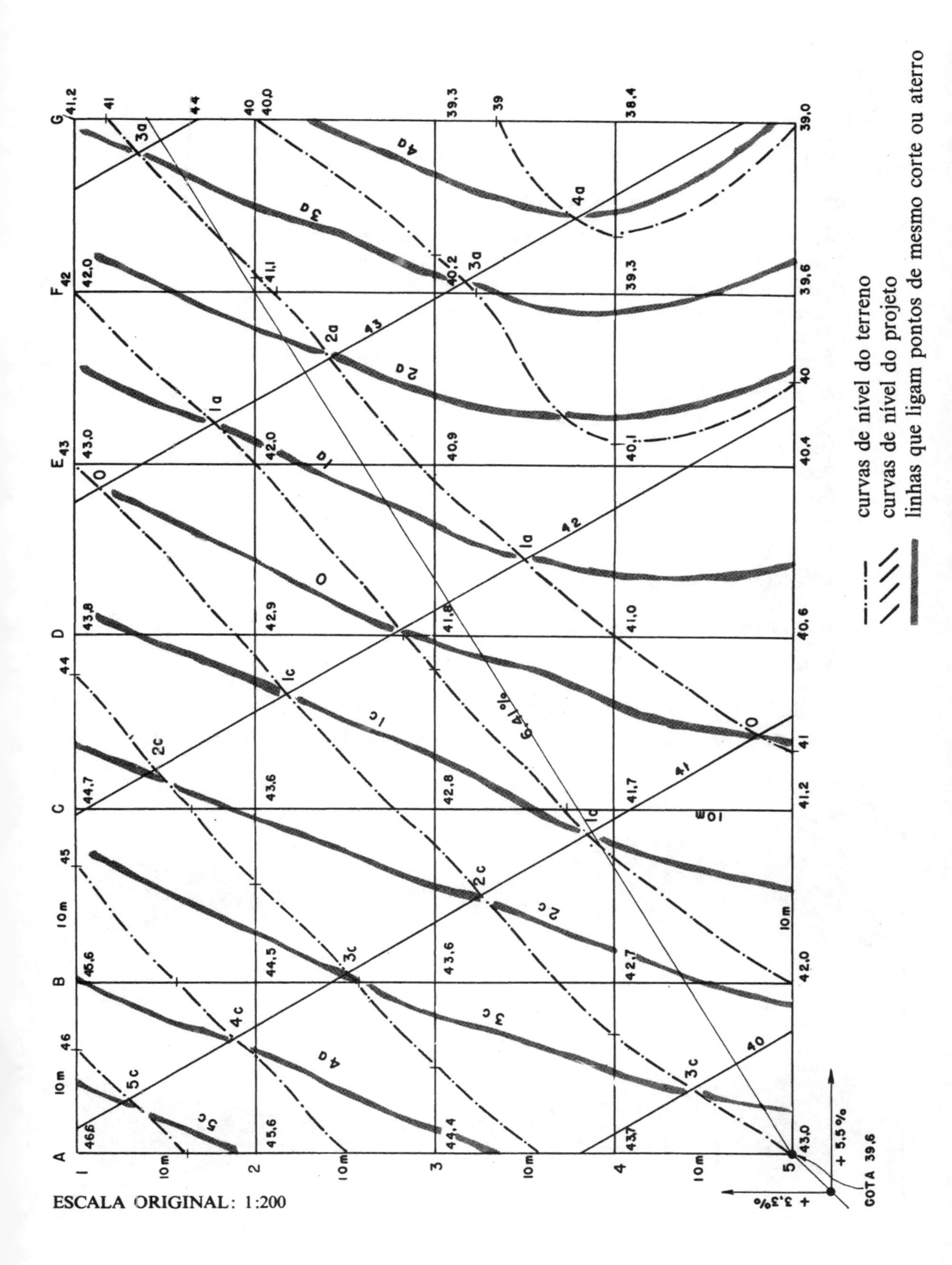
curvas de nível do terreno
curvas de nível do projeto
linhas que ligam pontos de mesmo corte ou aterro
ESCALA ORIGINAL: 1:200
COTA 39,6
+ 5,5 %
+ 3,3 %

Este volume deverá ser multiplicado por 4, em virtude da escala ser 1: 200, e para passar as áreas de cm² para m², ou seja:

$$\times \frac{200^2}{100^2} = 4$$

Volume total de aterro = 598,77 × 4 = **2.395,08**

CORTE (ver observação no ATERRO)

Área entre a curva zero e a seção A = 304,0 cm²
Área entre a curva 1c e a seção A = 229,4 cm²
Área entre a curva 2c e a seção A = 159,6 cm²
Área entre a curva 3c e a seção A = 90,0 cm²
Área entre a curva 4c e a seção A = 29,6 cm²
Área entre a curva 5c e a seção A = 4,4 cm²

$A_{0-1C} = 304{,}0 - 229{,}4 = 74{,}6\ cm^2$
$A_{1C-2C} = 229{,}4 - 159{,}6 = 69{,}8\ cm^2$
$A_{2C-3C} = 159{,}6 - 90{,}0 = 69{,}6\ cm^2$
$A_{3C-4C} = 90{,}0 - 29{,}6 = 60{,}4\ cm^2$
$A_{4C-5C} = 29{,}6 - 4{,}4 = 25{,}2\ cm^2$
$A_{5C-} = 4{,}4\ cm^2$

Volume de corte

$V = 74{,}6 \times 0{,}5 + 69{,}8 \times 1{,}5 + 69{,}6 \times 2{,}5 + 60{,}4 \times 3{,}5 + 25{,}2 \times 4{,}5 +$
$+ 4{,}4 \times 5 = 37{,}3 + 104{,}7 + 174{,}0 + 211{,}4 + 113{,}4 + 22{,}0$

V = 662,8 multiplicando por 4

V total de corte = 662,8 × 4 = **2.651,2 m³**

EXERCÍCIO 88 (usando os mesmos dados do exercício 87)

Calcular os volumes de corte e aterro pelo método das seções transversais.

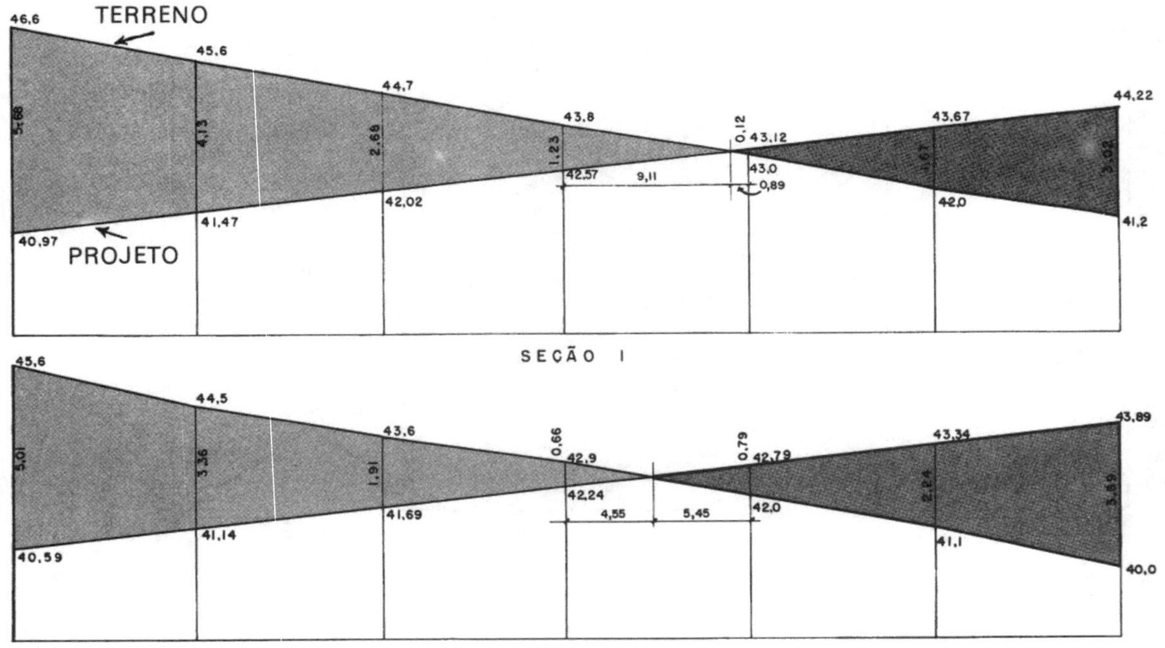

SEÇÃO I

SEÇÃO 2

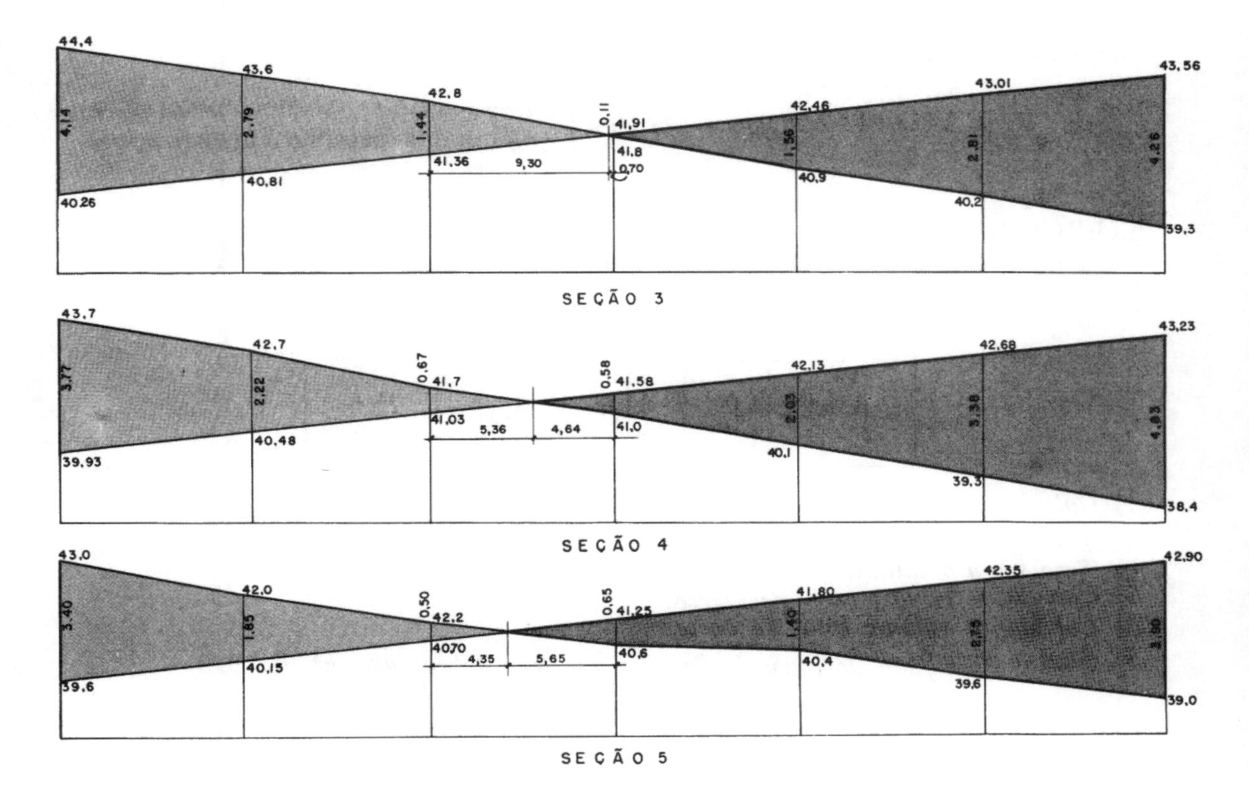

Cálculo das áreas de corte e aterro

$$S_{5C} = \left(\frac{3{,}4}{2} + 1{,}85 + \frac{0{,}5}{2}\right)10 + \frac{0{,}5 \times 4{,}35}{2} = 39{,}088\ \text{m}^2$$

$$S_{5A} = \frac{0{,}65 \times 5{,}65}{2} + 10\left(\frac{0{,}65}{2} + 1{,}40 + 2{,}75 + \frac{3{,}90}{2}\right) = 66{,}086\ \text{m}^2$$

$$S_{4C} = 10\left(\frac{3{,}77}{2} + 2{,}22 + \frac{0{,}67}{2}\right) + \frac{0{,}67 \times 5{,}36}{2} = 46{,}195\ \text{m}^2$$

$$S_{4A} = \frac{4{,}64 \times 0{,}58}{2} + 10\left(\frac{0{,}58}{2} + 2{,}03 + 3{,}38 + \frac{4{,}83}{2}\right) = 82{,}495\ \text{m}^2$$

$$S_{3C} = 10\left(\frac{4{,}14}{2} + 2{,}79 + \frac{1{,}44}{2}\right) + \frac{1{,}44 \times 9{,}30}{2} = 63{,}461\ \text{m}^2$$

$$S_{3A} = \frac{0{,}11 \times 0{,}7}{2} + 10\left(\frac{0{,}11}{2} + 1{,}56 + 2{,}81 + \frac{4{,}26}{2}\right) = 65{,}588\ \text{m}^2$$

$$S_{2C} = 10\left(\frac{5{,}01}{2} + 3{,}36 + 1{,}91 + \frac{0{,}66}{2}\right) + \frac{0{,}66 \times 4{,}55}{2} = 82{,}551\ \text{m}^2$$

$$S_{2A} = \frac{0{,}79 \times 5{,}45}{2} + 10\left(\frac{0{,}79}{2} + 2{,}24 + \frac{3{,}89}{2}\right) = 47{,}953\ \text{m}^2$$

$$S_{1C} = 10\left(\frac{5{,}68}{2} + 4{,}13 + 2{,}68 + \frac{1{,}23}{2}\right) + \frac{1{,}23 \times 9{,}11}{2} = 108{,}252\ \text{m}^2$$

$$S_{1A} = \frac{0{,}12 \times 0{,}89}{2} + 10\left(\frac{0{,}12}{2} + 1{,}67 + \frac{3{,}02}{2}\right) = 32{,}453\ \text{m}^2$$

$$V_C = \left(\frac{39{,}088}{2} + 46{,}195 + 63{,}461 + 82{,}551 + \frac{108{,}252}{2}\right)10 = 2.658{,}77\ \text{m}^3$$

$$V_A = \left(\frac{66{,}086}{2} + 82{,}495 + 65{,}588 + 47{,}957 + \frac{32{,}453}{2}\right)10 = 2.453{,}10\ \text{m}^3$$

Diferença de volumes calculados pelos dois processos:

$$\left.\begin{array}{l} \text{dif. } V_C = 2.658{,}77 - 2.651{,}20 = 7{,}57\ m^3 \\ \text{dif. } V_A = 2.453{,}10 - 2.395{,}08 = 58{,}02\ m^3 \end{array}\right\}$$ aproximação razoável, considerando que um dos métodos é apenas aproximado.

EXERCÍCIO 88a

Um terreno de 40 × 60 m foi quadriculado de 20 em 20 m obtendo-se as seguintes cotas:

	1	2	3	4
A	10,2	11,1	12,0	12,8
B	11,0	11,8	12,7	13,6
C	11,7	12,6	13,7	14,5

1) *Calcular a cota final do plano horizontal que resulte em volumes de corte e aterro iguais* $V_c = V_a$.
2) *Traçar, na planta, a curva de passagem entre corte e aterro.*
3) *Calcular o volume total de aterro.*
4) *Calcular o volume total de corte.*
5) *Qual a cota final do plano horizontal que fará sobrar 480 m³ de terra*

480 m³ de terra?

$V_c - V_A = 480\ m^3$

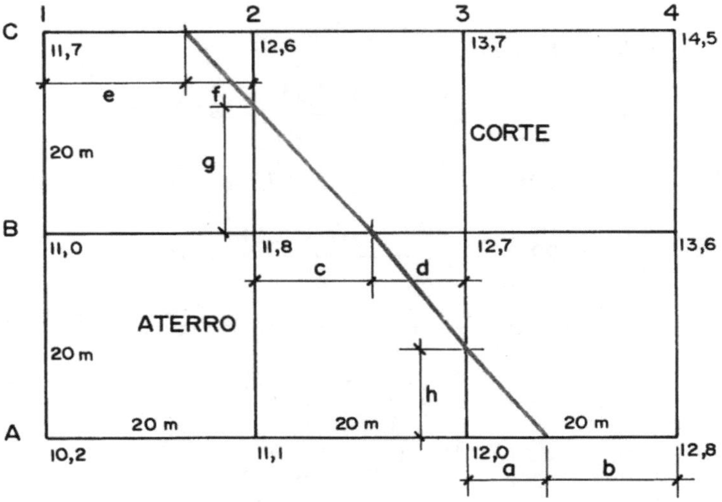

1) Cálculo da cota final que resulte $V_c = V_a$

Cota de referência = 10 m

p = 1	p = 2	p = 4
0.2	1,1	1,8
2,8	2,0	2,7
4,5	3,6	4,5
1,7	3,7	× 4
9,2	2,6	18,0
	1,0	28,0
	14,0	9,2
	× 2	55,2
	28,0	

$55{,}2 \div 24 = 2{,}30\ m$

$10{,}00 + 2{,}30 = 12{,}30\ m$

Resposta: a cota final é 12,30 m

2) Traçar, na planta, a curva de passagem entre corte e aterro.
Interpolações (analíticas)

$a = 20\frac{0{,}3}{0{,}8} = 7{,}50\ m \qquad b = 20 - 7{,}50 = 12{,}50\ m$

$c = 20\frac{0{,}5}{0{,}9} = 11{,}11\ m \qquad d = 20 - 11{,}11 = 8{,}89\ m$

$e = 20\frac{0{,}6}{0{,}9} = 13{,}33\ m \qquad f = 20 - 13{,}33 = 6{,}67\ m$

$g = 20\frac{0{,}5}{0{,}8} = 12{,}50\ m \qquad h = 20\frac{0{,}3}{0{,}7} = 8{,}57\ m$

3 e 4) Cálculo dos volumes totais de corte e aterro

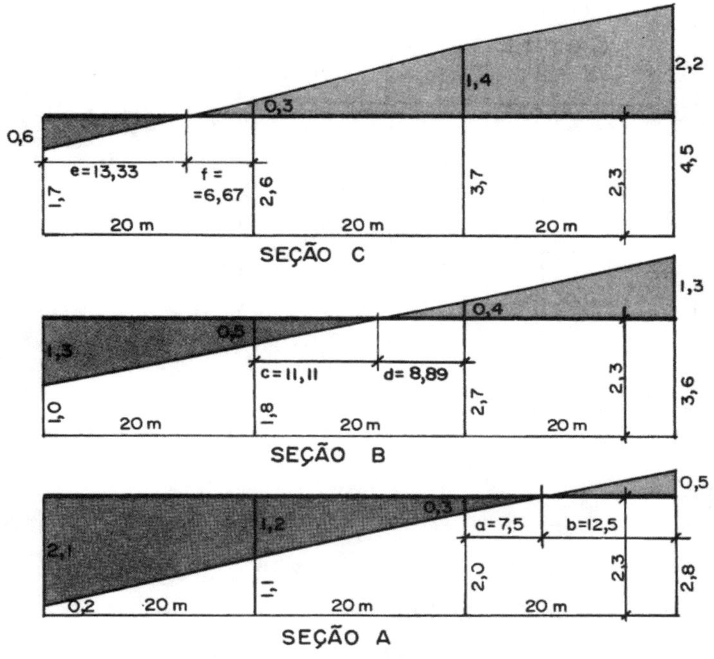

$$S_{A\ (aterro)}: (2{,}1 + 2 \times 1{,}2 + 0{,}3)\frac{20}{2} + \frac{0{,}3 \times 7{,}5}{2} = 49{,}1250\ m^2$$

$$S_{B\ (aterro)}: (1{,}3 + 0{,}5)\frac{20}{2} + \frac{0{,}5 \times 11{,}11}{2} = 20{,}7777\ m^2$$

$$S_{C\ (aterro)}: \frac{0{,}6 \times 13{,}3333}{2} = 4{,}0000\ m^2$$

$$S_{A\ (corte)}: \frac{0{,}5 \times 12{,}5}{2} = 3{,}125\ m^2$$

$$S_{B\ (corte)}: (0{,}4 + 1{,}30)\frac{20}{2} + \frac{0{,}4 \times 8{,}89}{2} = 18{,}7778\ m^2$$

$$S_{C\ (corte)}: (0{,}3 + 2 \times 1{,}4 + 2{,}2)\frac{20}{2} + \frac{0{,}3 \times 6{,}67}{2} = 54{,}0000\ m^2$$

$$V_{aterro}: (49{,}1250 + 2 \times 20{,}7777 + 4{,}0000)\frac{20}{2} = 946{,}8040\ m^3$$

$$V_{corte}: (3{,}1250 + 2 \times 18{,}7777 + 54{,}0000)\frac{20}{2} = 946{,}8040\ m^3$$

5) Qual a cota final para $V_c - V_a = 480\ m^3$?

$$480\ m^3 = h \times 2.400 \qquad h = \frac{480}{2.400} = 0{,}20$$

Cota final = 12,30 − 0,20 = 12,10 m

Resposta: com plano horizontal na cota 12,10 m, teremos $V_c - V_a =$ **480 m³**

EXERCÍCIO 88b

Na área de 60 m × 80 m, projeta-se um plano inclinado de 1 para 5, com rampa de − 3%, porém que resulta em volumes de corte e aterro iguais. Calcular os volumes de corte e de aterro.

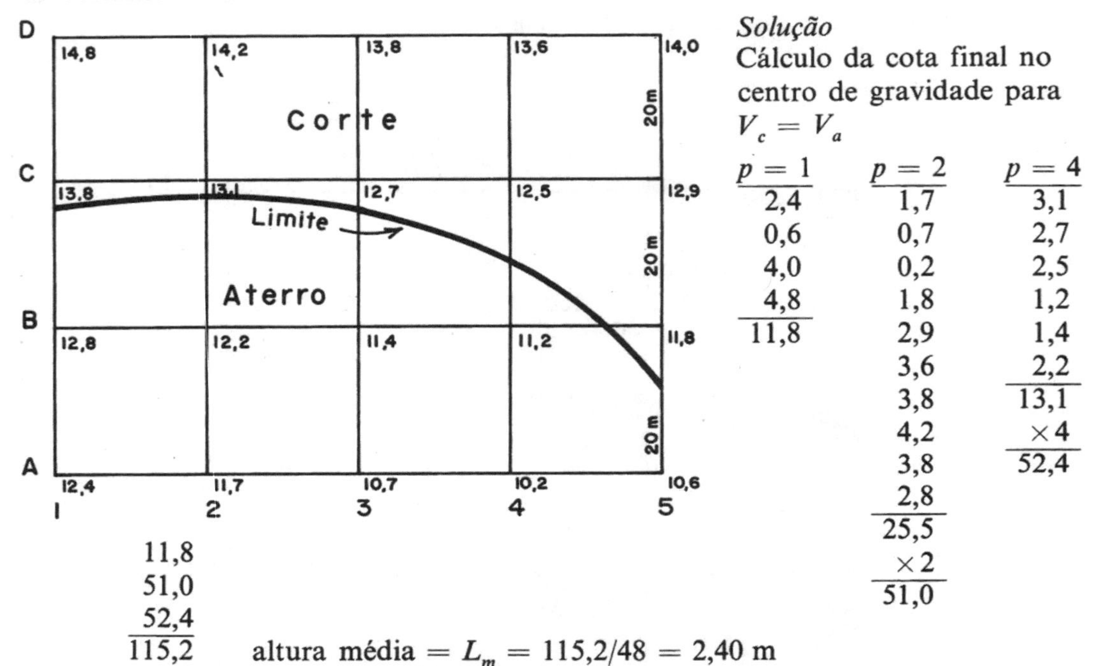

Solução

Cálculo da cota final no centro de gravidade para $V_c = V_a$

p = 1	p = 2	p = 4
2,4	1,7	3,1
0,6	0,7	2,7
4,0	0,2	2,5
4,8	1,8	1,2
11,8	2,9	1,4
	3,6	2,2
	3,8	13,1
	4,2	×4
	3,8	52,4
	2,8	
	25,5	
	×2	
	51,0	

11,8
51,0
52,4
115,2 altura média = L_m = 115,2/48 = 2,40 m

Cota final = 10,00 + 2,40 = **12,40 m**

Essa cota será aplicada na linha 3, que é a que passa pelo centro de gravidade da área. Para aplicar a rampa de −3% de 1 para 5, a linha 1 terá cota 40 × (3/100) superior, ou seja:

cota de 1 = 12,40 + 3% de 40 m = 13,60 m
cota de 2 = 12,40 + 3% de 20 m = 13,00 m
cota de 4 = 12,40 − 3% de 20 m = 11,80 m
cota de 5 = 12,40 − 3% de 40 m = 11,20 m

Calculando-se as áreas de corte e aterro das seções transversais, resultaram:

Seção	Corte	Aterro
1	14,4000	26,4000
2	13,1111	28,1111
3	17,6923	34,6923
4	28,7692	24,7692
5	71,0000	3,0000

Cálculo dos volumes

$$V_C = [14{,}400 + (13{,}1111 + 17{,}6923 + 28{,}7692)2 + 71{,}000]\,\frac{20}{2} = 2\,045{,}4520\ m^3$$

$$V_A = [26{,}4000 + (28{,}1111 + 34{,}6923 + 24{,}7692)2 + 3{,}0000]\,\frac{20}{2} = 2\,045{,}4520\ m^3$$

Como esperado, os volumes de corte e de aterro resultaram iguais.

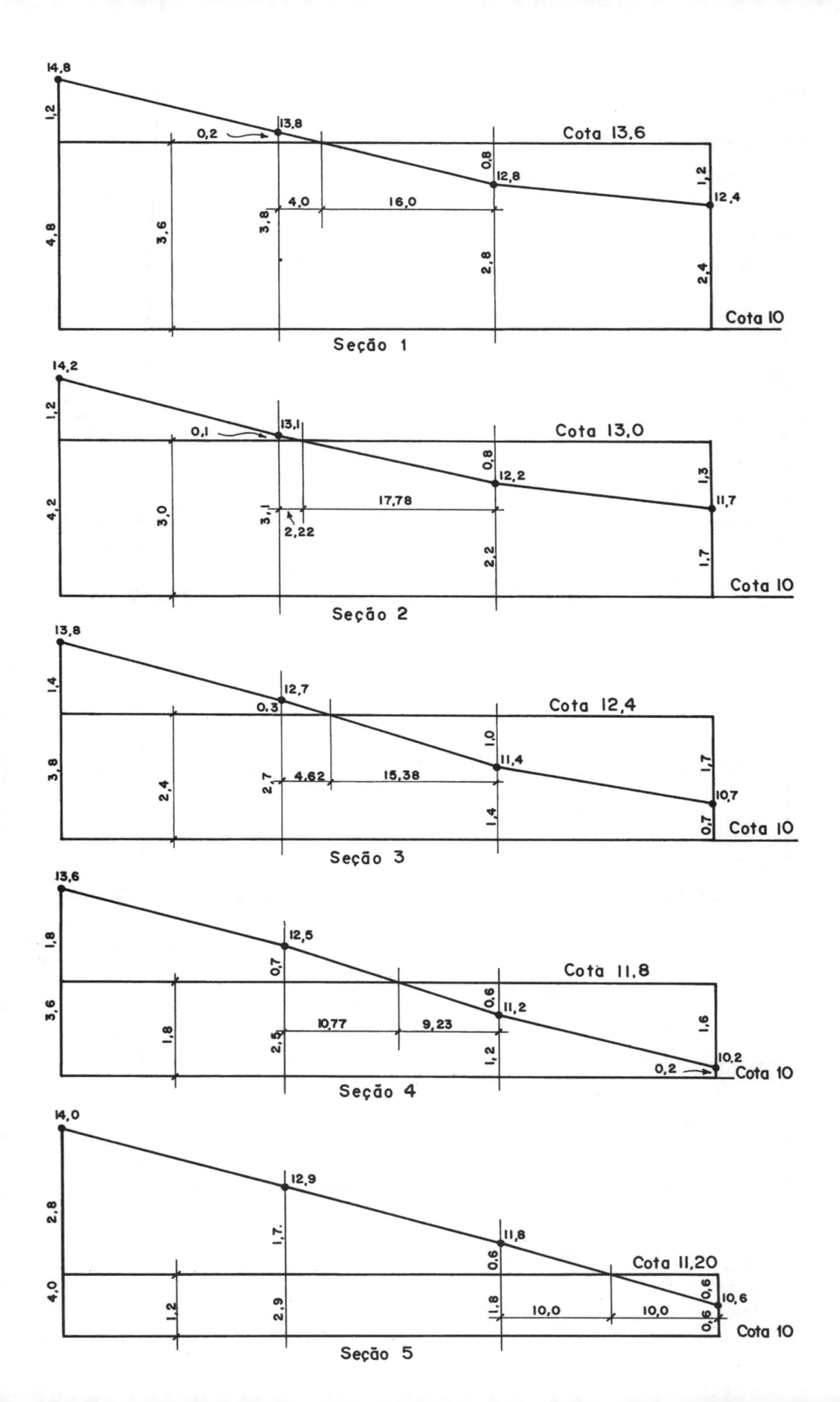
14,8
1,2
0,2
13,8
Cota 13,6
0,8
12,8
1,2
12,4
4,0
16,0
4,8
3,6
3,8
2,8
2,4
Cota 10
Seção 1
14,2
1,2
0,1
13,1
Cota 13,0
0,8
12,2
1,3
11,7
17,78
4,2
3,0
3,1
2,22
2,2
1,7
Cota 10
Seção 2
13,8
1,4
12,7
0,3
Cota 12,4
1,0
11,4
1,7
3,8
2,7
4,62
15,38
2,4
10,7
1,4
0,7
Cota 10
Seção 3
13,6
1,8
12,5
0,7
Cota 11,8
3,6
0,6
11,2
1,6
10,77
9,23
1,8
2,5
1,2
10,2
0,2
Cota 10
Seção 4
14,0
12,9
2,8
1,7
11,8
Cota 11,20
0,6
0,6
10,6
4,0
1,2
2,9
1,8
10,0
10,0
0,6
Cota 10
Seção 5

EXERCÍCIO 88c

Calcular os volumes de corte e de aterro somente entre as seções B e C para a condição de compensação de volumes na área total.

Solução

Cálculo da cota final de compensação pelo "método das alturas ponderadas"

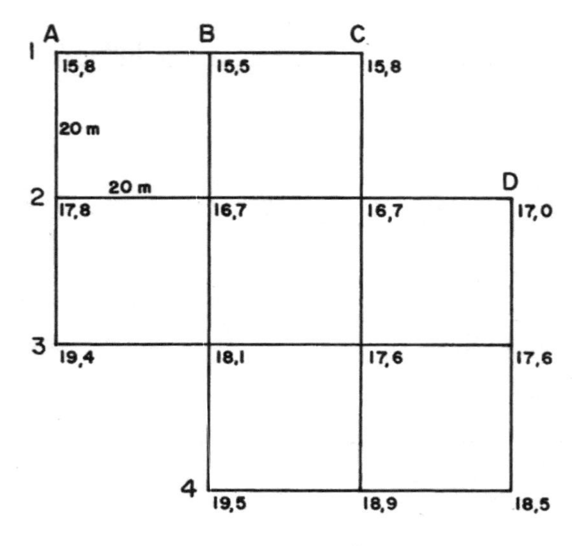

$p = 1$	$p = 2$	$p = 3$	$p = 4$
0,8	0,5	1,7	1,7
0,8	2,6	3,1	2,6
2,0	3,9	4,8	4,3
3,5	2,8	×3	×4
4,5	9,8	14,4	17,2
4,4	×2		
16,0	19,6		

foi usada a cota de referência = 15 m;

$$16{,}0 = 19{,}6 + 14{,}4 + 17{,}2 = 67{,}2$$

$$67{,}2 \div 28 = 2{,}40 \text{ m}$$

$$\text{Cota final} = 15 \text{ m} + 2{,}40 = 17{,}40 \text{ m.}$$

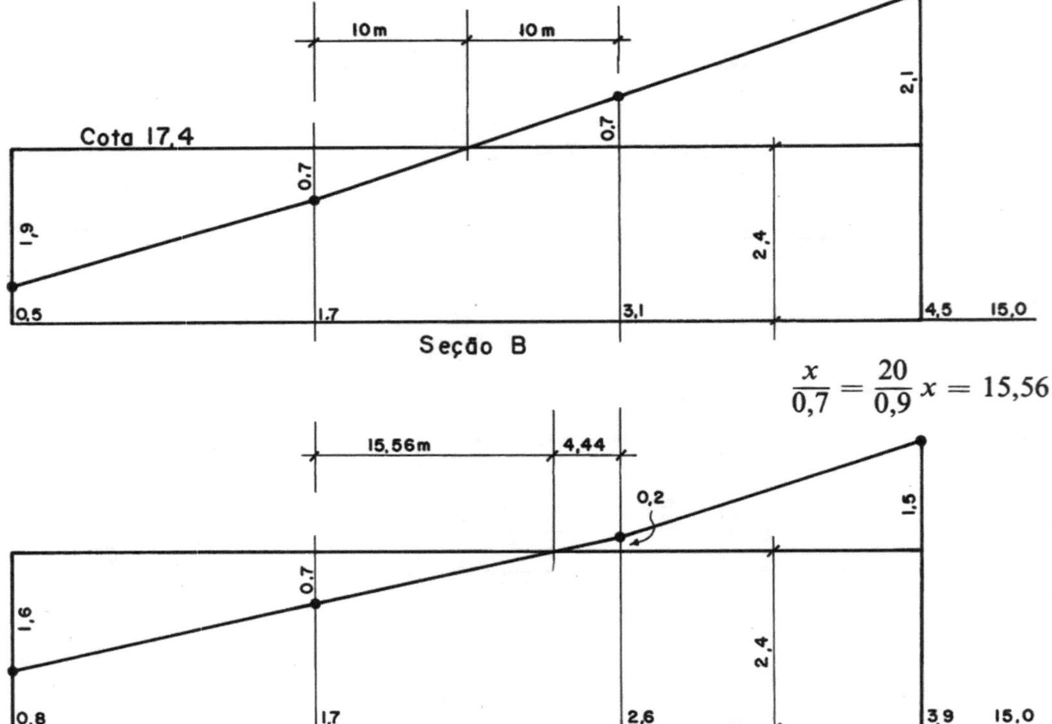

$$\frac{x}{0{,}7} = \frac{20}{0{,}9} \quad x = 15{,}56$$

$$S_{B_{corte}} = \frac{0{,}7 + 2{,}1}{2} 20 + \frac{0{,}7 \times 10}{2} = 31{,}5 \text{ m}^2$$

$$S_{B_{aterro}} = \frac{1{,}9 + 0{,}7}{2} 20 + \frac{0{,}7 \times 10}{2} = 29{,}5 \text{ m}^2$$

$$S_{C_{corte}} = \frac{0,2 + 1,5}{2} 20 + \frac{0,2 + 4,44}{2} = 17,444 \text{ m}^2$$

$$S_{C_{aterro}} = \frac{1,6 + 0,7}{2} 20 + \frac{0,7 \times 15,56}{2} = 23,444 \text{ m}^2$$

$$V_{corte} = \frac{31,5 + 17,444}{2} 20 = 489,44 \text{ m}^3$$

$$V_{aterro} = (29,5 + 23,444) \frac{20}{2} = 529,44 \text{ m}^3.$$

cálculo de vazão usando vertedor

EXERCÍCIO 89

Calcular a vazão da nascente abaixo:

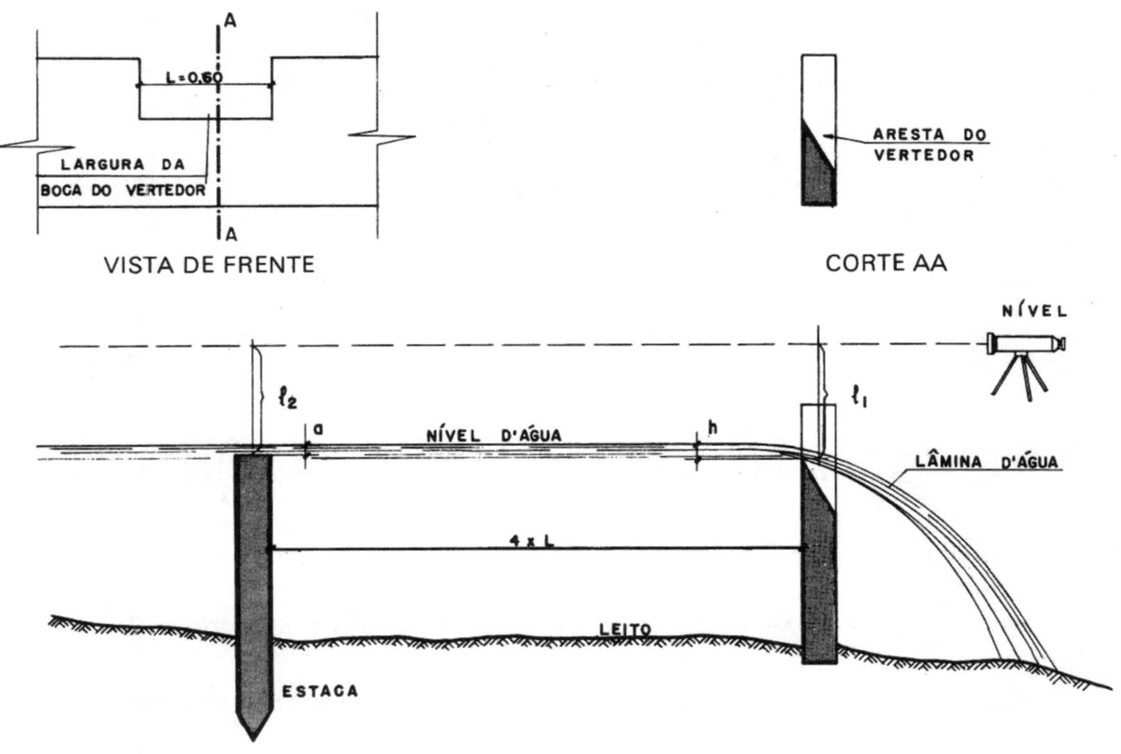

l_1 = leitura de mira na aresta do vertedor
l_2 = leitura de mira sobre a estaca
a = altura da água sobre a estaca
$h = l_1 - l_2 + a$
$V = 1,78 \, Lh^{3/2}$ onde L e h entram em metros e a vazão resulta em m^3/s.

para: $l_1 = 1,582$ $a = 0,010$ $h = 1,582 - 1,574 + 0,010$
$l_2 = 1,574$ $L = 0,60$ $h = 0,018$

$V = 1,78 \times 0,60 \times 0,018^{3/2} = 0,00257 \text{ m}^3/\text{s} = 2,57$ litros/s.

ou pela fórmula de Francis $Q = 1,838 \left(L - \frac{2h}{10}\right) h^{3/2} = 2,647$ l/s

cálculo de vazão usando molinete

EXERCÍCIO 90

Calcular a vazão parcial influenciada pela vertical 3.

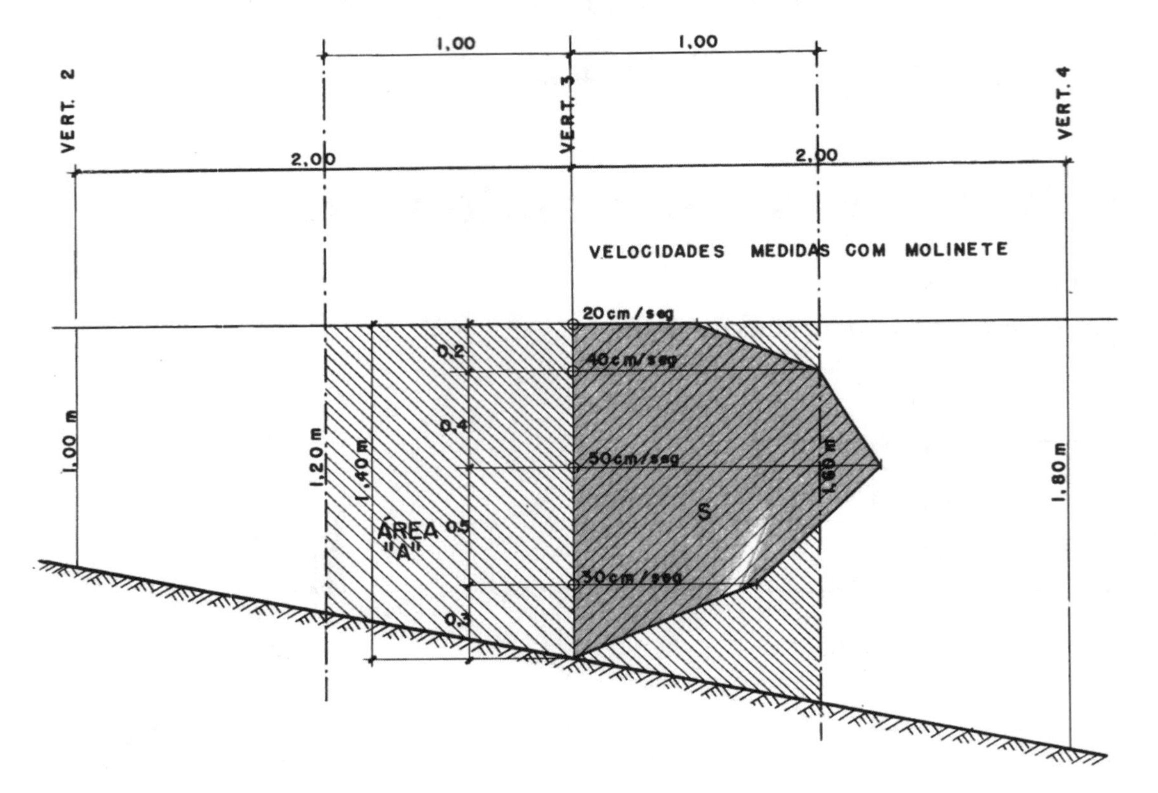

$$S = \left(\frac{20 + 40}{2}\right)20 + \left(\frac{40 + 50}{2}\right)40 + \left(\frac{50 + 30}{2}\right)50 + \left(\frac{30 + 0}{2}\right)30$$

$$S = 600 + 1.800 + 2.000 + 450 = 48.500$$

$vm = \dfrac{48.500}{140} = 34{,}64\ \text{cm/s}$ vm = velocidade média na vertical 3

Área de influência da vertical 3 vem de 1 m à esquerda até 1 m à direita

$$A = \frac{1{,}2 + 1{,}4}{2} \times 1{,}00 + \frac{1{,}4 + 1{,}6}{2}1{,}00 = 2{,}8\ \text{m}^2$$

$$\text{Vazão} = vm \times A = 0{,}3464\ \text{m/s} \times 2{,}8\ \text{m}^2 = 0{,}9699\ \text{m}^3/\text{s}.$$

EXERCÍCIO 91

Calcular a vazão parcial correspondente à vertical 8.

Escala do desenho: 1: 20

Cálculo da velocidade média na vertical 8

O molinete foi colocado em profundidades variando de 0,2 m em 0,2 m

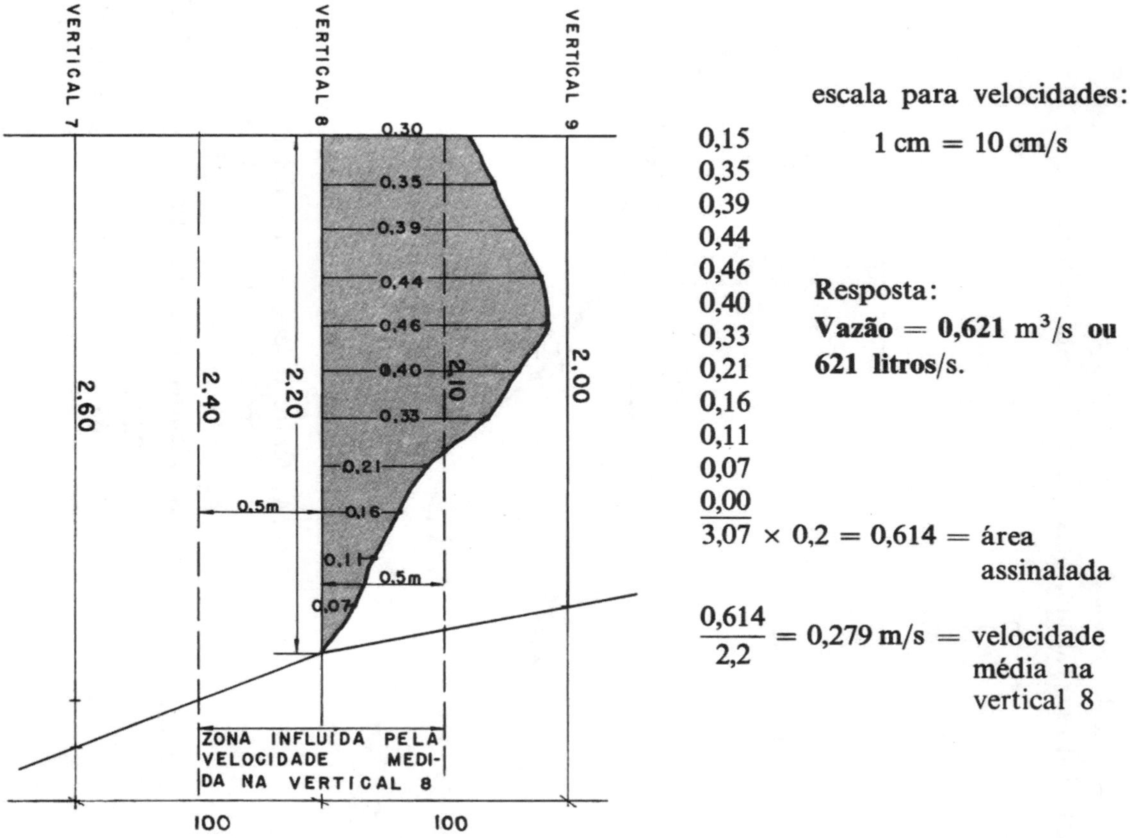

Zona influída pela velocidade média da vertical 8 (desde 0,5 à esquerda da vertical n.° 8 até 0,5 à direita da mesma vertical)

$$\text{Área} = \frac{2{,}40 + 2 \times 2{,}20 + 2{,}10}{2} \times 0{,}50 = \frac{4{,}45}{2}\ \text{m}^2 = 2{,}225\ \text{m}^2$$

$$\text{Vazão} = 2{,}225\ \text{m}^2 \times 0{,}279\ \text{m/s} = 0{,}621\ \text{m}^3/\text{s}.$$

EXERCÍCIO 92

Traçar as curvas isovelozes de 10 em 10 cm/s. Calcular a vazão.

Escala do desenho = 1: 20
(Somente para efeito de cálculo, pois o desenho está reduzido)

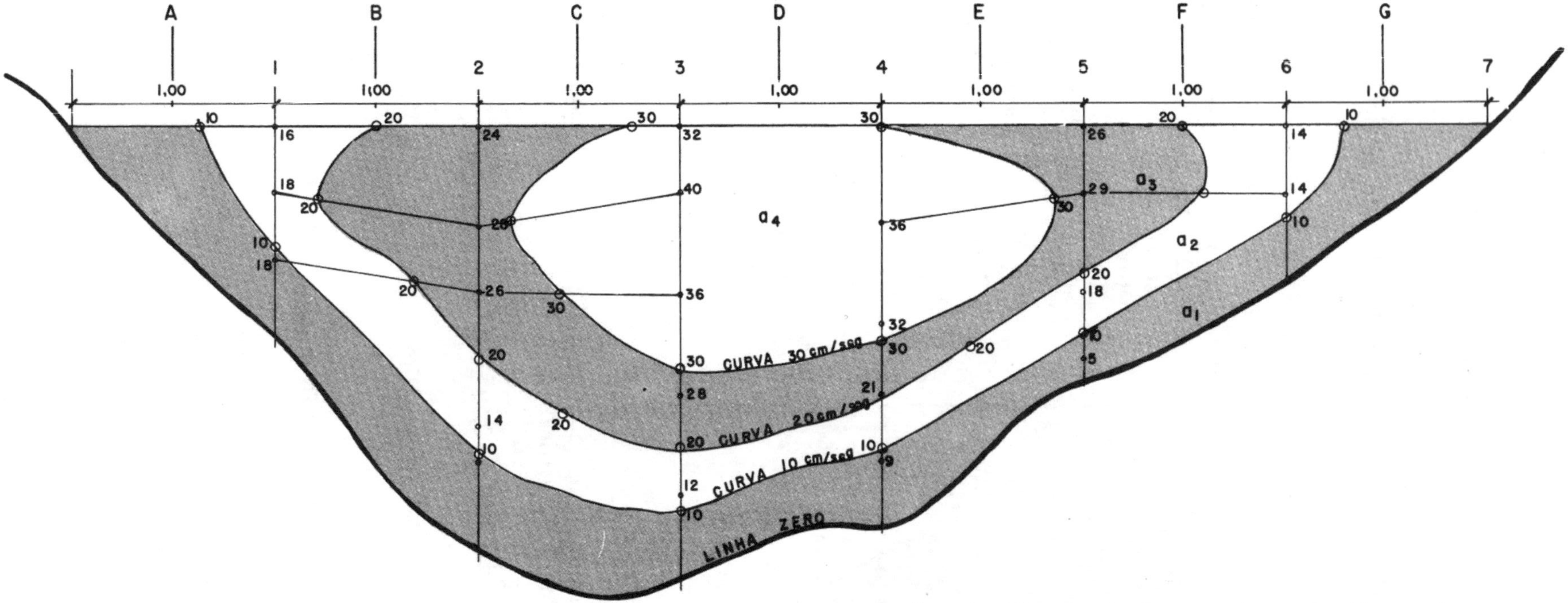

CURVA 30 cm/seg
CURVA 20 cm/seg
CURVA 10 cm/seg
LINHA ZERO

Aplicando fórmula de Bezout c/ papel milimetrado

A_1 (entre o leito e superfície) $= 227{,}7\ cm^2$
A_2 (entre curva 10 e superfície) $= 165{,}4\ cm^2$
A_3 (entre curva 20 e superfície) $= 115{,}9\ cm^2$
A_4 (dentro da curva 30) $= 57{,}2\ cm^2$

$a_1 = 227{,}7 - 165{,}4 = 62{,}3\ cm^2$
$a_2 = 165{,}4 - 115{,}9 = 49{,}5\ cm^2$ $a_3 = 115{,}9 - 57{,}2 = 58{,}7\ cm^2$
$a_4 = A_4 = 57{,}2\ cm^2$

$$\text{Vazão} = a_1 \times 5\,\text{cm/s} + a_2 \times 15\,\text{cm/s} + a_3 \times 25\,\text{cm/s} + a_4\left(\frac{30 + 40}{2}\right) = 5a_1 +$$
$$+ 15a_2 + 25a_3 + 35a_4$$

As áreas calculadas foram em cm² do desenho; para transformar em m² da realidade devemos multiplicar por $\frac{20^2}{100^2} = 0{,}04$

$a_1 = 62{,}3 \times 0{,}04 = 2{,}492\,\text{m}^2$	Vazão em m³/s	$2{,}492 \times 0{,}05 = 0{,}1246$
$a_2 = 49{,}5 \times 0{,}04 = 1{,}980\,\text{m}^2$		$1{,}980 \times 0{,}15 = 0{,}2970$
$a_3 = 58{,}7 \times 0{,}04 = 2{,}348\,\text{m}^2$		$2{,}348 \times 0{,}25 = 0{,}5870$
$a_4 = 57{,}2 \times 0{,}04 = 2{,}288\,\text{m}^2$		$2{,}288 \times 0{,}35 = 0{,}8008$
		Vazão total = **1,8094** m³/s

Para comparação vamos aplicar no exercício seguinte o método das áreas de influência, com as velocidades médias em cada vertical.

EXERCÍCIO 93

Usando a mesma figura e os mesmos dados do exercício anterior, *calcular a vazão pelas áreas de influência das velocidades médias em cada vertical*

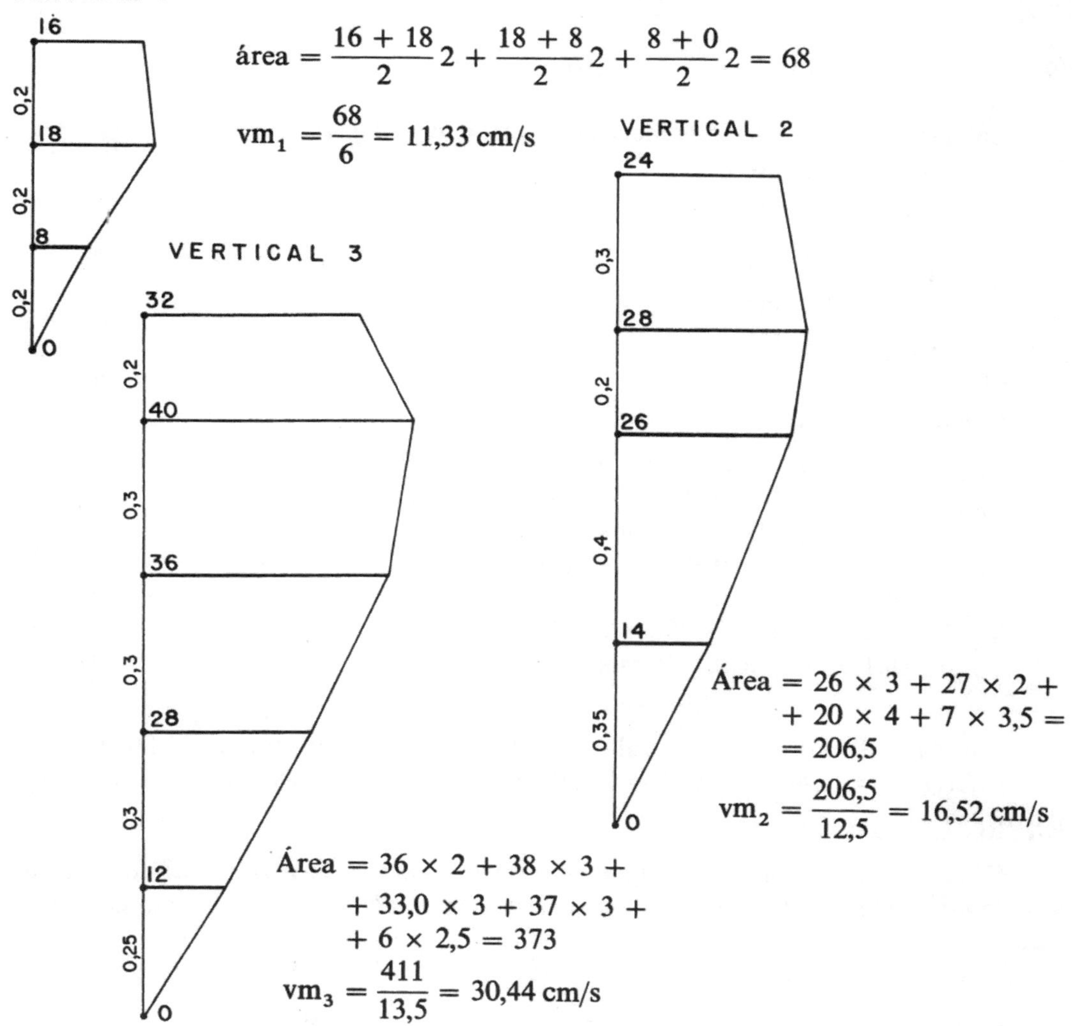

$$\text{área} = \frac{16 + 18}{2}2 + \frac{18 + 8}{2}2 + \frac{8 + 0}{2}2 = 68$$

$$vm_1 = \frac{68}{6} = 11{,}33\,\text{cm/s}$$

$$\text{Área} = 26 \times 3 + 27 \times 2 + 20 \times 4 + 7 \times 3{,}5 = 206{,}5$$

$$vm_2 = \frac{206{,}5}{12{,}5} = 16{,}52\,\text{cm/s}$$

$$\text{Área} = 36 \times 2 + 38 \times 3 + 33{,}0 \times 3 + 37 \times 3 + 6 \times 2{,}5 = 373$$

$$vm_3 = \frac{411}{13{,}5} = 30{,}44\,\text{cm/s}$$

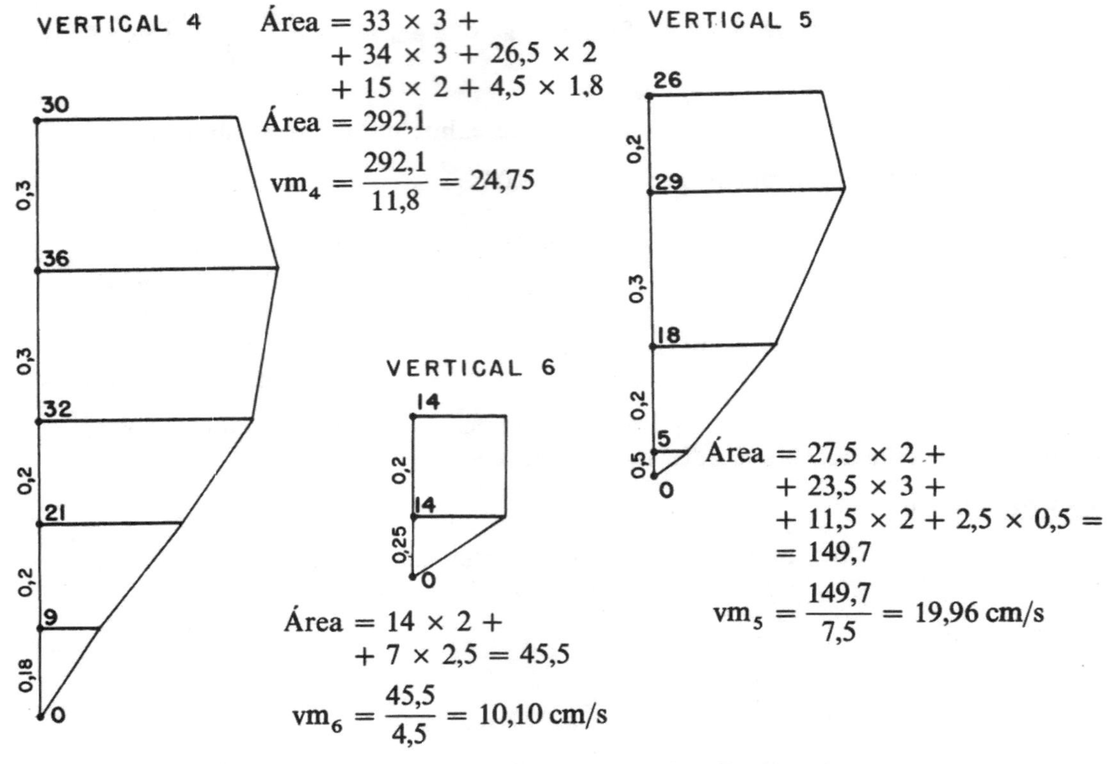

Cálculo das áreas de influência (área entre A e B etc...)

$AB = 25{,}4\ cm^2$
$BC = 49{,}7\ cm^2$
$CD = 53{,}3\ cm^2$
$DE = 46{,}4\ cm^2$
$EF = 31{,}0\ cm^2$
$FG = 18{,}1\ cm^2$

total

Cálculo da vazão

$V_{AB} = AB \times Vm_1$ etc. $\times$ fator de correção 0,04

$V_{AB} = 25{,}4 \times 0{,}04 \times 0{,}1133\ m/s = 0{,}1151\ m^3/s$
$V_{BC} = 49{,}7 \times 0{,}04 \times 0{,}1652\ m/s = 0{,}3284\ m^3/s$
$V_{CD} = 53{,}3 \times 0{,}04 \times 0{,}3044\ m/s = 0{,}6490\ m^3/s$
$V_{DE} = 46{,}4 \times 0{,}04 \times 0{,}2475\ m/s = 0{,}4594\ m^3/s$
$V_{EF} = 31{,}0 \times 0{,}04 \times 0{,}1996\ m/s = 0{,}2475\ m^3/s$
$V_{FG} = 18{,}1 \times 0{,}04 \times 0{,}1010\ m/s = 0{,}0408\ m^3/s$

vazão total $= 1{,}8402\ m^3/s$

Este valor se aproxima do valor encontrado no outro método: 1,8094
Diferença $= 1{,}8402 - 1{,}8094 = 0{,}0308\ m^3/s$ ou seja 31 litros/s ou ainda 1,7%

EXERCÍCIO 94

Calcular a vazão no curso dágua representado na seção transversal do desenho, usando o método das áreas de influência (velocidade média ponderada em cada vertical)

Velocidade média na vertical 1: Vm_1

$$\text{Área} = \frac{1{,}8}{2} + 1{,}4 + 0{,}8 + 0{,}6 + 0{,}4 + 0{,}2 + \frac{0}{2} = 4{,}3\ cm^2$$

$$Vm_1 = \frac{4{,}3 \times 10}{6{,}0} = 7{,}17 \text{ cm/s}$$

Velocidade média na vertical 2: Vm_2

$$\text{Área} = \left(\frac{2{,}8}{2} + 3{,}1 + 3{,}1 + 3{,}0 + 2{,}8 + 2{,}6 + 2{,}0 + 1{,}5 + 1{,}0 + 0{,}5 + \frac{0}{2}\right) = 21 \text{ cm}^2$$

$$Vm_2 = \frac{21 \times 10}{10} = 21 \text{ cm/s}$$

Velocidade média na vertical 3: Vm_3

$$\text{Área} = \left(1{,}8 + 3{,}9 + 4{,}2 + 4{,}2 + 4{,}0 + 3{,}6 + 3{,}1 + 2{,}6 + 2{,}0 + 1{,}4 + 0{,}7 + \frac{0}{2}\right) =$$

$$= 31{,}5 \text{ cm}^2 \qquad \frac{31{,}5 \times 10}{11} = 28{,}64 \text{ cm/s}$$

Velocidade média na vertical 4: Vm_4

$$\text{Área} = (2{,}1 + 4{,}5 + 4{,}6 + 4{,}7 + 4{,}6 + 4{,}1 + 3{,}4 + 2{,}9 + 2{,}4 + 1{,}6 + 0{,}8) =$$

$$= 35{,}7 \text{ cm}^2 \qquad \frac{35{,}7 \times 10}{11} = 32{,}45 \text{ cm/s}$$

Velocidade média na vertical 5: Vm_5

$$\text{Área} = (1{,}9 + 3{,}9 + 4{,}0 + 4{,}2 + 4{,}0 + 3{,}6 + 3{,}2 + 3{,}0 + 2{,}3 + 1{,}2 + 0{,}1) =$$

$$= 31{,}4 \text{ cm}^2 \qquad \frac{31{,}4 \times 10}{10{,}2} = 30{,}78 \text{ cm/s}$$

Velocidade média na vertical 6: Vm_6

$$\text{Área} = (1{,}3 + 2{,}6 + 2{,}6 + 2{,}4 + 2{,}3 + 2{,}0 + 1{,}6 + 1{,}2 + 0{,}6) = 16{,}6 \text{ cm}^2$$

$$\frac{16{,}6 \times 10}{9} = 18{,}44 \text{ cm/s}$$

Velocidade média na vertical 7: Vm_7

$$\text{Área} = (0{,}6 + 1{,}2 + 0{,}6) = 2{,}4 \text{ cm}^2 \qquad \frac{2{,}4 \times 10}{3} = 8 \text{ cm/s}$$

Cálculo das áreas a serem multiplicadas pelas velocidades médias (método de Bezout com papel milimetrado)

a) a área da faixa vertical que vai desde A até B será multiplicada pela Vm_1

$$\text{Área AB} = \frac{1{,}4 + 2{,}2}{2} 0{,}7 + (1{,}1 + 6{,}0 + 8{,}0 + 4{,}3)1 + \left(\frac{8{,}6 + 9{,}0}{2}\right)0{,}5 = 25{,}06 \text{ cm}^2$$

$$\text{Área BC} = (4{,}5 + 9{,}5 + 9{,}8 + 10{,}0 + 10{,}3 + 5{,}2) = 49{,}3 \text{ cm}^2$$

$$\text{Área CD} = (5{,}2 + 10{,}8 + 11{,}0 + 11{,}0 + 11{,}0 + 5{,}5) = 54{,}5 \text{ cm}^2$$

$$\text{Área DE} = (5{,}5 + 11{,}0 + 11{,}0 + 10{,}9 + 10{,}8 + 5{,}2) = 54{,}4 \text{ cm}^2$$

$$\text{Área EF} = (5{,}2 + 10{,}3 + 10{,}2 + 10{,}1 + 9{,}9 + 4{,}9) = 50{,}6 \text{ cm}^2$$

$$\text{Área FG} = (4{,}9 + 9{,}4 + 9{,}1 + 8{,}5 + 7{,}7 + 3{,}3) = 42{,}9 \text{ cm}^2$$

$$\text{Área GH} = (3{,}3 + 5{,}3 + 3{,}8 + 2{,}0 + 0{,}5) = 14{,}9 \text{ cm}^2$$

Em razão da escala 1: 20, as áreas em cm^2 do desenho, para serem transformadas em m^2, sofrem o seguinte fator de correção:

$$\frac{20^2}{100^2} = 0{,}04 \text{ (portanto devem ser multiplicadas por 0,04)}$$

As velocidades médias também devem ser transformadas em m/s

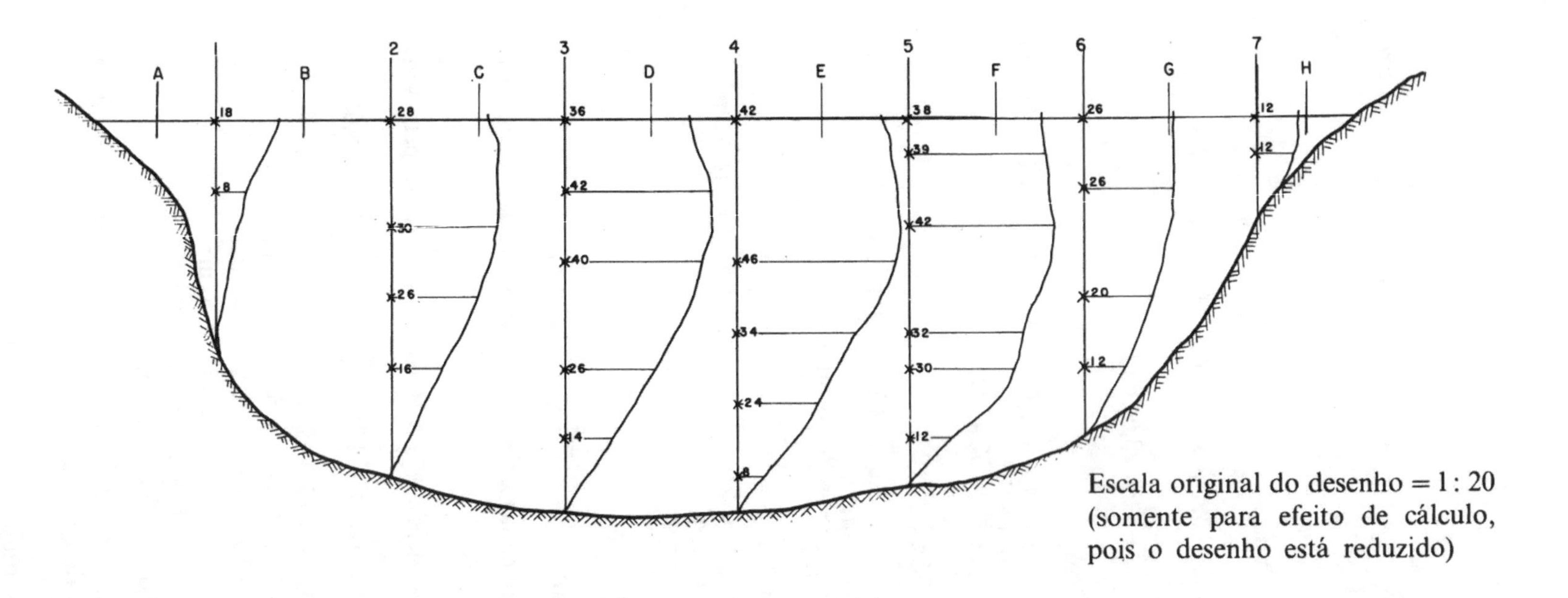

Escala original do desenho = 1 : 20 (somente para efeito de cálculo, pois o desenho está reduzido)

Trecho	Área		Veloc. média	Vazão
	cm^2 do desenho	m^2 reais	m/s	m^3/s
A-B	25,04	1,0016	0,0717	0,0718
B-C	49,30	1,9720	0,2100	0,4141
C-D	54,50	2,1800	0,2864	0,6244
D-E	54,40	2,1760	0,3245	0,7061
E-F	50,60	2,0240	0,3078	0,6230
F-G	42,90	1,7160	0,1844	0,3164
G-H	14,90	0,5960	0,0800	0,0417

Vazão total = 2,7975 m^3/s

EXERCÍCIO 94a

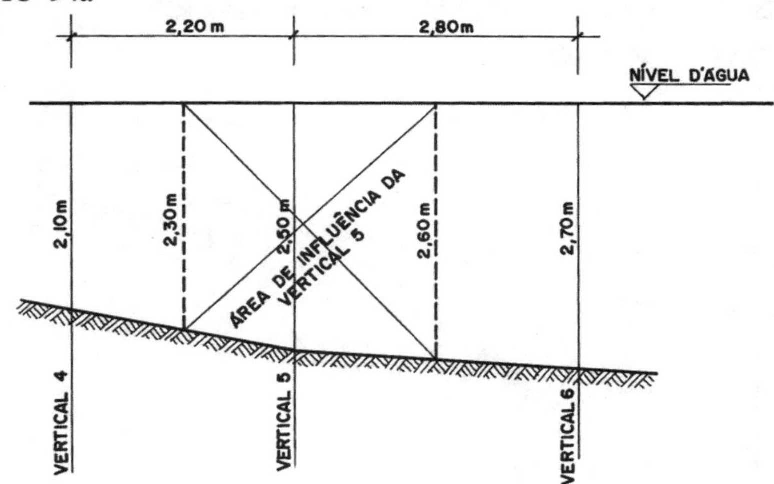

O molinete foi colocado a diferentes profundidades na vertical 5. Calcular a a vazão no trecho correspondente à vertical 5.

Profundidade	Velocidade
0,10 m	0,60 m/s
0,40 m	0,76 m/s
0,80 m	0,80 m/s
1,10 m	0,72 m/s
1,50 m	0,66 m/s
1,90 m	0,40 m/s
2,20 m	0,20 m/s
2,50 m	leito

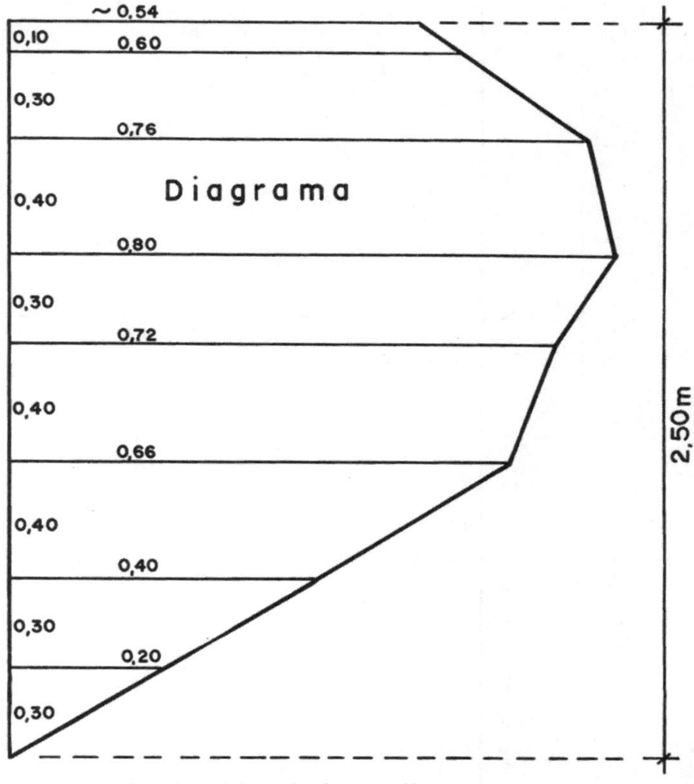

Cálculo da área do diagrama para cálculo da 0elocidade média:

$$0{,}57 \times 0{,}1 + 0{,}68 \times 0{,}3 + 0{,}78 \times 0{,}4 + 0{,}76 \times 0{,}3 + 0{,}69 \times 0{,}4 + 0{,}53 \times 4 + 0{,}30 \times 0{,}3 + 0{,}10 \times 0{,}3 = 1{,}410$$

$$\text{velocidade média} = \frac{1{,}409}{2{,}50} = 0{,}5636 \text{ m/s}$$

$$\text{Cálculo da área de influência} = \frac{2{,}3 + 2{,}5}{2} \times 1{,}1 + \frac{2{,}5 + 2{,}6}{2} 1{,}4 = 6{,}21 \text{ m}^2$$

$$\text{Vazão} = 0{,}5636 \times 6{,}21 = 3{,}500 \text{ m}^3/\text{s}.$$

curvas horizontais circulares

MÉTODO DAS DEFLEXÕES

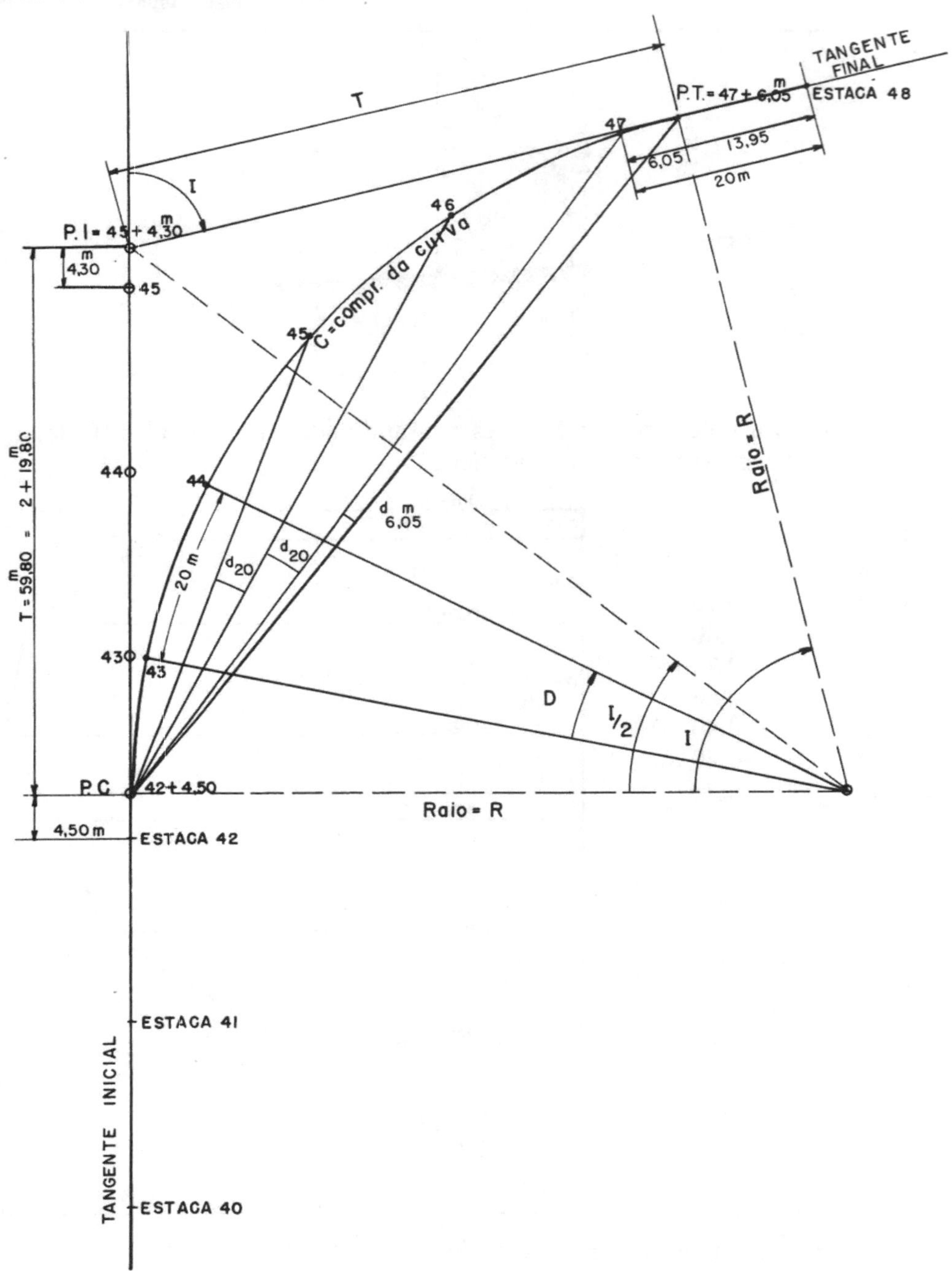

Estaca do PI é estaca do ponto de interseção

Estaca do PC é estaca do ponto de curva ou ponto de começo

Estaca do PT é estaca do ponto de tangência ou ponto terminal.

D é grau da curva: é o ângulo interno correspondente a um *arco de 20 m* (arco--definição); para estradas de ferro, pode-se usar também a corda-definição: ângulo interno correspondente a uma *corda de 20 metros*. Quando não se fizer distinção estaremos nos referindo a arco-definição.

Formulário básico

$$R = \frac{3\,600}{\pi D} \text{ para D em graus sexagesimais}$$

$$R = \frac{4\,000}{\pi D} \text{ para D em grados (centesimais)}$$

$$T = R \operatorname{tg} \frac{I}{2} \qquad C = \frac{I}{D} 20\,\text{m}$$

D = grau da curva = ângulo central que compreende um arco do 20 m (arco--definição).

Estaca do PC = Estaca do PI – T

Estaca do PT = Estaca do PC + C

Deflexão para 20 m = $d_{20} = \frac{D}{2}$ (as demais deflexões são proporcionais aos respectivos arcos)

MÉTODO ORDENADAS À TANGENTE

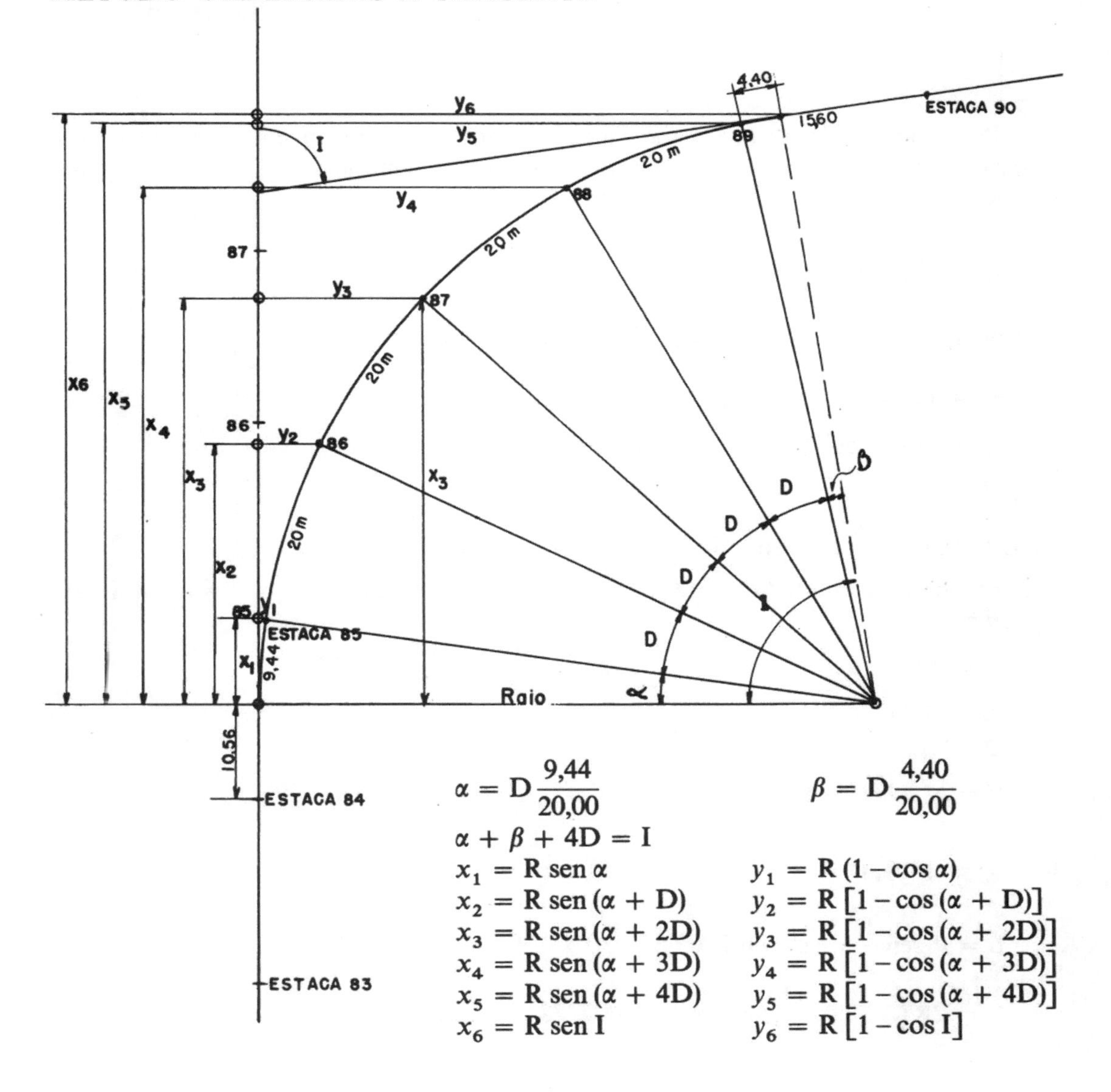

$$\alpha = D\frac{9{,}44}{20{,}00} \qquad \beta = D\frac{4{,}40}{20{,}00}$$

$$\alpha + \beta + 4D = I$$

$x_1 = R \operatorname{sen} \alpha$ $\qquad y_1 = R(1 - \cos \alpha)$

$x_2 = R \operatorname{sen} (\alpha + D)$ $\qquad y_2 = R[1 - \cos(\alpha + D)]$

$x_3 = R \operatorname{sen} (\alpha + 2D)$ $\qquad y_3 = R[1 - \cos(\alpha + 2D)]$

$x_4 = R \operatorname{sen} (\alpha + 3D)$ $\qquad y_4 = R[1 - \cos(\alpha + 3D)]$

$x_5 = R \operatorname{sen} (\alpha + 4D)$ $\qquad y_5 = R[1 - \cos(\alpha + 4D)]$

$x_6 = R \operatorname{sen} I$ $\qquad y_6 = R[1 - \cos I]$

MÉTODO DA CORDA ANTERIOR PROLONGADA

(É um método apenas aproximado e usado sem teodolito)

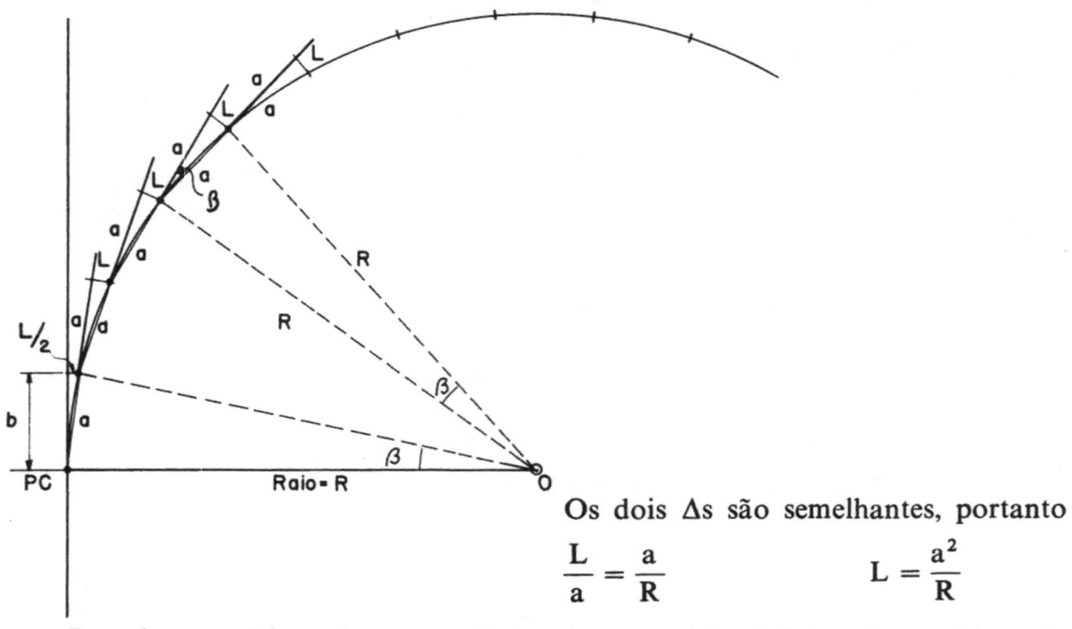

Os dois Δs são semelhantes, portanto

$$\frac{L}{a} = \frac{a}{R} \qquad L = \frac{a^2}{R}$$

Para locar o 1.° ponto, temos uma tangente prolongada em lugar da corda anterior prolongada, portanto o valor L é dividido pela metade, já que a tangente é bissetriz entre as 2 cordas, portanto

$$b = \sqrt{a^2 - \left(\frac{L}{2}\right)^2}$$

Quando $a = 20\,m$ $\qquad \beta = D =$ grau da curva

$$\frac{L}{2} = R - R\cos D = R\,(1 - \cos D)$$

$$L = 2R\,(1 - \cos D) \qquad b = R \operatorname{sen} D$$

EXERCÍCIO 95 (método da corda anterior prolongada)

Preparar os valores de L, L/2 e b para locar uma curva de raio = 80 m de 10 em 10 m

$$R = 80 \qquad a = 10 \qquad \therefore \qquad L = \frac{a^2}{R} = \frac{10^2}{80} = \frac{100}{80} = 1{,}25$$

$$\frac{L}{2} = \frac{1{,}25}{2} = 0{,}625\,m \qquad b = \sqrt{10^2 - 0{,}625^2} = \sqrt{99{,}609375}$$

$$b = \sqrt{99{,}60} = 9{,}98\,m \quad \text{ou} \quad D = \frac{1.146}{80} = 14{,}^\circ 32 = 14^\circ\,19',2$$

usa-se $\frac{D}{2}$ porque $a = 10\,m$ $\qquad \frac{D}{2} = 7^\circ\,09',6$

$$b = R \operatorname{sen}\frac{D}{2} = 80 \operatorname{sen} 7^\circ\,09',6 = 80 \times 0{,}1246418 = 9{,}97$$

$$L = 2R\left(1 - \cos\frac{D}{2}\right) = 160 \times 0{,}0077781 = \mathbf{1{,}244}$$

EXERCÍCIO 96 (método da corda anterior prolongada)

Duas tangentes fazem entre si um ângulo de interseção de 28°. *Preparar os valores de L, L/2 e b para locar uma curva composta de 10 arcos de 10 m cada.*

Comprimento da curva = 10 × 10 = 100 m

$$D = \frac{I}{C} 20\,\text{m} = \frac{28° \times 20}{100} = 5°,6' = \mathbf{5°\,36'}$$

$$R = \frac{1.146}{D} \text{ portanto } R = \frac{1.146}{5,6} = 204,643\,\text{m}$$

a = comprimento do arco = 10 m

$$L = \frac{a^2}{R} = \frac{10^2}{204,643} = \frac{100}{204,643} = 0,4886 \cong 0,49$$

$$\frac{L}{2} = 0,245 \qquad b = \sqrt{a^2 - \left(\frac{L}{2}\right)^2} = \sqrt{100 - 0,06} = \sqrt{99,94} = 9,998 \cong \mathbf{10\,m}$$

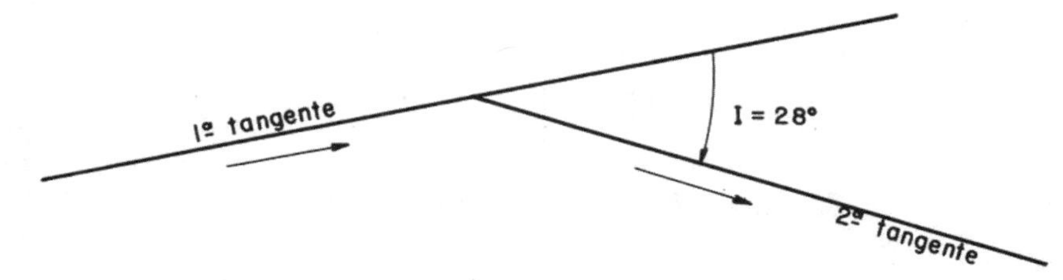

DEFLEXÕES

EXERCÍCIO 97 (método das deflexões)

Preparar a tabela de locação da seguinte curva horizontal pelo método das deflexões:

D = grau da curva = 3° 12′
I = ângulo interno = 17° 36′ à direita
Estaca do PI = 91 + 7,40 m
Azimute à direita da tangente inicial = 342° 24′
Usar um ponto de mudança na estaca 91

Cálculo do raio 3° 12′ = 3°,2

$$R = \frac{3.600}{\pi D} = \frac{3.600}{\pi \times 3,2} = \mathbf{358,10\,m}$$

Cálculo da tangente T tg 8° 48′ = 0,1548082

$$T = R\,\text{tg}\frac{I}{2} = 358,10 \times \text{tg}\frac{17°\,36'}{2} = 358,10 \times 0,1548082 = \mathbf{55,44\,m}$$

Cálculo do comprimento da curva C

$$C = \frac{I}{D} \times 20\,\text{m} = \frac{17,6}{3,2} \times 20\,\text{m} = \mathbf{110,00\,m}$$

Cálculo das estacas do PC e PI

	estaca do PI = 91 + 7,40 m	
55,44 m = 2 + 15,44 m	− T = 2 + 15,44 m	
	estaca do PC = 88 + 11,96 m	20,00 − 11,96 = 8,04 m
110,00 m = 5 + 10,00 m	+ C = 5 + 10,00 m	
	estaca do PT = 94 + 1,96 m	

Cálculo das deflexões padrões

$$\text{deflexão para } 20\,\text{m} = d_{20} = \frac{D}{2} = \frac{3^\circ\,12'}{2} = 1^\circ\,36'$$

$$\text{deflexão para } 8{,}04\,\text{m} = d_{8{,}04} = d_{20}\,\frac{8{,}04}{20{,}00} = 38',59$$

$$\text{deflexão para } 1{,}96 = d_{1{,}96} = d_{20}\,\frac{1{,}96}{20{,}00} = 9',41$$

	Estaca		Deflexões	Leitura do círculo horizontal	Azimute da tangente
PT	94 + 1,96		0° 09',41	355° 02',59	0° 00'
	94	Δ_2	1° 36'	354° 53',18	
	93		1° 36'	353° 17',18	
	92		1° 36'	351° 41',18	
PM	91		1° 36'	346° 14',59	350° 05',18
	90	Δ_1	1° 36'	344° 38',59	
	89		0° 38',59	343° 02',59	
PC	88 + 11,96				342° 24'

Σ das deflexões = 8° 48' = I/2 (verificação)

$\Delta_1 = 1^\circ\,36' + 1^\circ\,36' + 0^\circ\,38',59 = 3^\circ\,50',59$
Azimute da tg no PM = 346° 14',59 + Δ_1 = 350° 05',18
$\Delta_2 = 1^\circ\,36' + 1^\circ\,36' + 1^\circ\,36' + 0^\circ\,09',41 = 4^\circ\,57',41$
Azimute da tg no PT = 355° 02',39 + Δ_2 = 360° 00' = 0° 00'

Verificação:

Azimute da tg final = Azimute da tg inicial + I = 342° 24' + 17° 36' = 0°

EXERCÍCIO 98

Calcular o raio de uma curva de 200 m de comprimento entre as duas tangentes cujos azimutes são:

Azimute da 1.ª tangente: 142° 32' à direita
Azimute da 2.ª tangente: 153° 02' à direita.

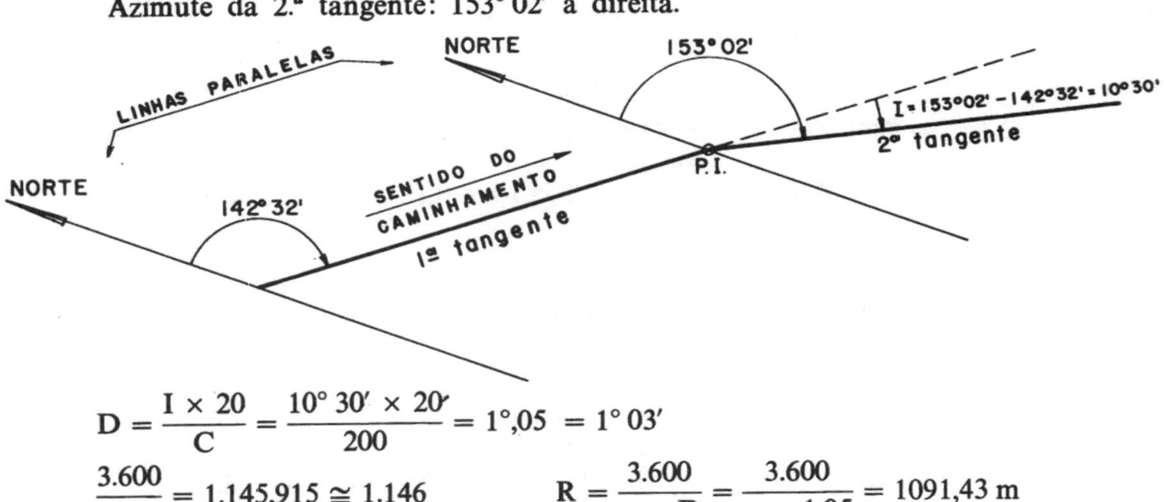

$$D = \frac{I \times 20}{C} = \frac{10^\circ\,30' \times 20}{200} = 1^\circ{,}05 = 1^\circ\,03'$$

$$\frac{3.600}{\pi} = 1.145{,}915 \cong 1.146 \qquad R = \frac{3.600}{\pi \times D} = \frac{3.600}{\pi \times 1{,}05} = 1091{,}43\,\text{m}$$

Resposta: **o raio é 1091,43 m**

EXERCÍCIO 99

Calcular a leitura a ser aplicada ao círculo horizontal do teodolito para locar a estaca 43 supondo o aparelho no PC (estaca 41 + 10,00 m) numa curva horizontal circular de raio = 382 m (o teodolito visou para o PI com zero graus no círculo horizontal).

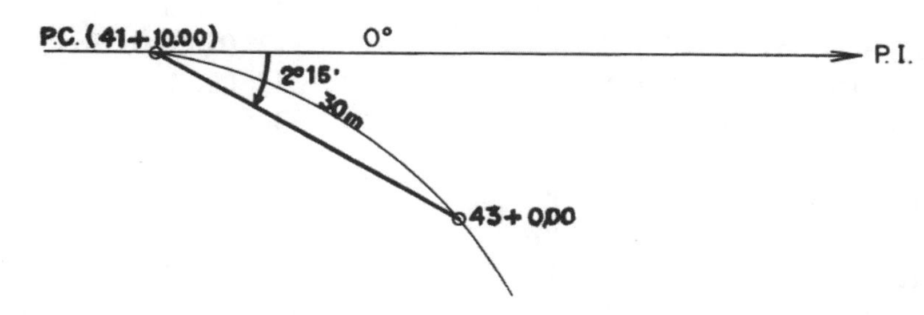

$$D = \frac{1.146}{R} = \frac{1.146}{382} = 3°$$

$$\text{Deflexão para } 20\,m = \frac{D}{2} = 1°\,30'$$

$$(43 + 0,00) - (41 + 10,00) = 30\,m$$

$D - 20$

$\beta - 30 \qquad \beta = \dfrac{D \times 3}{2} = \dfrac{1°\,30' \times 3}{2} = 2°\,15'$

Resposta: **a leitura será de 2° 15'**

EXERCÍCIO 100

Calcular e preparar a tabela de locação da curva horizontal circular para um teodolito azimutal à direita, pelo método das deflexões.

D = grau de curvatura = 8° I = 44° 00' à esquerda

Estaca do PI = 214 + 5,50. Usar um ponto de mudança na estaca 214. Assumir o azimute da tg inicial = zero.

Pelo fato do raio ser pequeno, preparar a tabela para locação de 10 em 10 m. Tg 22° = 0,40403

$$R = \frac{1.146}{D} = \frac{1.146}{8} = 143,25\,m \qquad T = 143,25 \times 0,40403 = 57,88$$

$$C = \frac{I}{D} 20 = \frac{44}{8} 20 = 110,00\,m.$$

Estaca do PI	= 214 + 5,50
−T	= 2 + 17,88
Estaca do PC	= 211 + 7,62
+ C	= 5 + 10,00
Estaca do PT	= 216 + 17,62

$$\text{deflexão para } 20\,m = \frac{D}{2} = \frac{8}{2} = 4°$$

$$\text{deflexão para } 10\,m = d_{10} = 2°$$

$$\text{deflexão para } 2,38\,m = d_{2,38} = \frac{2° \times 2,38}{10} = 0°,476 = 0°\,28',56$$

$$\text{deflexão para } 7,62 = d_{7,62} = \frac{2° \times 7,62}{10} = 1°,524 = 1°\,31',44$$

	Estaca	Deflexão	Leitura do círculo horizontal	Azimute da tangente
PT	216 + 17,62	1° 31',44 (Δ_2)	327° 31',44	316° 00'
	216 + 10 m	2° 00' (Δ_2)	329° 02,88	
	216	2° 00' (Δ_2)	331° 02',88	
	215 + 10 m	2° 00' (Δ_2)	333° 02',88	
	215	2° 00' (Δ_2)	335° 02',88	
	214 + 10 m	2° 00' (Δ_2)	337° 02',88	
PM	214	2° 00' (Δ_1)	349° 31',44	339° 02',88
	213 + 10 m	2° 00' (Δ_1)	351° 31',44	
	213	2° 00' (Δ_1)	353° 31',44	
	212 + 10 m	2° 00' (Δ_1)	355° 31',44	
	212	2° 00' (Δ_1)	357° 31',44	
	211 + 10 m	0° 28',56 (Δ_1)	359° 31',44	
PC	211 + 7,62			0°

$$\Delta_1 = 5 \times 2° + 0° 28',56 = 10° 28',56$$

Azimute da tg em PM = 349° 31',44 – 10° 28',56 =

$$\Delta_2 = 5 \times 2° + 1° 31',44 = 11° 31',44$$

Azimute da tg no PT = 327° 31',44 – 11° 31',44 = 316° 00'

Verificação:

Azimute tg final = Azimute tg inicial – I = 0° – 44° = **316°**

EXERCÍCIO 101

Calcular o raio (R), o grau da curva (D) e o comprimento da curva C para a seguinte curva horizontal:

Azimute tg inicial: 342° 32' à direita T = tangente = 110 m.
Azimute tg final: 8° 22' à direita
I = (8° 22' + 360°) – 342° 32' = 25° 50' à direita

$$T = R\,\text{tg}\frac{I}{2} \quad \text{portanto} \quad R = \frac{T}{\text{tg}\frac{I}{2}} = \frac{110}{\text{tg}\frac{25°\,50'}{2}} = \frac{110}{0{,}22934} = \mathbf{479{,}64\ m}$$

$$D = \frac{1.146}{R} = \frac{1.146}{479{,}64} = 2{,}38929 = \mathbf{2°\ 23',3574\ m}$$

$$C = \frac{I}{D}20 = \frac{25{,}8333}{2{,}38929}20 = \mathbf{216{,}24\ m}$$

EXERCÍCIO 102

Preparar a tabela de locação da curva horizontal circular para um teodolito, *cujo círculo horizontal está em grados (centesimais) e azimutal à direita, pelo método das deflexões.*

Azimute da tg inicial: 390,24
Azimute da tg final: 10,81
D = grau da curva = 2,42
Estaca do PI = 302 + 7,10 m
Usar um ponto de mudança (PM) na estaca 302 + 10 m.

Cálculo de I

$$I = 10{,}81 - 390{,}24 = 410{,}81 - 390{,}24 = 20{,}57$$

$$R = \frac{4.000}{\pi D} = \frac{1.273}{D} = \frac{1.273}{2{,}42} = 526{,}033\ \text{m} \qquad \frac{I}{2} = 10{,}285 \qquad \text{tg}\ 10{,}285 = 0{,}16298$$

$$T = R\ \text{tg}\frac{I}{2} = 526{,}033 \times 0{,}16298 = 85{,}73\ \text{m}$$

$$C = \frac{I}{D}20 = \frac{20{,}57}{2{,}42} \times 20 = 170{,}00\ \text{m}$$

Estaca do PI = 302 + 7,10 m
−T = 4 + 5,73 m
Estaca do PC = 298 + 1,37 m
+C = 8 + 10,00 m
Estaca do PT = 306 + 11,37 m

$$d_{20m} = \frac{D}{2} = 1{,}21$$

$$d_{10m} = \frac{D}{4} = 0{,}605$$

$$d_{18{,}63} = 0{,}605\frac{18{,}63}{10} = 1{,}127$$

$$d_{11{,}37} = 0{,}605\frac{11{,}37}{20} = 0{,}688$$

	Estaca	Deflexão	Leitura do círculo horizontal	Azimute da tangente
PT	306 + 11,37	0,688 (Δ_2)	5,887	10,810
	306	1,210 (Δ_2)	5,199	
	305	1,210 (Δ_2)	3,989	
	304	1,210 (Δ_2)	2,779	
	303	0,605 (Δ_2)	1,569	
PM	302 + 10 m	0,605 (Δ_1)	395,602	0,964
	302	1,210 (Δ_1)	394,997	
	301	1,210 (Δ_1)	393,787	
	300	1,210 (Δ_1)	392,577	
	299	1,127 (Δ_1)	391,367	
	298 + 1,37			390,24

$\Delta_1 = 1{,}127 + 3 \times 1{,}210 + 0{,}605 = 5{,}362$
Azimute da tg ao PM = 395,602 + 5,362 = 400,964 = 0,964
$\Delta_2 = 0{,}605 + 3 \times 1{,}210 + 0{,}688 = 4{,}923$
Azimute da tg ao PT = 5,887 + 4,923 = 10,810

Verificação:

Azimute da tg final = Azimute da tg inicial + I = 390,24 + 20,57 = **10,81**

EXERCÍCIO 103

Preparar a tabela de locação da curva horizontal circular por deflexões:

I = 17° 36′ à direita   C = comprimento da curva = 88 m

Estaca do PI = 42 + 4,35 Azimute tg inicial = 342° 24′ à direita

$$C = \frac{I}{D} 20\ m \quad \therefore \quad D = \frac{I}{C} 20\ m = \frac{17{,}6}{88} 20 = 4°{,}00$$

$$R = \frac{1.146}{4°} = 286{,}50\ m$$

$$T = R\ tg \frac{I}{2} = 286{,}50\ tg \frac{17°\ 36'}{2} = 286{,}5 \times 0{,}15481 = 44{,}35\ m$$

Estaca do PI	= 42 + 4,35 m	
−T	= 2 + 4,35 m	
Estaca do PC	= 40 + 0,00 m	
+C	= 4 + 8,00 m	
Estaca do PT	= 44 + 8,00 m	

$$d_{20m} = \frac{D}{2} = 2°$$

$$d_{8m} = 8 \frac{2}{20} = 0°{,}8 = 0°\ 48'$$

	Estaca	Deflexão	Leitura do círculo horizontal	Azimute da tangente
PT	44 + 8 m	0° 48′	351° 12′	0°
	44	2°	350° 24′	
	43	2°	348° 24′	
	42	2°	346° 24′	
	41	2°	344° 24′	
	40			342° 24′

Σ 8° 48′ = Δ

	351° 12′
+ Δ	8° 48′
	360° 00′ = 0°

Azimute tg inicial	= 342° 24′
+ I	= 17° 36′
Azimute tg final	= 360° 00′
	= 0°

EXERCÍCIO 104

Preparar a tabela de locação da curva horizontal circular por deflexões.
Estaca do PI = 1.042 + 5,40 m I = 16° à direita

D = 2° 30′ Azimute tg inicial = 0°

$$R = \frac{1.146}{2{,}5} = 458{,}40\ m \qquad C = \frac{I}{D} 20 = \frac{16}{2{,}5} 20 = 128{,}00\ m$$

$$T = R\ tg \frac{I}{2} = 458{,}40 \times tg\ 8° = 458{,}40 \times 0{,}14054 = 64{,}42\ m$$

Estaca do PI	= 1,042 + 5,40
−T	= 3 + 4,42
Estaca do PC	= 1,039 + 0,98
+C	= 6 + 8,00
Estaca do PT	= 1,045 + 8,98

$$d_{20} = \frac{D}{2} = \frac{2{,}5}{2} = 1{,}25 = 1°\ 15'$$

$$d_{19{,}02} = 1{,}25 \frac{19{,}02}{20} = 1{,}18875 = 1°\ 11'.325$$

$$d_{8.98} = 1{,}25 \frac{8{,}98}{20} = 0{,}56125 = 0°\ 33'{,}675$$

	Estaca	Deflexões	Leitura do círculo horizontal	Azimute da tangente
PT	1,045 + 8,98	0° 33',675	8° 00',000	16° 00'
	1045	1° 15'	7° 26',325	
	1044	1° 15'	6° 11',325	
	1043	1° 15'	4° 56',325	
	1042	1° 15'	3° 41',325	
	1041	1° 15'	2° 26',325	
	1040	1° 11',325	1° 11',325	
	1039 + 0,98			0°

$\Delta = 8° 00'$

EXERCÍCIO 105 (método das deflexões)

Preparar a tabela de locação da curva horizontal circular (aparelho graduado em grados centesimais) Azimute da tangente inicial: 0°

Raio = R = 400 m   I = 25,464 grados   Estaca PI = 315 + 3,46 m

Usar ponto de mudança na estaca 315

tg 12,732 grados = 0,20270

$$D = \frac{4.000}{\pi R} = \frac{4.000}{3,1416 \times 400} = \frac{1.273}{400} = 3,1825 \text{ grados}$$

$$T = 400 \times 0,20270 = 81,08 \text{ m}$$

$$C = \frac{25.464}{3,1825} \times 20 = 160,03$$

Estaca PI = 315 + 3,46 m
−T = 4 + 1,08 m
Estaca PC = 311 + 2,38 m
+C = 8 + 0,03 m
Estaca PT = 319 + 2,41 m

	Estaca		Deflexão	Leitura do círculo horizontal	Azimute da tangente
	319 + 2,41	Δ_2	0,19170	18,90800	25,46470
	319		1,59125	18,71630	
	318		1,59125	17,12505	
	317		1,59125	15,53380	
	316		1,59125	13,94255	
PM	315	Δ_1	1,59125	6,17565	12,35130
	314		1,59125	4,58440	
	313		1,59125	2,99315	
	312		1,40190	1,40190	
	311 + 2,38				0°

12,73235

Deflexão para 20 m

$$d_{20} = \frac{D}{2} = \frac{3,1825}{2} = = 1,59125$$

Deflexão para 17,62 m

$$d_{17,62} = \frac{17,62}{20} 1,59125 = 1,4019$$

Deflexão para 2,41 m

$$d_{241} = \frac{2,41}{20} 1,59125 = 0,1917$$

$\Delta_1 = \mathbf{6{,}17565}$ 18,90800

$\Delta_2 = \mathbf{6{,}55670}$ + 6,55670

25,46470

Azimute tg inicial = 0

+ I = 25,464 Erro = 0,0007

Azimute tg final = 25,464

EXERCÍCIO 105a (método das deflexões)

Fazer a tabela completa de locações da curva circular horizontal; $I = 38{,}420$ grd à esquerda; $T = 110$ m; PI = 215 + 8,20 m. Azimute da tangente inicial = 28,220 grd à direita. Usar um ponto de mudança na estaca 215.

Solução

$$R = \frac{T}{\operatorname{tg}\frac{I}{2}} = \frac{110}{\operatorname{tg} 19{,}210} = 353{,}41 \text{ m}$$

$$D = \frac{4\,000}{\pi R} = \frac{4\,000}{\pi \times 353{,}41} = 3{,}602726 \simeq 3{,}603 \text{ grd}$$

$$C = \frac{I}{D} 20 = \frac{38{,}420}{3{,}602726} 20 = 213{,}28 \text{ m}$$

Estaca do PI = 215 + 8,20 m

− T = 5 + 10,00 m

Estaca do PC = 209 + 18,20 m

+ C = 10 + 13,28 m

Estaca do PT = 220 + 11,48 m

Deflexão para 20 m, $d_{20} = \frac{D}{2} = \frac{3{,}6028}{2} = 1{,}8014$ grd

Deflexão para 1,80, $d_{1,80} = 1{,}8014 \, \frac{1{,}8}{20} = 0{,}1620$ grd

Deflexão para 11,48, $d_{11,48} = 1{,}8014 \, \frac{11{,}48}{20} = 1{,}0340$ grd.

EXERCÍCIO 105b

Preparar a tabela completa de locação para a curva circular horizontal. Grau da curva = $D = 4{,}40$ grd; estaca do PI = 45 + 15,20 m.

Ângulo de interseção = $I = 45{,}76$ grd à esquerda; azimute da tang. inicial = 28,16 grd à direita; usar um ponto de mudança na estaca 44.

$$R = \frac{4\,000}{\pi D} = \frac{4\,000}{\pi \times 4{,}40} = 289{,}3726 \text{ m}$$

$$T = R \operatorname{tg} \frac{I}{2} = 289{,}3726 \times \operatorname{tg} \frac{45{,}76}{2} = 108{,}72 \text{ m}$$

$$C = \frac{I}{D} 20 = \frac{45{,}76}{4{,}40} \times 20 \text{ m} = 208{,}00 \text{ m}$$

	Estaca	Deflexão	Leitura do círculo horizontal	Azimute da tangente
PT	50 + 14,48	Δ_2 1,593	397,193	382,400
	50	2,200	398,786	
	49	2,200	0,986	
	48	2,200	3,186	
	47	2,200	5,386	
	46	2,200	7,586	
	45	2,200	9,786	
PM	44	Δ_1 2,200	20,073	11,986
	43	2,200	22,273	
	42	2,200	24,473	
	41	1,487	26,673	
PC	40 + 6,48	—	—	28,160

Estaca PI = 45 + 15,20 m
− T = 5 + 8,72 m
Estaca PC = 40 + 6,48 m
+ C = 10 + 8,00 m
Estaca PT = 50 + 14,48 m

$$d_{20\,\text{m}} = \frac{D}{2} = \frac{4,4}{2} = 2,20 \text{ grd}$$

$$d_{13,52\,\text{m}} = 2,20\,\frac{13,52 \text{ m}}{20 \text{ m}} = 1,4872 \text{ grd}$$

$$d_{14,48\,\text{m}} = 2,20\,\frac{14,48 \text{ m}}{20 \text{ m}} = 1,5928 \text{ grd}$$

$\Delta_1 =$ 8,087 grd
$\Delta_2 =$ 14,793
22,880 $= I/2$

Verificação:

Azimute da tg final = Azimute da tg inicial − I = 28,160 − 45,760 = 382,400 grd

MÉTODO DAS ORDENADAS À TANGENTE

EXERCÍCIO 106

Determinar as coordenadas x e y para locar um ponto da curva circular localizado à 30 m do PC.

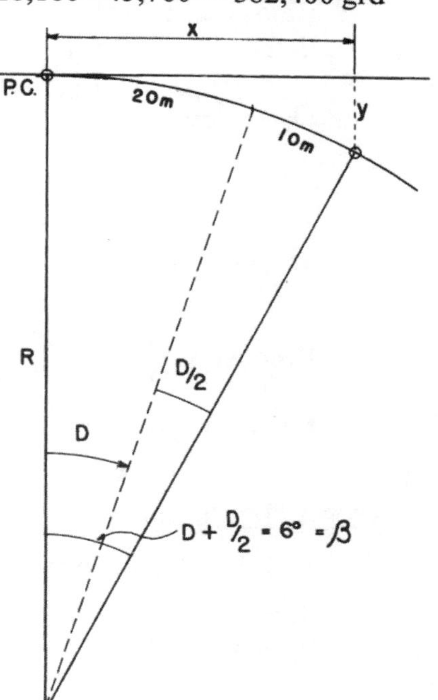

D = grau da curva = 4°

$$R = \frac{1.146}{D} = \frac{1.146}{4} = 286,50 \text{ m}$$

Respostas:

$x = R \operatorname{sen} \beta = \mathbf{286,50 \operatorname{sen} 6°}$

$y = R\,(1 - \cos \beta) = \mathbf{286,50\,(1 - \cos 6°)}$

EXERCÍCIO 107

Determinar as coordenadas x e y para locar a estaca n.° 210 da seguinte curva horizontal circular pelo método das ordenadas à tangente:

D = grau da curva = 2°
C = comprimento da curva = 212,00 m.
Estaca do PI = 213 + 8,40 m

Solução:

$$R = \frac{1.146}{D} = \frac{1.146}{2°} = 573{,}00 \text{ m} \qquad C = \frac{I}{D} 20 \quad \text{portanto} \quad I = \frac{C \times D}{20}$$

$$I = \frac{212 \times 2}{20} = 21°{,}2 = 21°\ 12'$$

$$T = R \operatorname{tg} \frac{I}{2} = 573 \times \operatorname{tg} \frac{21°\ 12'}{2} = 573 \times \operatorname{tg} 10°\ 36'$$

$$\operatorname{tg} 10°\ 36' = 0{,}18714$$

$$T = 573{,}00 \times 0{,}18714 = 107{,}23 \text{ m} = (5 + 7{,}23)$$

Estaca do PC = estaca do PI − T = (213 + 8,40) − (5 + 7,23) = (208 + 1,17 m)
Para locar a estaca 210 o arco total é = (210 + 0,00) − (208 + 1,17) = 38,83 m

$$\beta \longrightarrow 38{,}83 \qquad \beta = \frac{D \times 38{,}83}{20{,}00} = \frac{2 \times 38{,}83}{20} = 3°{,}883 = 3°52'{,}98$$
$$D \longrightarrow 20{,}00$$

Respostas: $x = R \times \operatorname{sen} \beta =$ **573 × sen 3° 52′,98 = 38,80 m**
$y = R(1 - \cos \beta) =$ **573(1 − cos 3° 52′,98) = 1,32 m**

EXERCÍCIO 108

Curva horizontal pelo método das ordenadas. Calcular x e y para locar a estaca 717.

Raio = 286,50 m
Estaca do PC = 715 + 6,40 m

$$D = \frac{1.146}{R} = \frac{1.146}{286{,}50} = 4°$$

$$\begin{array}{rr} & 717 + \ \ 0{,}00 \\ & -715 + \ \ 6{,}40 \\ \hline \text{arco} = & 1 + 13{,}60 = 33{,}60 \text{ m} \end{array}$$

$$\frac{\beta}{33{,}6 \text{ m}} = \frac{D}{20 \text{ m}} \qquad \beta = 4° \frac{33{,}6}{20} = 6°{,}72 = 6°\ 43'{,}2$$

Respostas: x = R sen β = 286,5 × sen 6° 43,2 = 286,5 × 0,117018 = **33,53 m**
y = R verseno* β = 286,5 × 0,006870 = **1,97 m**.

*verseno = 1 − co-seno.

EXERCÍCIO 109

Calcular β para locar a estaca 32 da curva horizontal por ordenadas à tangente.

Raio = R = 400 m   I = 30°
Estaca do PI = 35 + 7,18 m   (tg 15° = 0,26795)

$x = R \operatorname{sen} \beta \qquad D = \frac{1.146}{R} = \frac{1.146}{400} = 2°,865 = 2°\,51',9$

$y = R(1 - \cos \beta) \quad T = R \operatorname{tg} \frac{I}{2} = 400 \times \operatorname{tg} \frac{30°}{2} = 400 \times 0{,}26795 = 107{,}18 \text{ m}$

Estaca do PI = 35 + 7,18
−T = 5 + 7,18
Estaca do PC = 30 + 0,00

Para locar a estaca 32 temos: 32 − 30 = 2 estacas = 40 m.

Portanto $\beta = 2D = 2 \times 2°\,51',9 = 5°\,43',8 \qquad \beta = \mathbf{5°\,43',8}$

EXERCÍCIO 110

Preparar a tabela de locação por ordenadas à tangente; locar as estacas inteiras, portanto de 20 em 20 m.

Raio = 200 m   I = 47°
Estaca do PI = 28 + 11,30

$D = \frac{1.146}{R} = \frac{1.146}{200} = 5°,73 = 5°\,43',8$

$T = R \operatorname{tg} \frac{I}{2} = 200 \times \operatorname{tg} 23°\,30' = 200 \times 0{,}4348124 = 86{,}96 \text{ m}$

$C = \frac{I}{D} 20 = \frac{47°}{5{,}73} 20 = 164{,}05 \text{ m}$

A estaca 25 está a 15,66 m do PC

$\therefore \alpha = D \frac{15{,}66}{20} = 5{,}73 \frac{15{,}66}{20} = 4°\,29',2$

$\beta = D \frac{8{,}39}{20} = 5{,}73 \frac{8{,}39}{20} = 2°\,24',2$

Estaca PI = 28 + 11,30
−T = 4 + 6,96
Estaca PC = 24 + 4,34
+C = 8 + 4,05
Estaca PI = 32 + 8,39

$x = R \times \operatorname{sen}$
$y = R(1 - \cos) = R \times \text{verseno}$

	Estaca	Ângulo interno	Seno	1-Co-seno (verseno)	Raio	x	y
PC	24 + 4,34						
	25	4° 29'2	0,07823	0,00306	200 m	15,65	0,61
	26	10° 13',0	0,17737	0,01586		35,47	3,17
	27	15° 56',8	0,27474	0,03848		54,95	7,70
	28	21° 40',6	0,36937	0,07072		73,87	14,14
	29	27° 24',4	0,46030	0,11224		92,06	22,45
	30	33° 08',2	0,54664	0,16263		109,33	32,53
	31	38° 52,0	0,62751	0,22139		125,50	44,28
	32	44° 35,8	0,70211	0,28793		140,42	57,59
	32 + 8,39	47° 00,0	0,73135	0,31800		146,27	63,60

EXERCÍCIO 110a

Determinar as coordenadas x e y, para locar a estaca 34, pelo método das coordenadas à tangente.

D = 4,00 grd (grau da curva)
C = comprimento da curva = 242 m
Estaca do PI = 35 + 8,20 m

Solução

$$R = \frac{4\,000}{\pi \times D} = \frac{4\,000}{\pi \times 4} = 318{,}31 \text{ m} \qquad I = \frac{C \times D}{20} = \frac{242 \times 4}{20} = 48{,}40 \text{ grd}$$

$$T = R \operatorname{tg} \frac{I}{2} = 318{,}31 \times \operatorname{tg} 24{,}20 = 127{,}19 \text{ m}$$

$$\begin{array}{rl} PI & = 35 + 8{,}20 \text{ m} \\ -T & = \underline{\;\;6 + 7{,}19 \text{ m}} \\ PC & = 29 + 1{,}01 \end{array} \qquad \begin{array}{r} 34 + 0{,}00 \\ \underline{-\,29 + 1{,}01} \\ 4 + 18{,}99 \end{array} = 98{,}99$$

$$\alpha = \frac{4 \times 98{,}99}{20} = 19{,}798 \text{ grd}$$

$$x = 318{,}31 \operatorname{sen} 19{,}798 = 97{,}40 \text{ m}$$
$$y = 318{,}31(1 - \cos 19{,}798) = 15{,}27 \text{ m}$$

curva vertical simétrica (por arco de parábola)

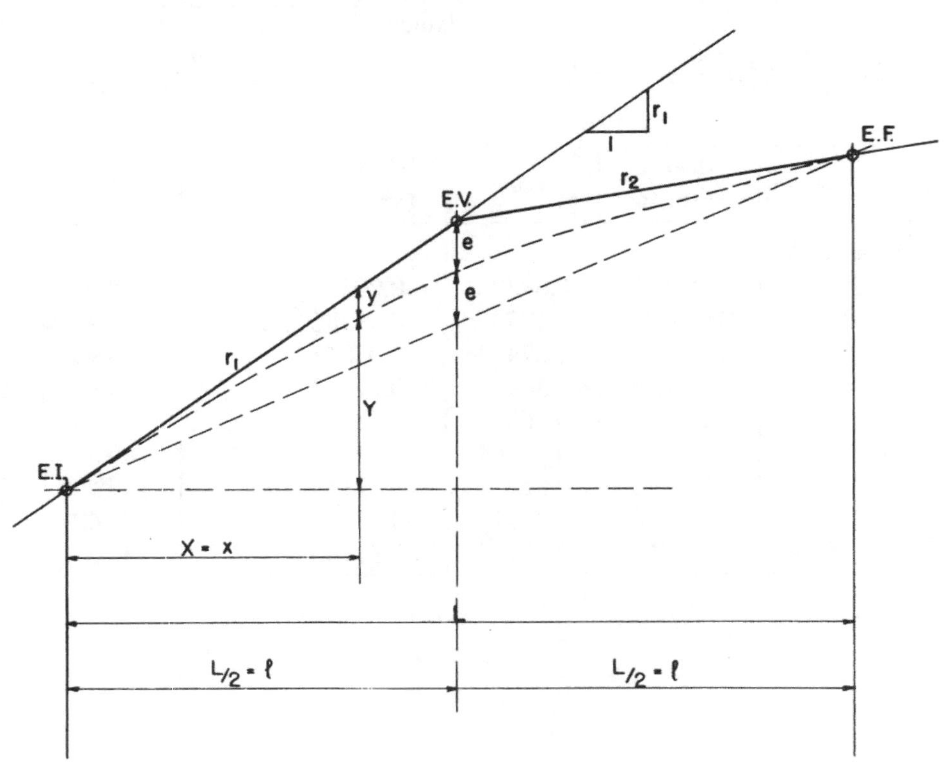

$$\frac{d^2Y}{dX^2} = r = \text{constante} \qquad \text{integrando} \frac{dY}{dX} = rX + C$$

$$\text{para } X = 0 \qquad \frac{dY}{dX} = r_1 \quad \therefore \quad r_1 = C \quad \text{então} \quad \frac{dY}{dX} = rX + r_1$$

$$\text{para } X = L \qquad \frac{dY}{dX} = r_2 \quad \therefore \quad r_2 = rL + r_1 \quad \therefore \quad r = \frac{r_2 - r_1}{L}$$

(razão de mudança de rampa)

$$\therefore \quad \frac{dY}{dX} = X\left(\frac{r_2 - r_1}{L}\right) + r_1$$

$$\text{integrando novamente } Y = \frac{X^2}{2}\left(\frac{r_2 - r_1}{L}\right) + r_1X + C_1$$

$$\text{para } X = 0 \text{ temos } Y = 0 \quad \therefore \quad C_1 = 0$$

$$\therefore \quad Y = \frac{X^2}{2}\left(\frac{r_2 - r_1}{L}\right) + r_1X$$

$$\text{por triângulos semelhantes temos } \frac{r_1}{1} = \frac{Y + y}{X}$$

$$\therefore \quad Y = r_1X - y \quad \therefore \quad r_1X - y = \frac{X^2}{2}\left(\frac{r_2 - r_1}{L}\right) + r_1X$$

$$\therefore -y = \frac{X^2}{2}\left(\frac{r_2 - r_1}{L}\right) \text{ mas } X = x \quad \therefore \quad -y = \frac{x^2}{2}\left(\frac{r_2 - r_1}{L}\right)$$ o sinal negativo de y

pode ser abandonado porque na ocasião de se usar o valor y sempre saberemos se ele é negativo ou positivo, pela figura, ou seja, nas curvas de lombada (de crista), o valor y é sempre negativo e nas curvas de depressão será sempre positivo. Portanto:

$$y = \frac{x^2}{2}\left(\frac{r_2 - r_1}{L}\right) \quad (1)$$

$$\text{para } X = \frac{L}{2} \quad y = e \quad \therefore \quad e = \frac{\left(\frac{L}{2}\right)^2}{2} \frac{(r_2 - r_1)}{L} = \frac{L}{8}(r_2 - r_1)$$

$$e = \frac{L}{8}(r_2 - r_1) \quad (2)$$

dividindo y(1) por e(2) temos:

$$\frac{y}{e} = \frac{x^2(r_2 - r_1)8}{2LL(r_2 - r_1)} = 4\frac{x^2}{L^2} \quad \text{mas } L = 2l$$

$$\therefore \quad \frac{y}{e} = \frac{x^2}{l^2} \quad \therefore \quad y = e\left(\frac{x}{l}\right)^2$$

Já que os valores x e l são medidas lineares, podem ser usados em metros ou em cordas de igual comprimento; portanto, considerando n o número de cordas em metade da curva, o y_1 no fim da 1.ª corda será

$$y_1 = e\left(\frac{1}{n}\right)^2 = \frac{e}{n^2} \text{ e o } y_2 \text{ será } y_2 = e\left(\frac{2}{n}\right)^2 = 2^2y_1 \text{ e o } y_3 = 3^2y_1 \text{ etc.}$$

Portanto as fórmulas básicas para os exercícios:

$$e = \frac{L}{8}(r_2 - r_1) \qquad y_1 = \frac{e}{n^2} \qquad y_2 = 2^2y_1 \qquad y_3 = 3^2y, \quad \text{etc.}$$

Para se adotar o comprimento L da curva vertical, relacionando-se a um raio de curva circular, podemos usar:

$L = aR$ onde a é a diferença de rampas e R o raio de uma curva circular, com a qual a curva parabólica muito se assemelha.

Exemplo: para $r_1 = +6\%$ $\quad r_2 = -4\%$
Se as condições impostas para a estrada, exigirem raio mínimo de curva vertical igual a 5.000 m, teremos:

$$a = 6\% - (-4\%) = 10\%$$

$$L = 10\% \text{ de } 5.000 = \frac{10 \times 5.000}{100} = 500 \text{ m}$$

Nos exercícios propostos a seguir sempre usaremos L pequenos, para não termos tabela muito longas.

CURVA VERTICAL (ARCO DE PARÁBOLA) "SIMÉTRICA"

EXERCÍCIO 111

Preparar a tabela de curva vertical com arco de parábola para os seguintes dados:

Rampa inicial: $-2{,}0\%$ Rampa final: $-6{,}0\%$
Comprimento da curva: 200 m em cordas de 20 m
Cota do vértice: 312,420 m Estaca do vértice: 431 + 0,00 m

$$\text{Estaca inicial: EI} = \text{EY} - \frac{L}{2} = 431 - 5 = 426 + 0{,}00 \text{ m}$$

$$\text{Estaca final: EF} = \text{EV} + \frac{L}{2} = 431 + 5 = 436 + 0{,}00$$

$$\text{Cota da EI: Cota da EV} - r_1 \frac{L}{2} = 312{,}420 - \left(-\frac{2}{100}\right) 100 = 314{,}420$$

$$\text{Cota da EF: Cota da EV} + r_2 \frac{L}{2} = 312{,}420 + \left(-\frac{6}{100}\right) 100 = 306{,}420$$

$$e = \frac{L}{8} \text{ (diferença de rampas)} = \frac{200}{8} \times \frac{6-2}{100} = 1{,}000 \text{ m}$$

n = número de cordas em L/2 = 5

$$y_1 = \frac{e}{n^2} = \frac{1{,}000}{5^2} = \frac{1{,}000}{25} = 0{,}040$$

Observação: os valores y são negativos pois trata-se de curva de crista

$y_2 = 2^2 y_1 = 4 \times 0{,}04 = 0{,}16$ $\quad y_3 = 3^2 y_1 = 9 \times 0{,}04 = 0{,}360$
$y_4 = 4^2 y_1 = 16 \times 0{,}04 = 0{,}64$ $\quad y_5 = 5^2 y_1 = 25 \times 0{,}04 = 1{,}00 = e$

Estaca	Rampa na tangente	Cota na tangente	(−) y	Cota na curva
426		314,420	—	314,420
427		314,020	0,040	313,980
428	−2,0 %	313,620	0,160	313,460
429		313,220	0,360	312,860
430		312,820	0,640	312,180
431 (vert.)	—	312,420	1,000	311,420
432		311,220	0,640	310,580
433	−6,0 %	310,020	0,360	309,660
434		308,820	0,160	308,660
435		307,620	0,040	307,580
436		306,420	—	306,420

EXERCÍCIO 112

Preparar a tabela da curva vertical simétrica pelo método de arco de parábola.

Rampa inicial: −2,2 %
Rampa final: + 3,8 %
Comprimento da curva: 100 m em cordas de 10 m
Estaca do vértice: 52 + 0,00 Cota do vértice: 115,400

$$EI = EV - \frac{L}{2} = (52 + 0{,}00) - (2 + 10{,}00) = 49 + 10\text{ m}$$

$$EF = EV + \frac{L}{2} = (52 + 0{,}00) + (2 + 10{,}00) = 54 + 10\text{ m}$$

$$\text{Cota inicial: } CV - r_1 \frac{L}{2} = 115{,}400 - \left(-\frac{2{,}2}{100} 50\right) = 116{,}500$$

$$\text{Cota final: } CV + r_2 \frac{L}{2} = 115{,}400 + \left(\frac{3{,}8}{100} 50\right) = 117{,}300$$

$$e = \frac{L}{8} \text{ (diferença de rampas)} = \frac{100}{8} \times \frac{6}{100} = 0{,}750$$

$$y_1 = \frac{e}{n^2} = \frac{0{,}750}{25} = 0{,}030 \qquad y_2 = 4y_1 = 4 \times 0{,}030 = 0{,}120$$

$$y_3 = 3^2 y_1 = 9 \times 0{,}030 = 0{,}270 \qquad y_4 = 16 \times 0{,}030 = 0{,}480$$

	Estaca	Rampa na tangente	Cota na tangente	(+) y	Cota na curva
	49 + 10 m		116,500	—	116,500
	50	−2,2 %	116,280	0,030	116,310
	50 + 10 m		116,060	0,120	116,180
	51		115,840	0,270	116,110
	51 + 10 m		115,620	0,480	116,100
vértice	52	—	115,400	0,750	116,150
	52 + 10 m		115,780	0,480	116,260
	53	+3,8 %	116,160	0,270	116,430
	53 + 10 m		116,540	0,120	116,660
	54		116,920	0,030	116,950
	54 + 10 m		117,300	—	117,300

EXERCÍCIO 113

Preparar a tabela da curva vertical simétrica pelo método de arco de parábola.

Comprimento da curva: L = 120 m em cordas de 20 m
Estaca do vértice: 32 + 10 m Cota do vértice: 111,110 m
Rampa inicial: −0,8 % Rampa final: −4,4 %

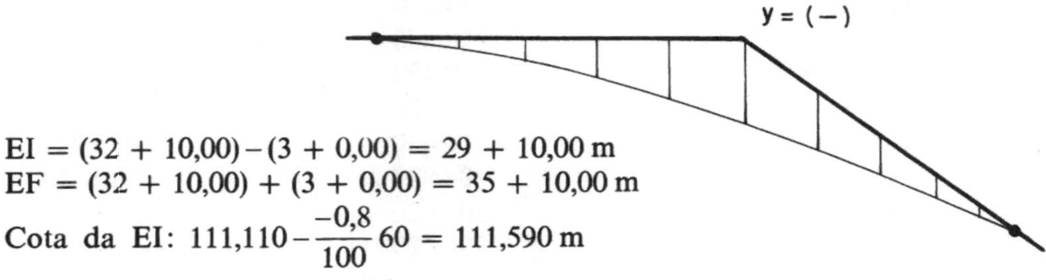

EI = (32 + 10,00) − (3 + 0,00) = 29 + 10,00 m
EF = (32 + 10,00) + (3 + 0,00) = 35 + 10,00 m

Cota da EI: $111{,}110 - \frac{-0{,}8}{100} 60 = 111{,}590$ m

Cota da EF: $111{,}110 + \frac{-4{,}4}{100} 60 = 108{,}470$ m

$e = \frac{L}{8}$ (diferença de rampas) $= \frac{120}{8} \times \frac{4{,}4-0{,}8}{100} = \frac{120 \times 3{,}6}{8 \times 100} = 0{,}540$

$y_1 = \frac{e}{n^2} = \frac{0{,}540}{3^2} = \frac{0{,}540}{9} = 0{,}060 \qquad y_2 = 4y_1 = 4 \times 0{,}060 = 0{,}240$

	Estaca	Rampa na tangente	Cota na tangente	(−) y	Cota na curva
	29 + 10,00		111,590	—	111,590
	30 + 10,00	↓ −0,8 %	111,430	0,060	111,370
	31 + 10,00		111,270	0,240	111,030
vértice	32 + 10,00		111,110	0,540	110,570
	33 + 10,00	↓ −4,4 %	110,230	0,240	109,990
	34 + 10,00		109,350	0,060	109,290
	35 + 10,00		108,470	—	108,470

EXERCÍCIO 114

Preparar a tabela da curva vertical simétrica por arco de parábola

Rampa inicial: −0,2 % L = 80 m em cordas de 20 m
Rampa final: + 0,6 %
Estaca do vértice: 122 + 0,00 Cota da estaca do vértice: 73,440 m

$EI = EV - \frac{L}{2} = 122 - 2 = 120$

$EF = EV + \frac{L}{2} = 122 + 2 = 124$

Cota da EI = cota da $EV - r_1 \frac{L}{2} = 73{,}440 + \frac{0{,}2}{100} 40 = 73{,}520$

Cota da EF = cota da $EV + r_2 \frac{L}{2} = 73{,}440 + \frac{0{,}6}{100} 40 = 73{,}680$

$e = \frac{L}{8}$ (diferença de rampas) $= \frac{80}{8} \times \frac{0{,}8}{100} = 0{,}80$

$y_1 = \frac{e}{n^2} = \frac{0{,}08}{4} = 0{,}02$ os valores y são positivos pois a curva é de depressão

	Estaca	Rampa na tangente	Cota na tangente	(+) y	Cota na curva
	120		73,520	—	73,520
	121	-0,2%	73,480	0,02	73,500
vértice	122	—	73,440	0,08	73,520
	123	+0,6%	73,560	0,02	73,580
	124		73,680	—	73,680

Observação: Este exercício foi também resolvido, com os mesmos dados, pelo método de razão de mudança de rampa, para possibilitar a comparação.

EXERCÍCIO 115

Preparar a tabela da curva vertical simétrica por arco de parábola.

Rampa inicial r_1: + 5,0% L = 240 m em cordas de 20 m
Rampa final r_2: − 3,4%
Estaca do vértice: 815 + 0,00 cota: 748,800 m

$$EI = EV - \frac{L}{2} = 815 - 6 = 809$$

$$EF = EV + \frac{L}{2} = 815 + 6 = 821$$

$$\text{Cota EI: cota } EV - r_1 \frac{L}{2} = 748{,}800 - \frac{5}{100} 120 = 742{,}800 \text{ m}$$

$$\text{Cota EF: cota } EV + r_2 \frac{L}{2} = 748{,}800 - \frac{3{,}4}{100} 120 = 744{,}720 \text{ m}$$

$$e = \frac{L}{8} \text{ (diferença de rampas)} = \frac{240 \times 8{,}4}{8 \times 100} = 2{,}520$$

$$y_1 = \frac{e}{n_2} = \frac{2{,}520}{36} = 0{,}070$$

$$y_2 = 4 \times 0{,}07 = 0{,}280$$
$$y_3 = 9 \times 0{,}07 = 0{,}630$$
$$y_4 = 16 \times 0{,}07 = 1{,}120$$
$$y_5 = 25 \times 0{,}07 = 1{,}750$$

os valores y são negativos porque é uma curva de crista (lombada)

	Estaca	Rampa na tangente	Cota na tangente	(−) y	Cota na curva
	809		742,80	—	742,80
	810		743,80	0,07	743,73
	811	+5,0%	744,80	0,28	744,52
	812		745,80	0,63	745,17
	813		746,80	1,12	745,68
	814		747,80	1,75	746,05
vértice	815	—	748,80	2,52	746,28
	816		748,12	1,75	746,37
	817		747,44	1,12	746,32
	818	-3,4%	746,76	0,63	746,13
	819		746,08	0,28	745,80
	820		745,40	0,07	745,33
	821		744,72	—	744,72

CURVA VERTICAL SIMÉTRICA POR RAZÃO DE MUDANÇA DE RAMPA

EXERCÍCIO 116

Preparar a tabela para os seguintes dados:

$r_1 = -0{,}2\%$ $r_2 = +0{,}6\%$
Razão de mudança de rampa: 0,2 % cada 20 m
Estaca do vértice: 122 + 0,00 Cota da estaca vertical: 73,440 m
Observação: a 1.ª e a última razão de mudança devem ser 0,1 %

$$\text{n.° de cordas} = \frac{\text{diferença de rampas}}{\text{razão de mudança}} = \frac{0{,}8}{0{,}2} = 4$$

L = comprim. da curva = n.° de cordas × compr. corda = 4 × 20 = 80 m

$$\text{Estaca do início: } EV - \frac{L}{2} = 122 + 0{,}00 - 2 = 120 + 0{,}00$$

$$\text{Estaca do fim: } EV + \frac{L}{2} = 122 + 0{,}00 + 2 = 124 + 0{,}00$$

$$\text{Cota da EI: Cota da } EV - r_1 \frac{L}{2} = 73.440 + \frac{0{,}2}{100} 40 = 73.520 \text{ m}$$

$$\text{Cota da EF: Cota da } EV + r_2 \frac{L}{2} = 73.440 + \frac{0{,}6}{100} 40 = 73.680 \text{ m}$$

Estaca	Rampa na corda	Diferença de cota na corda	Diferença de cota acumulada	Cota na curva
120				73,520
	–0,1 %	–0,020	–0,020	
121				73,500
	+0,1 %	+0,020	0	
122				73,520
	+0,3 %	+0,060	+0,060	
123				73,580
	+0,5 %	+0,100	+0,160	
124				73,680

EXERCÍCIO 117

Preparar a tabela da curva vertical simétrica pelo método da razão de mudança de rampa.

$r_1 = +0{,}6\%$ $r_2 = +2{,}0\%$
Razão de mudança: 0,1 % cada 10 m, porém a 1.ª e última mudanças serão de 0,05 %
EV: 290 + 10,00 Cota EV: 691,450

$$\text{n.° de cordas: } n = \frac{\text{dif. rampas}}{\text{razão}} = \frac{1{,}4}{0{,}1} = 14$$

Comprimento da curva: L = 14 × 10 m = 140 m

EI = (290 + 10,00) – (3 + 10,00) = 287 + 0,00

EF = (290 + 10,00) + (3 + 10,00) = 294 + 0,00

$$CEI = 691{,}450 - \frac{0{,}6}{100} 70 = 691{,}030$$

$$\text{CEF} = 691{,}450 + \frac{2{,}0}{100} 70 = 692{,}850$$

Diferença de cota $= 692{,}850 - 691{,}030 = 1{,}820$ m

Rampa média $= r_m = \dfrac{r_1 + r_2}{2} = \dfrac{2{,}6}{2} = 1{,}3\,\%$

Diferença de cota $= r_m \times L = \dfrac{1{,}3}{100} 140 = 1{,}820$ m

Certo

Estaca	Rampa na corda	Diferença de cota na corda	Cota na curva
287			691,030
	0,65 %	0,065	
287 + 10 m			691,095
	0,75 %	0,075	
288			691,170
	0,85 %	0,085	
288 + 10 m			691,255
	0,95 %	0,095	
289			691,350
	1,05 %	0,105	
289 + 10 m			691,455
	1,15 %	0,115	
290			691,570
	1,25 %	0,125	
290 + 10 m			691,695
	1,35 %	0,135	
291			691,830
	1,45 %	0,145	
291 + 10 m			691,975
	1,55 %	0,155	
292			692,130
	1,65 %	0,165	
292 + 10 m			692,295
	1,75 %	0,175	
293			692,470
	1,85 %	0,185	
293 + 10 m			692,655
	1,95 %	0,195	
294			692,850

CURVA VERTICAL (ARCO DE PARÁBOLA) "ASSIMÉTRICA"

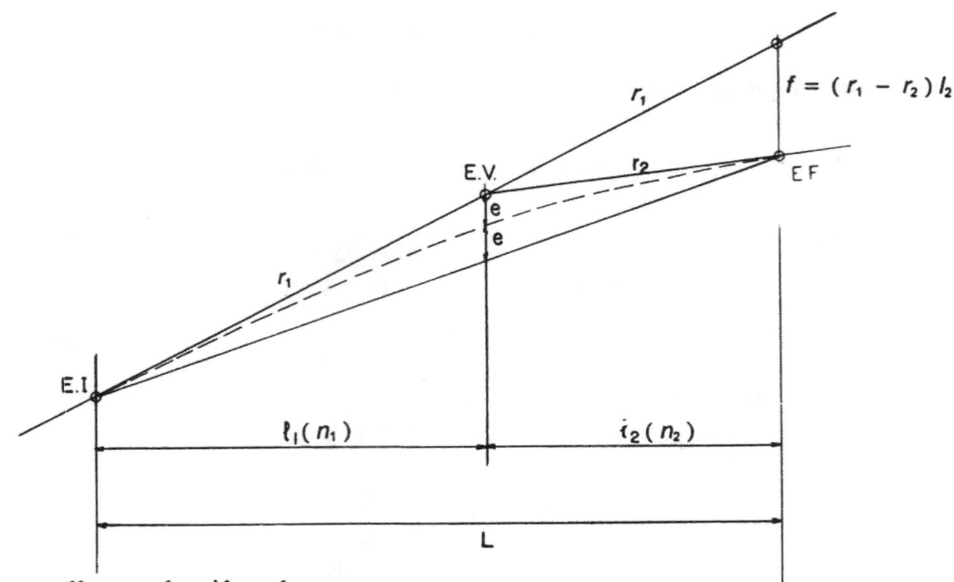

Por semelhança de triângulos

$f = (r_2 - r_1)l_2 \qquad \frac{f}{2e} = \frac{L}{l_1} \qquad 2e = \frac{fl_1}{L}$

$e = \frac{fl_1}{2L} = \frac{(r_2 - r_1)l_1 l_2}{2L} \quad \therefore \quad e = (r_2 - r_1)\frac{l_1 l_2}{2L}$

n_1 = número de cordas em l_1 $\qquad$ n_2 = número de cordas em l_2

$\therefore \quad y'_1 = \frac{e}{n_1^2} \qquad y'_2 = 2^2 y'_1 \qquad y'_3 = 3^2 y'_1$ etc

$y''_1 = \frac{e}{n_2^2} \qquad y''_2 = 2^2 y''_1 \qquad y''_3 = 3^2 y''_1$ etc...

EXERCÍCIO 117a

Preparar a tabela da curva vertical pelo método da razão de mudança de rampa.

Rampa inicial = r_1 = +0,8 %
Rampa final = r_2 = −3,2 %
Estaca do vértice = 71 + 0,00 m
Cota da estaca do vértice = 153,500 m
Razão de mudança de rampa = 0,4 % cada 20 m (inclusive nas estacas inicial e final)

Solução

Número de cordas = $n = \frac{\text{diferença de rampas}}{\text{razão de mudança}} - 1 = \frac{4\%}{0{,}4\%} - 1 = 9$

Comprimento da curva = $n \times$ comprimento da corda = 9 × 20 m = = 180 m = L

Estaca inicial = estaca do vértice $- \frac{L}{2}$ = (71 + 0,00) − (4 + 10,00) = = (66 + 10,00)

Estaca final = estaca do vértice $+ \frac{L}{2}$ = (71 + 0,00) + (4 + 10,00) = = (75 + 10,00)

Cota da estaca inicial = cota est. vert. $- r_1 \dfrac{L}{2} = 153{,}500 - \dfrac{0{,}8}{100} 90 \text{ m} =$
$= 152{,}780$ m

Cota da estaca final = cota est. vert. $+ r_2 \dfrac{L}{2} = 153{,}500 + \dfrac{-3{,}2}{100} 90 \text{ m} =$
$= 150{,}620$ m

Estaca	Rampa na corda	Diferença de cota na corda	Cota na curva
66 + 10,00			152,780
	+0,4%	+0,080	
67 + 10,00			152,860
	0	0	
68 + 10,00			152,860
	− 0,4%	− 0,080	
69 + 10,00			152,780
	− 0,8%	− 0,160	
70 + 10,00			152,620
	− 1,2%	− 0,240	
71 + 10,00			152,380
	− 1,6%	− 0,320	
72 + 10,00			152,060
	− 2,0%	− 0,400	
73 + 10,00			151,660
	− 2,4%	− 0,480	
74 + 10,00			151,180
	− 2,8%	− 0,56	
75 + 10,00			150,620

EXERCÍCIO 118

Preparar a tabela para a curva vertical assimétrica por arco de parábola.

Rampa inicial: + 4% Rampa final: + 1%
Comprimento do 1.º ramo: 40 m em cordas de 10 m
Cota do vértice: 68,250 m
Comprimento do 2.º ramo: 60 m em cordas de 10 m
Estaca do vértice: 72 + 0,00
$\text{EI} = \text{EV} - l_1 = 72 - 2 = 70 + 0{,}00$
$\text{EF} = \text{EV} + l_2 = 72 + 3 = 75 + 0{,}00$

Cota da EI: Cota do vértice $- r_1 l_1 = 68{,}250 - \dfrac{4}{100} 40 \text{ m} = 66{,}650 \text{ m}$

Cota da EF: Cota do vértice $+ r_2 l_2 = 68{,}250 + \dfrac{1}{100} 60 = 68{,}850 \text{ m}$

$e = (\text{diferença de rampas}) \dfrac{l_1 l_2}{2L} = \dfrac{3}{100} \times \dfrac{40 \times 60}{2 \times 100} = 0{,}360 \text{ m}$

$y'_1 = \dfrac{e}{n_1^2} = \dfrac{0{,}36}{4^2} = \dfrac{0{,}36}{16} = 0{,}0225 \text{ m} \sim 0{,}022$
$y'_2 = 2^2 y'_1 = 4 \times 0{,}0225 = 0{,}090 \text{ m}$
$y'_3 = 3^2 y_1 = 9 \times 0{,}0225 = 0{,}2025 \sim 0{,}202 \text{ m}$

$y_1'' = \frac{e}{n_2^2} = \frac{0,36}{6^2} = 0,010 \text{ m} \qquad y_2'' = 2^2 y_1'' = 4 \times 0,010 = 0,040 \text{ m}$

$y_3'' = 3^2 y_1'' = 9 \times 0,010 = 0,090 \text{ m} \qquad y_4'' = 4^2 y_1'' = 16 \times 0,010 = 0,160 \text{ m}$

$y_5'' = 5^2 y_1'' = 25 \times 0,010 = 0,250 \text{ m}$

os valores y são negativos porque se trata de curva de crista (lombada)

Estaca	Rampa na tangente	Cota na tangente	(−) y	Cota na curva
70		66,650	—	66,650
70 + 10 m		67,050	0,022	67,028
71	+4%	67,450	0,090	67,360
71 + 10 m		67,850	0,202	67,648
72 (vert.)	—	68,250	0,360	67,890
72 + 10 m		68,350	0,250	68,100
73		68,450	0,160	68,290
73 + 10 m	+1%	68,550	0,090	68,460
74		68,650	0,040	68,610
74 + 10 m		68,750	0,010	68,740
75		68,850	—	68,850

EXERCÍCIO 119

Preparar a tabela para curva vertical assimétrica com cordas de 10 em 10 metros.

Estaca de início: EI = 23 + 0,00 m: cota 181,22 m
Estaca do vértice: EV = 26 + 0,00 m: cota 180,14
Estaca do fim: EF = 28 + 0,00 m: cota 181,42

$l_1 = (26 + 0,00) - (23 + 0,00) = (3 + 0,00) = 60 \text{ m} \qquad L = 100 \text{ m}$

$l_2 = (28 + 0,00) - (26 + 0,00) = (2 + 0,00) = 40 \text{ m}$

$r_1 = \frac{(180,14 - 181,22)\,100}{60} = -1,8\% \qquad n_1 = \frac{60}{10} = 6$

$r_2 = \frac{(181,42 - 180,14)\,100}{40} = +3,2\% \qquad n_2 = \frac{40}{10} = 4$

$e = (\text{diferença de rampas}) \frac{l_1 l_2}{2L} = \frac{5}{100} \times \frac{60 \times 40}{2 \times 100} = 0,600 \text{ m}$

$y_1' = \frac{e}{n^2} = \frac{1,200}{6^2} = \frac{0,600}{36} = 0,016667$

$y_2' = 4 \times 0,01667 = 0,067 \qquad y_3' = 9 \times 0,01667 = 0,150$

$y_4' = 16 \times 0,01667 = 0,267 \qquad y_5' = 25 \times 0,01667 = 0,417$

$y_1'' = \frac{e}{n_2^2} = \frac{0,600}{4^2} = \frac{0,600}{16} = 0,0375$

$y_2'' = 4 \times 0,0375 = 0,150 \qquad y_3'' = 9 \times 0,0375 = 0,337$

Observação: os valores y são positivos porque a curva é de depressão.

	Estaca	Rampa na tangente	Cota na tangente	(+) y	Cota na curva
	23		181,220	—	181,220
	23 + 10 m	−1,8 %	181,040	0,017	181,057
	24	↓	180,860	0,067	180,927
	24 + 10 m		180,680	0,150	180,830
	25		180,500	0,267	180,767
	25 + 10 m		180,320	0,417	180,737
vértice	26	—	180,140	0,600	180,740
	26 + 10 m		180,460	0,337	180,797
	27	+3,2 %	180,780	0,150	180,930
	27 + 10 m	↓	181,100	0,037	181,137
	28		181,420	—	181,420

EXERCÍCIO 120

Preparar a tabela para curva vertical assimétrica:

Rampa inicial: −0,8 %
Rampa final: + 3,2 %
Cota da estaca do vértice: 427,800 m 1.° trecho: 80 m em cordas de 20 m
Estaca do vértice: 186 + 0,00 m 2.° trecho: 120 m em cordas de 20 m
$EI = EV - l_1 = 186 - 4 = 182 + 0{,}00 \quad n_1 = 4$
$EF = EV + l_2 = 186 + 6 = 192 + 0{,}00 \quad n_2 = 6$

$$\text{Cota da EI: cota vértice} - r_1 l_1 = 427{,}800 - \frac{-0{,}8}{100} 80 = 428{,}440 \text{ m}$$

$$\text{Cota da EF: cota vértice} + r_2 l_2 = 427{,}800 + \frac{3{,}2}{100} 120 = 431{,}640 \text{ m}$$

$$e = (\text{diferença de rampas}) \frac{l_1 l_2}{2L} = \frac{4}{100} \times \frac{80 \times 120}{2 \times 200} = 0{,}960$$

$$y'_1 = \frac{e}{n_1^2} = \frac{0{,}960}{16} = 0{,}060 \qquad y'_2 = 4 \times 0{,}060 = 0{,}240 \qquad y'_3 = 9 \times 0{,}060 = 0{,}540$$

$$y''_1 = \frac{e}{n_2^2} = \frac{0{,}96}{6^2} = \frac{0{,}96}{36} = 0{,}02667 \sim 0{,}027$$

$$y''_2 = 2^2 y''_1 = 4 \times 0{,}02667 = 0{,}107$$

$$y''_3 = 3^2 y''_1 = 0{,}240 \qquad y''_4 = 4^2 y''_1 = 0{,}427$$

$$y''_5 = 5^2 y''_1 = 0{,}667$$

Observação: os valores de y são positivos pois a curva é de depressão.

	Estaca	Rampa na tangente	Cota na tangente	(+) y	Cota na curva
	182		428,440	—	428,440
	183	−0,8 %	428,280	0,060	428,340
	184		428,120	0,240	428,360
	185		427,960	0,540	428,500
vértice	186	—	427,800	0,960	428,760
	187		428,440	0,667	429,107
	188	+3,2 %	429,080	0,427	429,507
	189		429,720	0,240	429,960
	190		430,360	0,107	430,467
	191		431,000	0,027	431,027
	192		431,640	—	431,640

EXERCÍCIO 121

Preparar a tabela.

$r_1 = +4{,}4\,\%$ $r_2 = +0{,}8\,\%$ $l_1 = 60$ m em cordas de 20 m

EV = 408 + 0,00 $l_2 = 40$ m em cordas de 20 m

Cota da EV = 341,920 m

$$e = \frac{l_1 l_2 \text{(diferença de rampas)}}{2L} = \frac{60 \times 40 \times 3{,}6}{2 \times 100 \times 100} = 0{,}432 \text{ m}$$

$$y'_1 = \frac{e}{n_1^2} = \frac{0{,}432}{3^2} = 0{,}048 \qquad y'_2 = 4 \times 0{,}048 = 0{,}192$$

$$y''_1 = \frac{e}{n_2^2} = \frac{0{,}432}{4} = 0{,}108$$

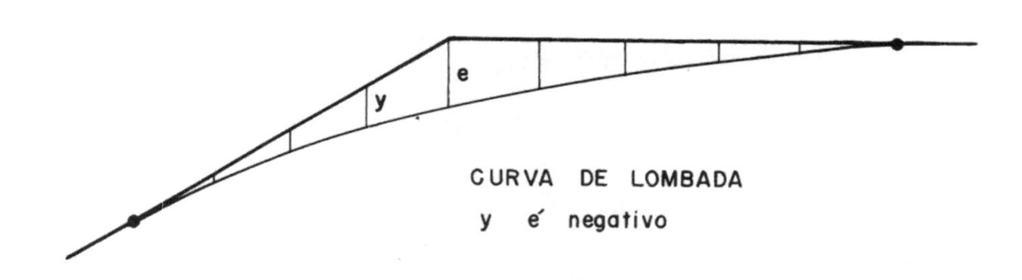

	Estaca	Rampa na tangente	Cota na tangente	(−) y	Cota na curva
	405		339,280	—	339,280
	406	+4,4 %	340,160	0,048	340,112
	407		341,040	0,192	340,848
vértice	408	—	341,920	0,432	341,488
	409	+0,8 %	342,080	0,108	342,972
	410		342,240	—	342,240

EXERCÍCIO 121a

Fazer a tabela para curva vertical de depressão (côncava) com cordas de 20 m.
Estaca inicial = 36 + 10 m Cota E.I. = 78,340 m
Estaca do vértice = 41 + 10 m Cota E.V. = 72,940 m
Estaca final = 45 + 10 m Diferença de rampa = 10%

Solução

Comprimento do 1.° trecho = l_1 = (41 + 10 m) – (36 + 10 m) = 5 estacas = = 100 m.

Comprimento do 2.° trecho = l_2 = (45 + 10 m) – (41 + 10 m) = 4 estacas = = 80 m.

$$\text{Rampa inicial} = r_1 = \frac{72{,}940 - 78{,}340}{100} 100 = -5{,}4\%.$$

Rampa final = –5,4% – (–10%) = +4,6%.

$$e = \frac{\text{dif. rampa} \times l_1 \times l_2}{2L} = \frac{10 \times 100 \times 80}{100 \times 2 \times 180} = 2{,}22222 \text{ m}$$

$$n_1 = \frac{100}{20} = 5 \text{ cordas} \qquad n_2 = \frac{80}{20} = 4 \text{ cordas}$$

$$y'_1 = \frac{e}{n_1^2} = \frac{2{,}2222}{5^2} = 0{,}08888 \simeq 0{,}089$$

$$y'_2 = 4y'_1 = 0{,}356 \text{ m} \qquad y''_1 = \frac{2{,}22222}{4^2} = 0{,}13888 \simeq 0{,}139$$

$$y'_3 = 9y'_1 = 0{,}800 \text{ m} \qquad y''_2 = 4y''_1 = 0{,}556$$

$$y'_4 = 16y'_1 = 1{,}422 \text{ m} \qquad y''_3 = 9y''_1 = 1{,}250$$

	Estaca	Rampa na tangente	Cota na tangente	(+) y	Cota na curva
E.I.	36 + 10 m	↓	78,340	—	78,340
	37 + 10 m		77,260	0,089	77,349
	38 + 10 m	– 5,4%	76,180	0,356	76,536
	39 + 10 m		75,100	0,800	75,900
	40 + 10 m		74,020	1,422	75,442
E.V.	41 + 10 m	—	72,940	2,222	75,162
	42 + 10 m	↓	73,860	1,250	75,110
	43 + 10 m	+4,6%	74,780	0,556	75,336
	44 + 10 m		75,700	0,139	75,839
	45 + 10 m		76,620	—	76,620

EXERCÍCIO 121b

Preparar a tabela da curva vertical com cordas de 10 m.

Estaca inicial = 25 + 10,00 m: cota = 104,320 m.
Estaca do vértice = 29 + 0,00 m: cota = 107,960 m.
Estaca final = 31 + 10,00 m: cota = 105,560 m.

Solução:

1.° trecho (29 + 0,00) – (25 + 10,00 m) = 3 + 10,00 m = 70 m = l_1 $\therefore$ $n_1 = 7$
2.° trecho (31 + 10,00) – (29 + 0,00 m) = 2 + 10,00 m = 50 m = l_2 $\therefore$ $n_2 = 5$

rampa inicial $= r_1 = (107{,}960 - 104{,}320)\,\dfrac{100}{70} = +\,5{,}2\,\%$ $\quad L = l_1 + l_2 = 120$ m

rampa final $= r_2 = (105{,}560 - 107{,}960)\,\dfrac{100}{50} = -\,4{,}8\,\%$

$$e = \frac{\text{dif. rampas} \times l_1 \times l_2}{2 \times L} = \frac{10 \times 70 \times 50}{100 \times 2 \times 120} = 1{,}45833 \text{ m}$$

$y'_1 = \dfrac{e}{n_1^2} = \dfrac{1{,}45833}{7^2} = 0{,}0297 \simeq 0{,}030$ $\quad y'_2 = 4y'_1 = 0{,}119$ $\quad y'_3 = 9y'_1 = 0{,}268$

$y'_4 = 16y'_1 = 0{,}476$ $\quad y'_5 = 25y'_1 = 0{,}744$ $\quad y'_6 = 36y'_1 = 1{,}071$

$y''_1 = \dfrac{e}{n_2^2} = \dfrac{1{,}45833}{5^2} = 0{,}05833 \simeq 0{,}058$ $\quad y''_2 = 4y''_1 = 0{,}233$

$y''_3 = 9y''_1 = 0{,}525$ $\quad y''_4 = 16y''_1 = 0{,}933.$

	Estaca	Rampa na tangente	Cota na tangente	(–) y	Cota na curva
EI	25 + 10 m	↓ +5,2 %	104,320	—	104,320
	26		104,840	0,030	104,810
	26 + 10 m		105,360	0,119	105,241
	27		105,880	0,268	105,612
	27 + 10 m		106,400	0,476	105,924
	28		106,920	0,744	106,176
	28 + 10 m		107,440	1,071	106,369
EV	29	—	107,960	1,458	106,502
	29 + 10 m	↓ –4,8 %	107,480	0,933	106,547
	30		107,000	0,525	106,475
	30 + 10 m		106,520	0,233	106,287
	31		106,040	0,058	105,592
	31 + 10 m		105,560	—	105,560

superelevação nas curvas

W = peso do veículo
F = força centrífuga

$$\frac{v}{h} = e = \text{superelevação} = \text{tg}\,\alpha$$

$$F = \frac{Wv^2}{gR}$$

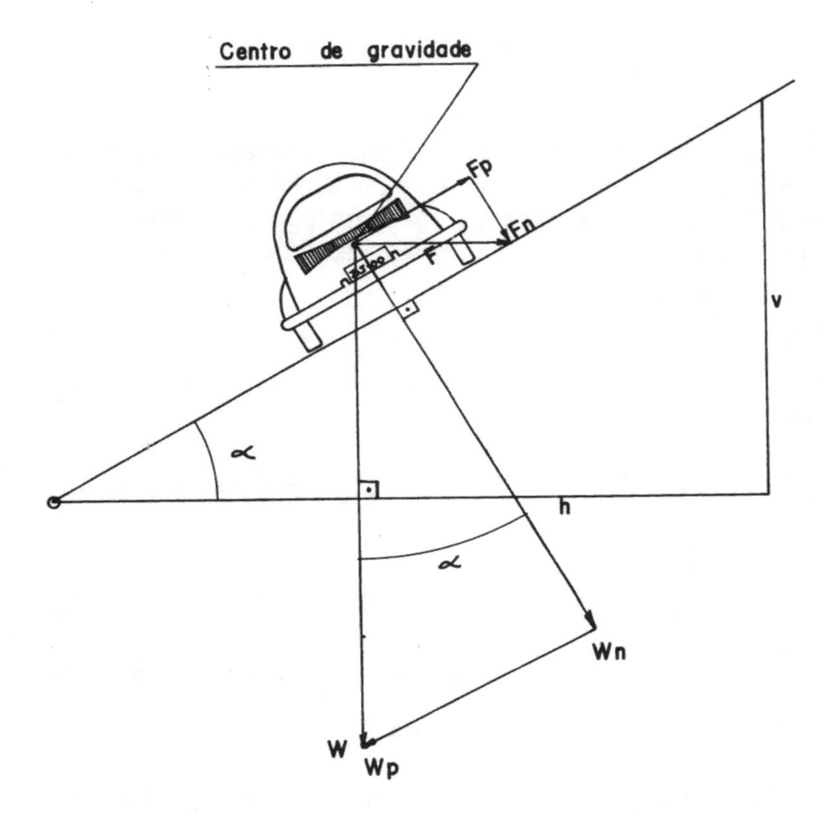

para haver equilíbrio temos que $Fp = Wp$.

$Fp = F\cos\alpha$ $\qquad$ $Wp = W\,\text{sen}\,\alpha$

$$\therefore \quad F\cos\alpha = W\,\text{sen}\,\alpha$$

$$\therefore \quad \frac{\text{sen}\,\alpha}{\cos\alpha} = \text{tg}\,\alpha = e = \frac{F}{W} = \frac{\frac{Wv^2}{gR}}{W}$$

$$\therefore \quad \boxed{e = \frac{v^2}{gR}}$$

esta equação no entanto, não leva em consideração o atrito dos pneus com o pavimento. Portanto, se considerarmos este atrito, a superelevação poderá ser diminuída. Consi-

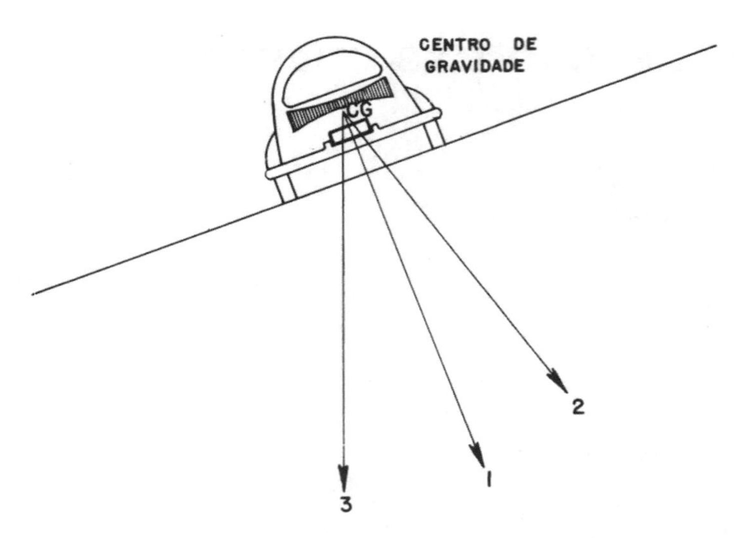

derando o atrito, poderemos ter 3 hipóteses, conforme a figura. Hipótese 1: Wp = Fp e a resultante 1 será perpendicular ao pavimento. Hipótese 2: Fp > Wp e a força centrífuga vence. Hipótese 3: Wp > Fp e haverá força centrípeta. Quando Wp é diferente de Fp haverá uma força f centrífuga ou centrípeta, onde

$$f = \frac{Fp - Wp}{Fn + Wn} = \frac{F \cos \alpha - W \operatorname{sen} \alpha}{F \operatorname{sen} \alpha + W \cos \alpha}$$

sabendo-se que α é sempre um ângulo muito pequeno e também a força F em comparação com W, podemos considerar F sen $\alpha = 0$

$$\therefore \quad f = \frac{F \cos \alpha - W \operatorname{sen} \alpha}{W \cos \alpha} = \frac{F}{W} - \operatorname{tg} \alpha \quad \text{mas} \quad \frac{F}{W} = \frac{v^2}{gR} \quad \text{e} \quad \operatorname{tg} \alpha = e$$

$$\therefore \quad f = \frac{v^2}{gR} - e \quad \therefore \quad e = \frac{v^2}{gR} - f$$

Podemos pois considerar o atrito como valor f a ser subtraído da superelevação caso não houvesse atrito.

Geralmente adota-se f = 0,15 ou seja quando houver necessidade de uma superelevação de 15% em virtude de $\frac{v^2}{gR}$ nada se fará.

Quando $\frac{v^2}{gR}$ resultar 20% far-se-á apenas uma superelevação de 20 – 15 = 5% e assim por diante. O valor de f decresce com o aumento da velocidade, chegando-se a adotar f = 0,11 para velocidades acima de 120 km/h.

Fórmula básica

$$e = \frac{v^2}{gR} - f$$

Onde *e* = superelevação necessária para assegurar estabilidade
v = velocidade do veículo em m/s
g = aceleração da gravidade (pode-se aproximar para 10 m/s^2)
R = raio da curva horizontal
f = coeficiente de atrito (usa-se valor variando de 0,11 a 0,16)

EXERCÍCIO 122

Calcular a velocidade máxima de segurança para percorrer uma curva de raio de 400 m com superelevação de 4%. Usar $g = 10\ m/s^2$ e coeficiente de atrito = 0,15. Expressar a velocidade em km/hora.

$$e = \frac{v^2}{gR} - f \quad \therefore \quad v = \sqrt{(e + f)\,gR}$$

$$v = \sqrt{(0{,}04 + 0{,}15)10 \times 400} = \sqrt{0{,}19 \times 4.000} = \sqrt{760}.$$

$$v = 27{,}5\ m/s$$

$$27{,}5 \times \frac{3{,}600}{1{,}000} = 99\ km/h \simeq 100\ km/h$$

Resposta: **a velocidade máxima de segurança é 100 km/hora**

EXERCÍCIO 123

Determinar a velocidade limite de segurança em km/h para transpor uma curva horizontal de raio de 150 m, com superelevação de 8%. Considerar $g = 10\ m/s^2$ e atrito $f = 0{,}15$

$$v = \sqrt{(e + f)\,gR} = \sqrt{(0{,}15 + 0{,}08)10 \times 150} = \sqrt{0{,}23 \times 1.500}$$

$$v = \sqrt{345} = 18{,}6\ m/s$$

$$18{,}6\,\frac{3.600}{1.000} = 67\ km/h$$

Resposta: **a velocidade limite de segurança é 67 km/hora**

EXERCÍCIO 124

Calcular a superelevação a ser introduzida numa curva de raio de 382 m numa estrada onde a velocidade de projeto é 108 km/h. Considerar o atrito $f = 0{,}16$ e $g = 10\ m/s^2$

$$108\ km/h \times \frac{1.000}{3.600} = 30\ m/s$$

$$e = \frac{v^2}{gR} - f = \frac{30^2}{10 \times 382} - 0{,}16 = 0{,}235 - 0{,}160$$

$$e = 0{,}075 \quad \text{ou} \quad 7{,}5\%$$

Resposta: **a superelevação deverá ser 7,5%**

EXERCÍCIO 125

Calcular a velocidade máxima a ser sinalizada numa curva de raio de 174 m construída com a superelevação de 8%. Coeficiente de atrito: 0,15 e aceleração da gravidade g: $10\ m/s^2$. Considerar que a velocidade de projeto é 10% maior do que a velocidade sinalizada. 8% = 0,08

$$\text{Superelevação} = e = \frac{v^2}{gR} - f \quad \therefore \quad v = \sqrt{gR(f + e)}$$

$$v = \sqrt{10 \times 174(0{,}15 + 0{,}08)} \qquad v = \sqrt{400{,}2} = 20\ m/s$$

$$\text{Velocidade em km/h: } 20 \times \frac{3.600}{1.000} = 72\ km/h$$

$$\text{Velocidade a ser sinalizada: } v_1 = \frac{v}{1{,}1} = \frac{7{,}2}{11} \cong \mathbf{65\ km/h}$$

EXERCÍCIO 126

Calcular a superelevação necessária numa curva de grau 3 para uma velocidade de 108 km/h considerando $f = 0{,}15$ (coeficiente de atrito) e $g = 10\ m/s^2$.

$$108\ \text{km/h} \times \frac{1.000}{3.600} = 30\ \text{m/s} \qquad R = \frac{1.146}{3^\circ} = 382\ \text{m}$$

$$e = \frac{v^2}{gR} - f = \frac{30^2}{10 \times 3{,}82} - 0{,}15 = 0{,}2356 - 0{,}15 = 0{,}0856$$

Superelevação = **8,56%**

EXERCÍCIO 127

Para um projeto de auto-estrada (*highway; autobahn*) que se deseja permitir velocidade livre, isto é, não haverá limite de velocidade, *determinar o raio mínimo de curva a ser adotado para que as superelevações não excedam 2%*.

Observação: considerar no cálculo que os atuais veículos de passageiros, tem o limite de 220 km/h. $f = 0{,}11$ $g = 10\ m/s^2$

$$v = 220\ \text{km/h} \times \frac{1.000}{3.600} \cong 60\ \text{m/s}$$

$$e = \frac{v^2}{gR} - f \quad \therefore \quad R = \frac{v^2}{g(e+f)} = \frac{60^2}{10(0{,}02 + 0{,}11)} = \frac{3.600}{10 \times 0{,}13}$$

$$R = \frac{3.600}{1{,}3} = 2{,}769{,}23\ \text{m} \sim \mathbf{2.800\ m}$$

EXERCÍCIO 128

Supondo que a velocidade de projeto da Rodovia Castelo Branco tenha sido 140 km/hora, *calcular o raio mínimo de curva para não haver necessidade de superelevação nas curvas*, e portanto não haver necessidade de espiral de transição.

$f = 0{,}11$ $g = 10\ m/s^2$ $e = 0\%$

$$140\ \text{km/h} \times \frac{1.000}{3.600} = 38{,}88\ \text{m/s} \sim 40\ \text{m/s}$$

$$R = \frac{v^2}{g(e+f)} = \frac{40^2}{10(0 + 0{,}11)} = \frac{1.600}{1{,}1} = \mathbf{1.454{,}54\ m \cong 1.450\ m}$$

EXERCÍCIO 129

Nas mesmas condições do exercício anterior, *considerando que o raio mínimo adotado tenha sido de 600 m qual o coeficiente de atrito que teria sido usado?*

(e = zero) não há superelevação

$$f = \frac{v^2}{gR} - e = \frac{40^2}{10 \times 600} - 0 = \frac{1.600}{6.000} = \mathbf{0{,}266 = 26{,}6\%}$$

observação: valor inaceitavel de f

espiral de transição

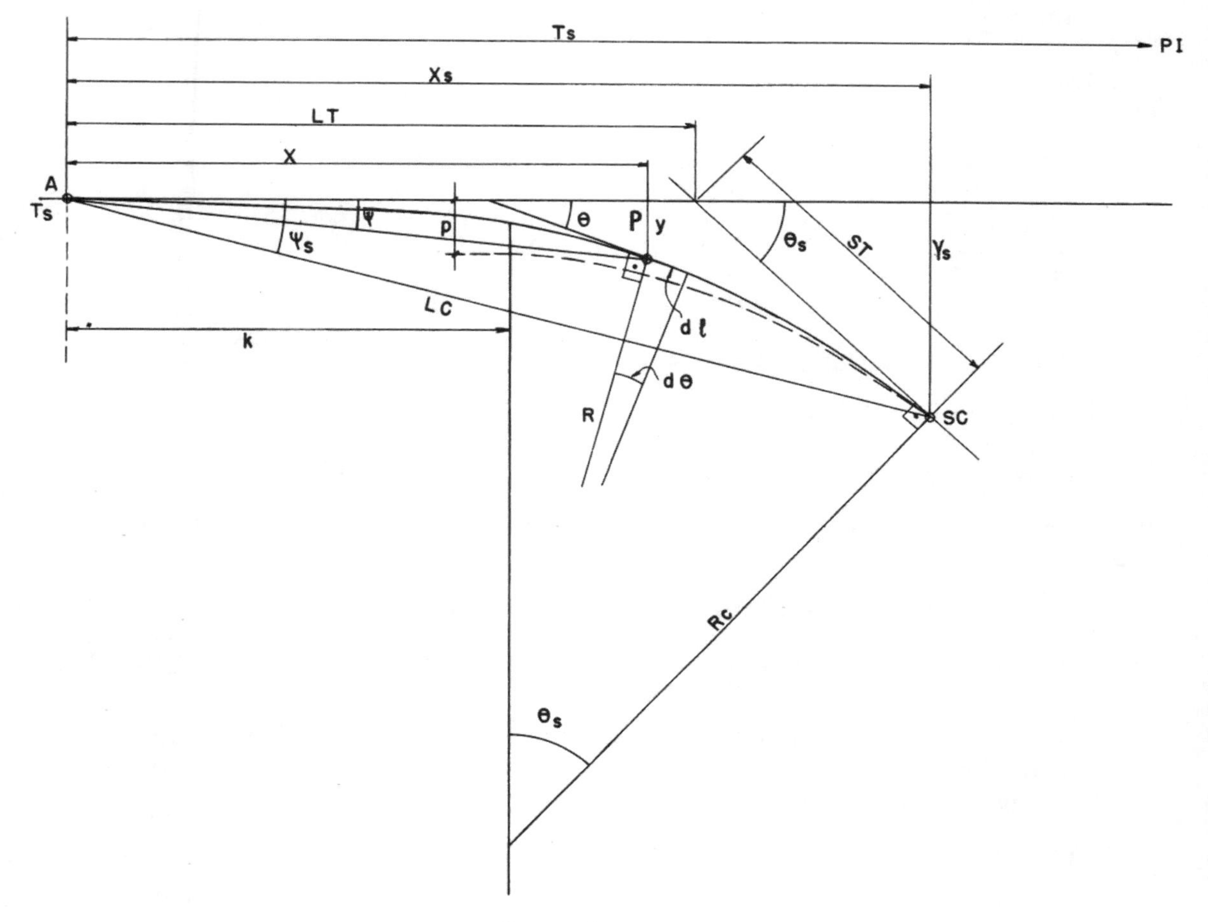

Legenda

Ts = tangente da espiral
LT = tangente longa
ST = tangente curta
LC = corda longa
Xs e Ys = tangente-espiral
TS = tangente-espiral
SC = espiral-curva circular
θs = Ângulo da espiral

$Rl = K = \text{constante}$

em SC $l = ls$ e $R = Rc$

$\therefore \quad K = Rcls$

$$R = \frac{Rcls}{l}$$

$$d\theta = \frac{dl}{R} \quad \therefore \quad d\theta = \frac{l\,dl}{Rcls}$$

$$\therefore \quad \theta = \frac{l^2}{2Rcls}$$

$$\theta s = \frac{ls^2}{2Rcls} = \frac{ls}{2Rc} \text{ para } \theta s \text{ medido em radianos}$$

Para exprimir θs em graus devemos multiplicar por 57,29573 e substituindo

$$Rc = \frac{3.600}{\pi Dc} \qquad \theta s = \frac{ls \times 57{,}29573 \times \pi Dc}{2 \times 3.600}$$

temos

$$\theta s = \frac{lsDc}{40} \qquad \text{pois: } \frac{57{,}29573 \times 3{,}14159265}{2 \times 3.600} = \frac{1}{40}$$

$$\frac{\theta}{\theta s} = \frac{\frac{l^2}{2Rcls}}{\frac{ls^2}{2Rcls}} \quad \therefore \quad \frac{\theta}{\theta s} = \frac{l^2}{ls^2} \quad \therefore \quad \theta = \theta s\left(\frac{l}{ls}\right)^2$$

$$\psi = \frac{\theta}{3} \quad Ts = (Rc + p)\,tg\frac{\Delta}{2} + k \quad p = \frac{ls^2}{24Rc} \quad k = ls\left(\frac{1}{2} - \frac{\theta s^2}{60}\right)$$

onde θs entra em radianos

$$\psi s = \frac{\theta s}{3} \text{ portanto deflexão para tocar o ponto P é } \psi = \left(\frac{l}{ls}\right)^2 \frac{\theta s}{3}$$

Para se adotar o comprimento l_s da espiral, podemos empregar a seguinte fórmula:

$$l_s = \frac{v^3}{bR} \text{ onde v é a velocidade do projeto em m/s}$$

b = variação da aceleração centrípeta, considerada razoável para segurança e conforto, e R, raio da curva circular.

A tecnologia internacional considera que b deve ser de 1 pé por segundo ao cubo para ferrovias, e de 1,65 a 2 pés por segundo ao cubo para rodovias, ou seja 0,3 m/s^3 para ferrovias e de 0,50 a 0,61 m/s^3 para rodovias.

$$\text{portanto } l_s = \frac{v^3}{(0{,}5 \text{ ou } 0{,}61)R} \text{ para rodovias}$$

Se quizermos entrar com V em km/h devemos multiplicar por $\left(\frac{1.000}{3.600}\right)^3$ e a fórmula ficará $l_s = (0{,}035 \text{ ou } 0{,}043)\,\frac{V^3}{R}$

Em nossos exercícios usaremos $l_s = \frac{v^3}{0{,}5R}$, arredondando-se os valores para múltiplos de 20 m, fórmulas aproximadas para p e k

$$p = ls\left(\frac{\theta s}{12} - \frac{\theta s^3}{336}\right) \quad k = ls\left(\frac{1}{2} - \frac{\theta s^2}{60}\right); \ \theta s \text{ em radianos}$$

EXERCÍCIO 130

Calcular o comprimento da espiral de transição para uma curva circular de grau 3 (raio 382 m) e para uma velocidade de projeto = 108 km/h.

$$108 \text{ km/h} \times \frac{1.000}{3.600} = 30 \text{ m/s}$$

$$ls = \frac{v^3}{0{,}5R} = \frac{30^3}{0{,}5 \times 382} = \frac{27.000}{191} = 141{,}36$$

adota-se ls = **140 m = comprimento da espiral**

EXERCÍCIO 131

Velocidade de projeto: 108 km/h
grau da curva circular: 3° 24′

a) *verificar se há necessidade de espiral de transição.*
b) *se houver, calcular ls e a deflexão para locar uma estaca colocada a 40 m do TS.*

$f = 0{,}15 \qquad g = 10\ m/s^2$

$D = 3°\,24' = 3°{,}4 \qquad R = \dfrac{1.146}{3{,}4} = 337\ m$

$108\ km/h \times \dfrac{1.000}{3.600} = 30\ m/s$

$e = \dfrac{v^2}{gR} - f = \dfrac{30^2}{10 \times 337} - 0{,}15 = \dfrac{900}{3.370} - 0{,}15 = 0{,}117$

$e = 11{,}7\%$ portanto há necessidade de superelevação e necessidade de espiral de transição

$ls = \dfrac{v^3}{0{,}5R} = \dfrac{30^3}{0{,}5 \times 337} = \dfrac{27.000}{168{,}5} = 160{,}2 \quad ls = \mathbf{160\ m}$

$\theta s = \dfrac{lsDc}{40} = \dfrac{160 \times 3{,}4}{40} = 13°{,}6 = \mathbf{13°\,36'}$

$\psi = \left(\dfrac{1}{ls}\right)^2 \dfrac{\theta s}{3} = \left(\dfrac{40}{160}\right)^2 \dfrac{13{,}6}{3} = \left(\dfrac{1}{4}\right)^2 \dfrac{13{,}6}{3} = \dfrac{13{,}6}{16 \times 3} = \dfrac{13{,}6}{48} = 0°{,}28333$

$\psi = 16'{,}9999 \sim 17' \qquad \psi = \mathbf{0^0\,17'}$

EXERCÍCIO 132

Preparar a tabela de locação para espiral de transição com os seguintes dados:

Ângulo entre as 2 tangentes Δ: 32°
Grau da curva circular: D = 3°
Velocidade de projeto: 108 km/h
O comprimento da espiral deve ser arredondado para o múltiplo de 20 m mais próximo.

Estaca do PI: 1.115 + 7,40 m $\qquad 108 \times \dfrac{1.000}{3.600} = 30\ m/s$

$ls = \dfrac{v^3}{0{,}5R} = \dfrac{27.000}{0{,}5 \times 382} = 141{,}36 \sim 140\ m \qquad R = \dfrac{1.146}{3} = 382\ m$

$\theta s = \dfrac{lsDc}{40} = \dfrac{140 \times 3°}{40} = 10{,}5 = 10°\,30'$

$Ts = (Rc + p)\,tg\dfrac{\Delta}{2} + R$

Os valores p e k obtidos nas tabelas em função de θs e ls: p = 2,14 $\quad$ k = 69,92

$Ts = (382{,}00 + 2{,}14)\,tg\dfrac{32}{2} + 69{,}92 = 110{,}15 + 69{,}92 = 180{,}07$

Estaca do TS: Estaca do PI − Ts = (1,115 + 7,40) − (9 + 0,07)
Estaca SC = 1,106 + 7,33 + 7 = 1,113 + 7,33

	Estaca	l	$\frac{l}{ls}$	$\left(\frac{l}{ls}\right)^2$	Deflexão
TS	1,106 + 7,33	—	—	—	—
	1,107	12,67	0,0905	0,0082	0° 01',722
	1,108	32,67	0,2333	0,0544	0° 11',424
	1,109	52,67	0,3762	0,1415	0° 29',715
	1,110	72,67	0,5190	0,2694	0° 56',574
	1,111	92,67	0,6619	0,4381	1° 32',001
	1,112	112,67	0,8047	0,6475	2° 15',975
	1,113	132,67	0,9476	0,8979	3° 08',559
SC	1,113 + 7,33	140,00	1	1	3° 30'

As deflexões foram calculadas:

$$\psi = \left(\frac{1}{\text{ls}}\right)^2 \times \frac{\theta s}{3} = \left(\frac{1}{\text{ls}}\right)^2 \times \frac{10,5}{3} = \left(\frac{1}{\text{ls}}\right)^2 3°,5$$

EXERCÍCIO 133

Preparar a tabela para espiral de transição:

Velocidade do projeto: 120 km/h $D_c = 2°,4$

120 km/h = 33,33 m/s. $R = \frac{1.146}{2,4} = 477,50$

Estaca do PI: 451 + 12,65 $\Delta = 36°$

a) verificar se há necessidade de superelevação:

$$e = \frac{v^2}{gR} - f = \frac{33,33^{-2}}{10 \times 477,5} - 0,15 = 0,0826 \rightarrow 8\%$$

já que há necessidade de superelevação também existe necessidade de espiral de transição.

b) escolha do ls = comprimento da espiral

$$\text{ls} = \frac{v^3}{0,5R} = \frac{33,33^{-3}}{0,5 \times 477,5} = 155,12$$

adota-se 160 m por ser múltiplo de 20 m ls = 160 m

c) cálculo de θs

$$\theta s = \frac{\text{lsDc}}{40} = \frac{160 \times 2,4}{40} = 9°,6 = 9°\ 36'$$

d) obtenção dos valores p e k na tabela 12 entrando ls e θs

para 9° 30' p = 1,38036 k = 49,95422

„ 9° 40' p = 1,40453 k = 49,95260

interpolando para 9° 36' p = 1,39486 k = 49,95325 porém esses valores são para ls = 100 para ls = 160 m temos p = 2,23 k = 79,93

e) cálculo de Ts

$$Ts = (Rc + p)\,\text{tg}\frac{\Delta}{2} + k = (477,50 + 2,23)\,\text{tg}\frac{36°}{2} + 79,93 = 235,80\text{ m}$$

o mesmo valor de Ts vindo da tabela 15, em função de ls, θs e Δ:

θs	9°	10°
ls	1.800	2.000
Δ	2.768,56	2.870,08

Interpolando para 9°,6

Ts = 2.829,47 p/ ls = 1.920

$\therefore$ $Ts = 2.829{,}47 \dfrac{160}{1.920} = 235{,}79$

Cálculo dos estaqueamentos

$I = \Delta - 2\theta s = 36° \times 2 \times 9° 36' = 16{,}8 = 16° 48'$

$C = \dfrac{I}{Dc} 20 = \dfrac{16{,}8}{2{,}4} 20 = 140 \text{ m.}$

Estaca do PI	=	451 + 12,65 m
− Ts	=	11 + 15,80 m
Estaca do TS	=	439 + 16,85 m
+ ls	=	8 + 0,00
Estaca do SC	=	447 + 16,85 m
+ C	=	7 + 0,00
Estaca do CS	=	454 + 16,85 m
+ ls	=	8 + 0,00
Estaca do ST	=	462 + 16,85 m

$\dfrac{\theta s}{3} = \dfrac{9°{,}6}{3} = 3°{,}2 \qquad 3°{,}2 = 192'$

	Estaca	l	$\dfrac{l}{ls}$	$\left(\dfrac{l}{ls}\right)^2$	Deflexão (em minutos)	Deflexão (em graus e minutos)
TS	439 + 16,85					
	440	3,15	0,0196875	0,0038760	0',07	0° 00',07
	441	23,15	0,1446875	0,0209340	4',02	0° 04',02
	442	43,15	0,2696875	0,0727313	13',96	0° 13',96
	443	63,15	0,3946875	0,1557782	29',91	0° 29',91
	444	83,15	0,5196875	0,2700751	51',85	0° 51',85
	445	103,15	0,6446875	0,4156220	79',80	1° 19',80
	446	123,15	0,7696875	0,5924188	113',74	1° 53',74
	447	143,15	0,8946875	0,8004657	153',69	2° 33',69
	447 + 16,85	160,00	1	1	192',00	3° 12',00

x 3,°2 →

EXERCÍCIO 133a

Calcular a superelevação na curva circular e a deflexão para locar a estaca 42 na espiral de transição.

Velocidade do projeto = 100 k/h. Estaca TS = 38 + 8,40 m

Grau da curva circular = D_c = 2,60 grd atrito = f = 0,12

Comprimento da espiral = l_s = 100 m

Solução

$R_c = \dfrac{4\,000}{\pi D_c} = 489{,}7075 \text{ m} \quad v = \dfrac{100}{3{,}6} = 27{,}778 \text{ m/s}$

$e = \dfrac{v^2}{gR} - f = \dfrac{27{,}778^2}{10 \times 489{,}71} - 0{,}12 = 0{,}0376 \rightarrow 3{,}76\%$

$\theta_s = \dfrac{l_s D_c}{40} = \dfrac{100 \times 2{,}60}{40} = 6{,}50 \text{ grd}$

$l = (42 + 0{,}00) - (38 + 8{,}40) = 3 + 11{,}60 = 71{,}60 \text{ m}$

deflexão $\psi = \left(\dfrac{l}{l_s}\right)^2 \dfrac{\theta_s}{3} = \left(\dfrac{71{,}6}{100}\right)^2 \times \dfrac{6{,}50}{3} = 1{,}11075 \text{ grd.}$

correção prismoidal

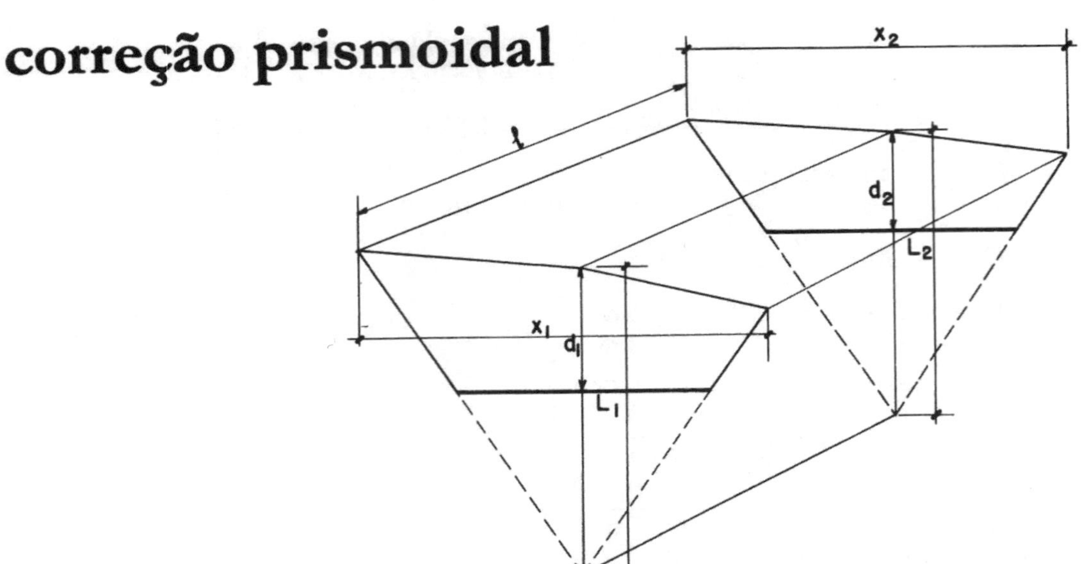

Volume por áreas médias

$$V_E = \frac{A_1 + A_2}{2} l \qquad A_1 = \frac{X_1 L_1}{2} \qquad A_2 = \frac{X_2 L_2}{2}$$

$$V_E = \frac{l}{4}(X_1 L_1 + X_2 L_2) \quad \text{multiplicando por 3} \quad V_E = \frac{l}{12}(3X_1 L_1 + 3X_2 L_2)$$

Volume pela fórmula prismoidal

$$Vp = (A_1 + 4Am + A_2)\frac{l}{6} \quad \text{onde} \quad Am = \frac{1}{2}\left(\frac{X_1 + X_2}{2}\right)\left(\frac{L_1 + L_2}{2}\right)$$

$$Vp = \left[\frac{X_1 L_1}{2} + \frac{X_2 L_2}{2} + 2\left(\frac{X_1 + X_2}{2}\right)\left(\frac{L_1 + L_2}{2}\right)\right]\frac{l}{6}$$

$$Vp = \frac{l}{12}[X_1 L_1 + X_2 L_2 + X_1 L_1 + X_1 L_2 + X_2 L_1 + X_2 L_2]$$

$$Vp = \frac{l}{12}(2X_1 L_1 + 2X_2 L_2 + X_1 L_2 + X_2 L_1)$$

$$V_E - Vp = \frac{l}{12}(3X_1 L_1 + 3X_2 L_2 - 2X_1 L_1 - 2X_2 L_2 - X_1 L_2 - X_2 L_1)$$

$$V_E - Vp = \frac{l}{12}(X_1 L_1 + X_2 L_2 - X_1 L_2 - X_2 L_1)$$

$$V_E - Vp = \frac{l}{12}[(X_1 - X_2)(L_1 - L_2)]$$

Na figura vemos que $L_1 - L_2 = d_1 - d_2$ e a diferença $V_E - Vp$ é chamada de Cp = correção prismoidal:

$$Cp = \frac{l}{12}[(X_1 - X_2)(d_1 - d_2)]$$

Observação: quando a correção prismoidal (Cp) resultar positiva, o volume pela fórmula prismoidal será sempre menor que o volume pela fórmula das áreas extremas, isto é,

$$Vp = V_E - Cp$$

EXERCÍCIO 134

a) *Calcular o volume pela fórmula das áreas médias entre as seções 21 e 22 cujos dados são fornecidos a seguir;* b) *calcular a correção prismoidal;* c) *calcular o volume pela fórmula prismoidal*

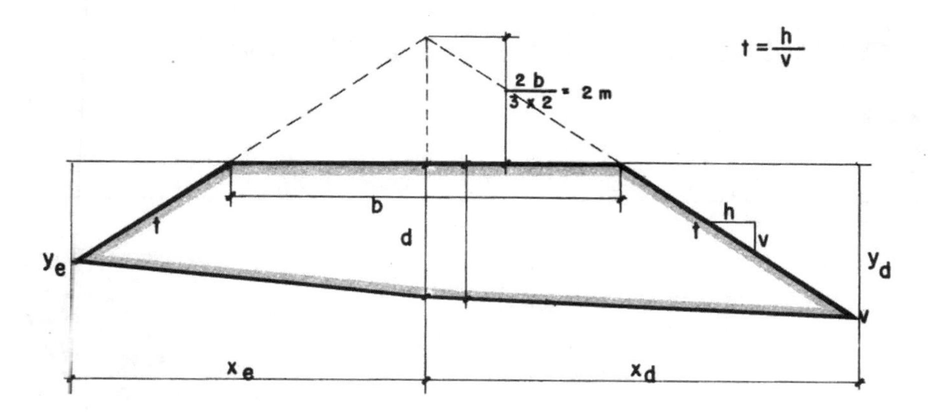

Dados gerais: b = 6 m t = 3/2 l = 20 m
Dados da seção 21: d = 2,10 xd = 6,60 yd = 2,40
xe = 5,25 ye = 1,50
Dados da seção 22: d = 1,80 xd = 6,15 yd = 2,10
xe = 4,95 ye = 1,30

$$S_{21} = \frac{b}{4}\Sigma y + \frac{d}{2}\Sigma x = \frac{6}{4}3{,}90 + \frac{2{,}1}{2}11{,}85 = 18{,}2925\,m^2$$

$$S_{22} = \frac{b}{4}\Sigma y + \frac{d}{2}\Sigma x = \frac{6}{4}3{,}40 + \frac{1{,}8}{2}11{,}10 = 15{,}0900\,m^2$$

$$V_E = \frac{S_1 + S_2}{2}l = \frac{18{,}2925 + 15{,}0900}{2}20 = \mathbf{333{,}825\,m^3}$$

$X_1 = xd + xe = 11{,}85$ $d_1 = 2{,}10$
$X_2 = xd + xe = 11{,}10$ $d_2 = 1{,}80$

$$Cp = \frac{l}{12}(X_1 - X_2)(d_1 - d_2) = \frac{20}{12}(11{,}85 - 11{,}10)(2{,}10 - 1{,}80)$$

$$Cp = \frac{20}{12} \times 0{,}75 \times 0{,}3 = \mathbf{0{,}375\,m^3}$$

$V_E - Vp = Cp$
$\therefore\ Vp = V_E - Cp = 333{,}825 - 0{,}375 = \mathbf{333{,}450\,m^3}$

Respostas:

a) volume pela fórmula das áreas médias (também conhecido como "áreas extremas") $V_E = \mathbf{333{,}825\,m^3}$
b) a correção prismoidal $Cp = \mathbf{0{,}375\,m^3}$
c) o volume pela fórmula prismoidal: $Vp = \mathbf{333{,}450\,m^3}$

Somente para verificação:

$$Vp = \frac{l}{12}(2X_1L_1 + 2X_2L_1 + X_1L_2 + X_2L_1)$$

$$Vp = \frac{20}{12}(2 \times 11{,}85 \times 4{,}1 + 2 \times 11{,}1 \times 3{,}8 + 11{,}85 \times 3{,}8 + 11{,}1 \times 4{,}10) =$$
$= 453{,}450\,m^3$

Devemos subtrair: $\frac{b \times 2\,m}{2} \times 20 = \frac{6 \times 2}{2}20 = 120\,m^3$

$453{,}450 - 120 = \mathbf{333{,}450\,m^3}$

excentricidade de uma seção transversal

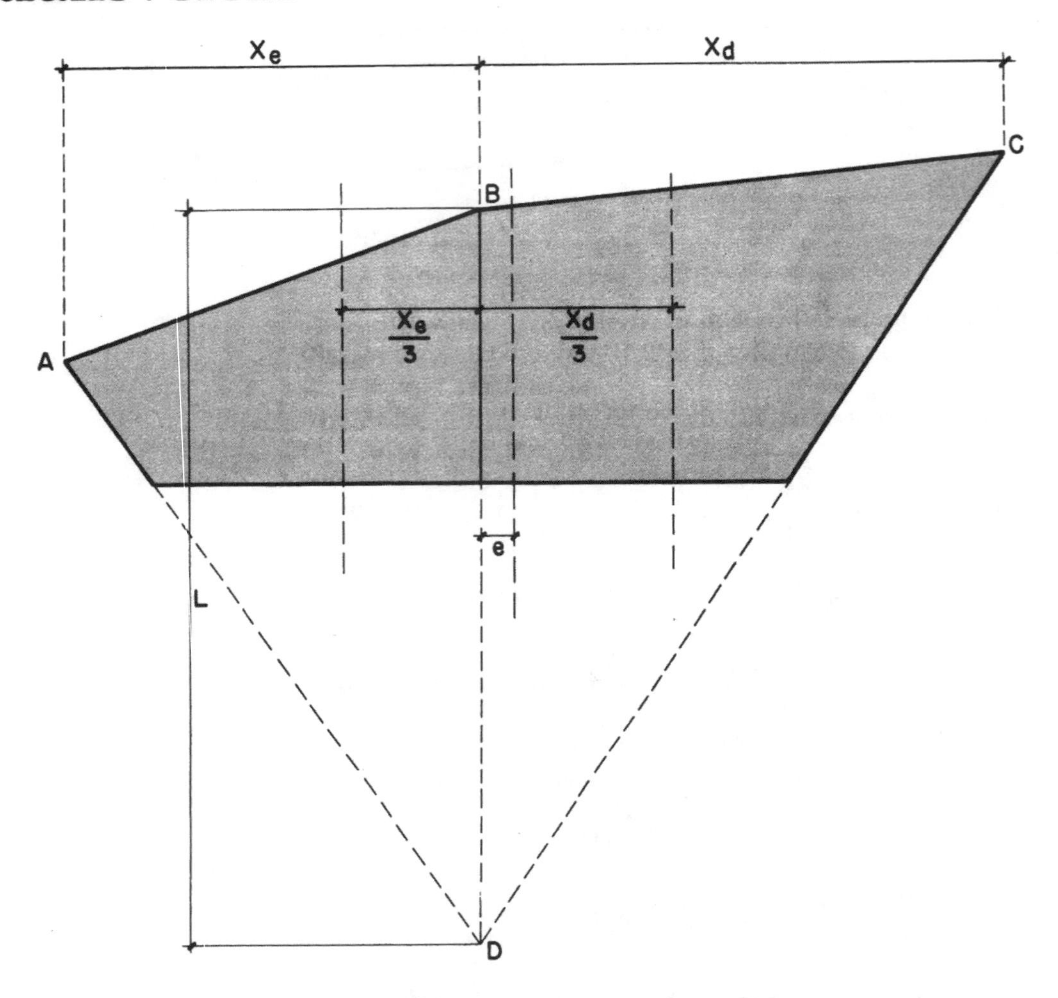

Chamando de *e* a excentricidade do centro de gravidade e fazendo momentos em torno do eixo da seção temos:

$$(xe + xd)\frac{L}{2} \cdot e = xd\frac{L}{2} \cdot \frac{xd}{3} - xe\frac{L}{2} \cdot \frac{xe}{3}$$

$$(xe + xd)e = \frac{xd^2 - xe^2}{3}$$

$$e = \frac{(xd + xe)(xd - xe)}{3(xe + xd)} \quad \therefore \quad e = \frac{xd - xe}{3}$$

Porém esta excentricidade é para a seção completa ABCDA. Para se calcular a excentricidade e_{real} somente para a área assinalada, fazemos proporcionalidade com as respectivas áreas, (proporção inversa)

$$\frac{e_{real}}{A} = \frac{e}{A_t} \quad \therefore \quad e_{real} = e\frac{A_t}{A}$$

onde A é a área assinalada e A_t é a área total

EXERCÍCIO 134

Calcular a excentricidade do centro de gravidade da seção abaixo

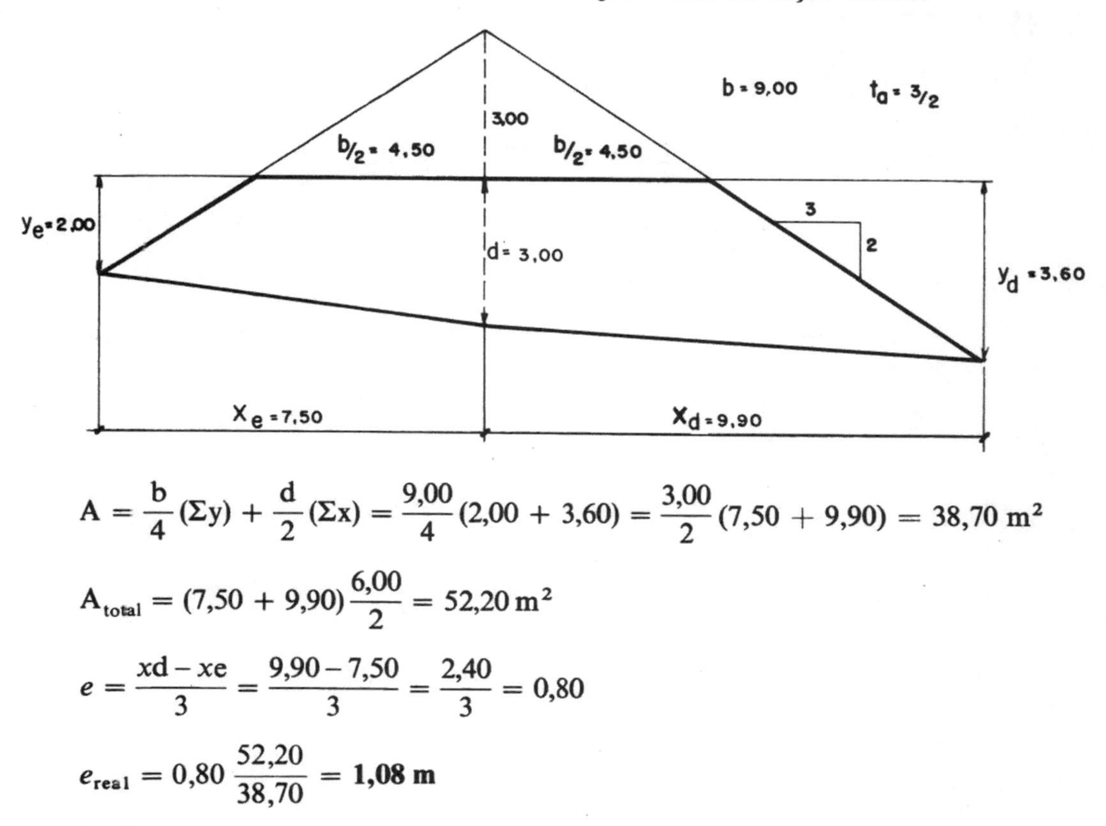

$$A = \frac{b}{4}(\Sigma y) + \frac{d}{2}(\Sigma x) = \frac{9{,}00}{4}(2{,}00 + 3{,}60) = \frac{3{,}00}{2}(7{,}50 + 9{,}90) = 38{,}70\ m^2$$

$$A_{total} = (7{,}50 + 9{,}90)\frac{6{,}00}{2} = 52{,}20\ m^2$$

$$e = \frac{xd - xe}{3} = \frac{9{,}90 - 7{,}50}{3} = \frac{2{,}40}{3} = 0{,}80$$

$$e_{real} = 0{,}80\ \frac{52{,}20}{38{,}70} = \mathbf{1{,}08\ m}$$

EXERCÍCIO 135

Calcular a excentricidade do centro de gravidade, na seção transversal abaixo.

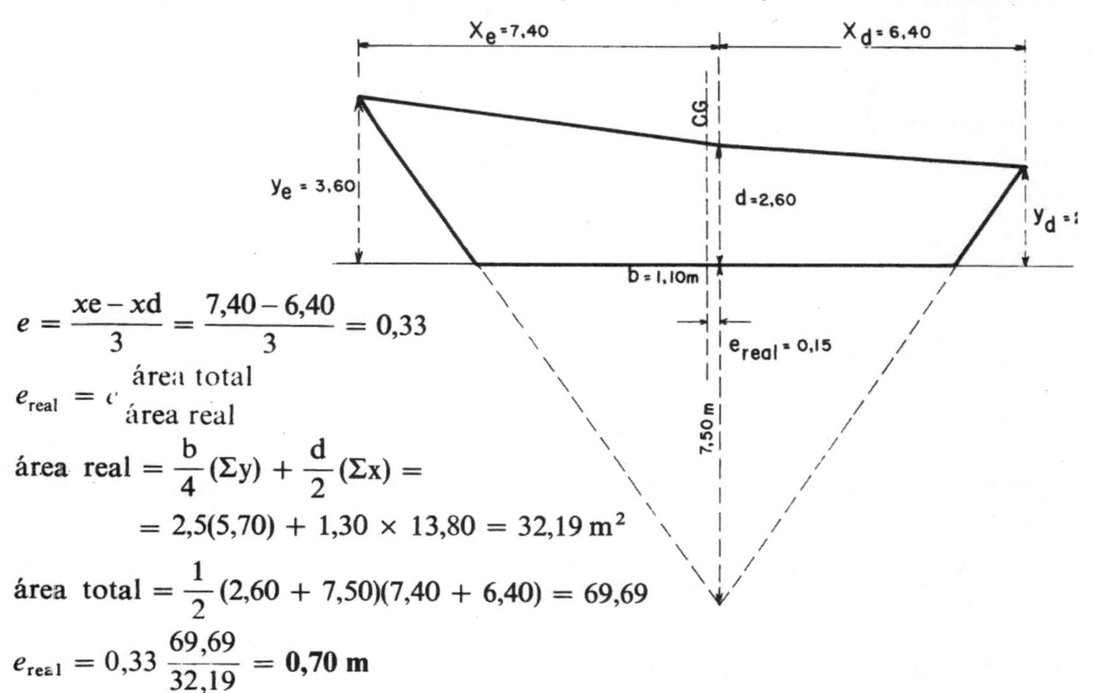

$$e = \frac{xe - xd}{3} = \frac{7{,}40 - 6{,}40}{3} = 0{,}33$$

$$e_{real} = e\ \frac{\text{área total}}{\text{área real}}$$

$$\text{área real} = \frac{b}{4}(\Sigma y) + \frac{d}{2}(\Sigma x) =$$

$$= 2{,}5(5{,}70) + 1{,}30 \times 13{,}80 = 32{,}19\ m^2$$

$$\text{área total} = \frac{1}{2}(2{,}60 + 7{,}50)(7{,}40 + 6{,}40) = 69{,}69$$

$$e_{real} = 0{,}33\ \frac{69{,}69}{32{,}19} = \mathbf{0{,}70\ m}$$

correção de volumes em trechos em curva

Volumes entre 2 seções nos trechos em curva

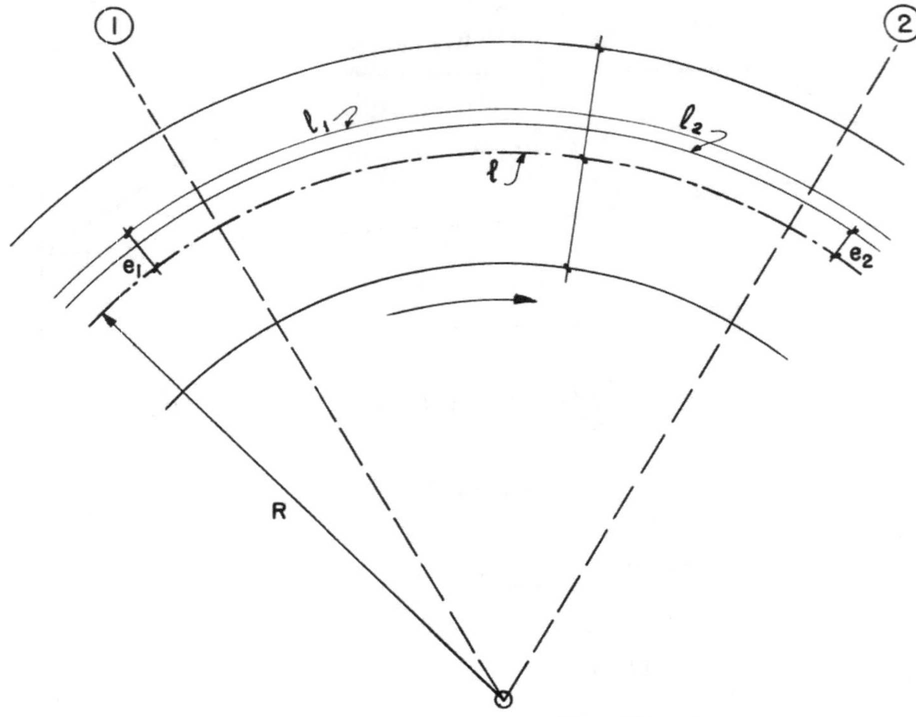

Quando calculamos a área entre 2 seções ① e ② em trechos de curva horizontal e aplicamos a fórmula das áreas extremas (área média × distância) temos

$$V = (A_1 + A_2)\frac{l}{2}.$$

Cometeremos erro porque o desenvolvimento l deverá ser do centro de gravidade e não do eixo da seção.

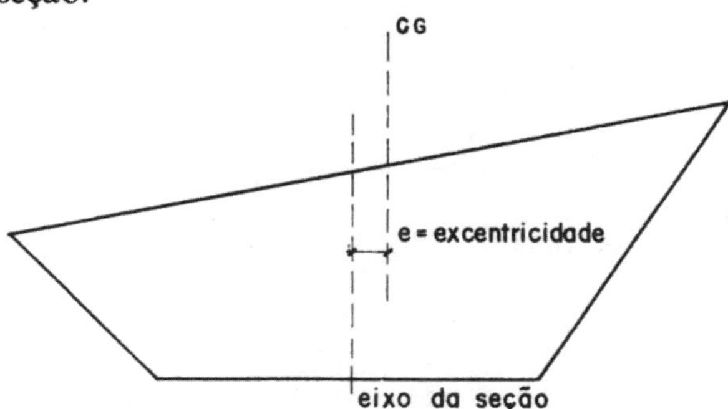

Supondo que a excentricidade e_1 da seção l fôsse constante teríamos o desenvolvimento l_1

$$\frac{l_1}{R + e_1} = \frac{l}{R} \quad \therefore \quad l_1 = l\,\frac{R + e_1}{R}$$

para a seção 2, l_2 será $l_2 = l\,\dfrac{R + e_2}{R}$

Na 1.ª hipótese, se todo o desenvolvimento permanecesse com a área A_1, o volume V_1 seria:

$$V_1 = A_1 l_1 = A_1 l \frac{R + e_1}{R}$$

e $V_2 = A_2 l_2 = A_2 l \dfrac{R + e_2}{2}$ tirando a média:

$$V = \frac{V_1 + V_2}{2} = A_1 l \frac{R + e_1}{2R} + A_2 l \frac{R + e_2}{2R}$$

$$V = \frac{l}{2R}[A_1(R + e_1) + A_2(R + e_2)]$$

se compararmos com a fórmula inicial $V = (A_1 + A_2)\dfrac{l}{2}$ fazendo a subtração das duas fórmulas temos a necessária correção.

$$C = \frac{l}{2}(A_1 + A_2) - \frac{l}{2R}[A_1(R + e_1) + A_2(R + e_2)]$$

para facilitar a simplificação:

$$C = \frac{l}{2R}(RA_1 + RA_2) - \frac{l}{2R}[A_1(R + e_1) + A_2(R + e_2)]$$

$$C = \pm \frac{l}{2R}(A_1 e_1 + A_2 e_2)$$

EXERCÍCIO 136

Calcular o volume corrigido entre as duas seções 70 e 71 num trecho em curva, cujo raio é de 200 metros; as seções são espaçadas de 20 m. Curva à direita.

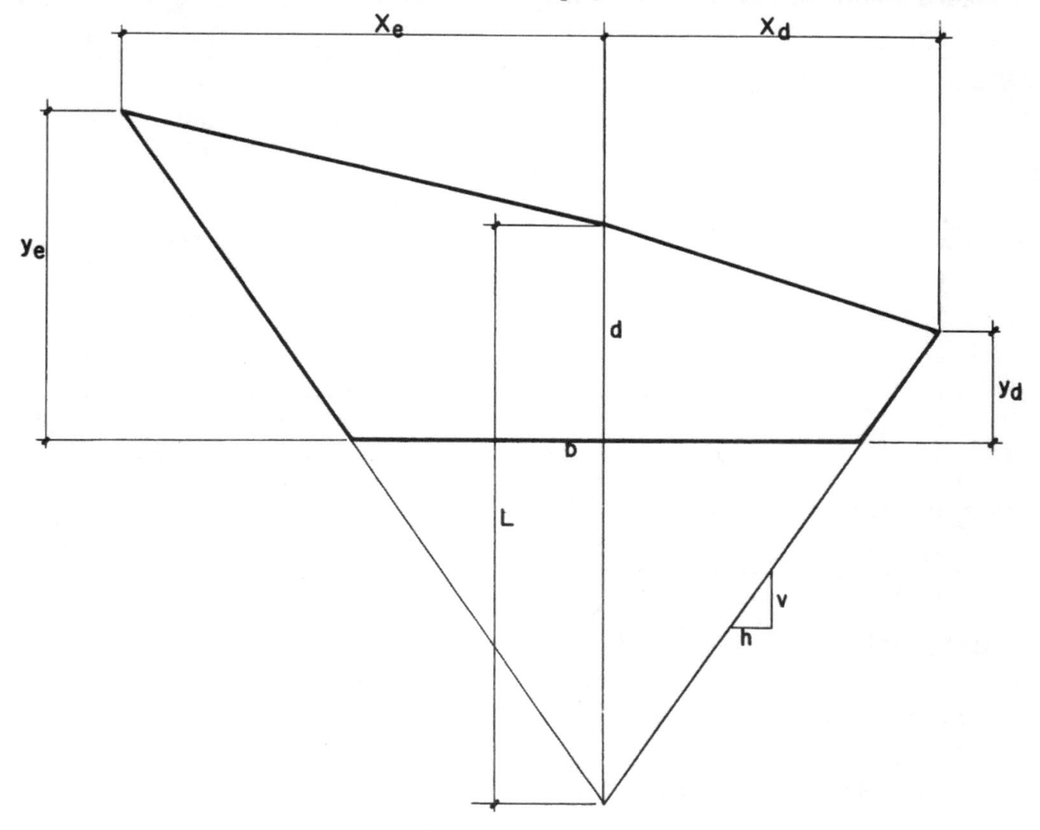

Dados da seção 70: $d_1 = 4{,}40\ m$
$xe = 9{,}40\ m$
$xd = 6{,}60\ m$

$b = 10\ m$

$t = \frac{h}{v} = \frac{2}{3}$

Dados da seção 71: $d_2 = 4{,}80$
$xe = 10{,}80$
$xd = 7{,}40$

Dados completos da seção 70, calculados a partir de:

$ye = (9{,}40 - 5{,}00)\frac{3}{2} = 6{,}60$

$yd = (6{,}60 - 5{,}00)\frac{3}{2} = 2{,}40$

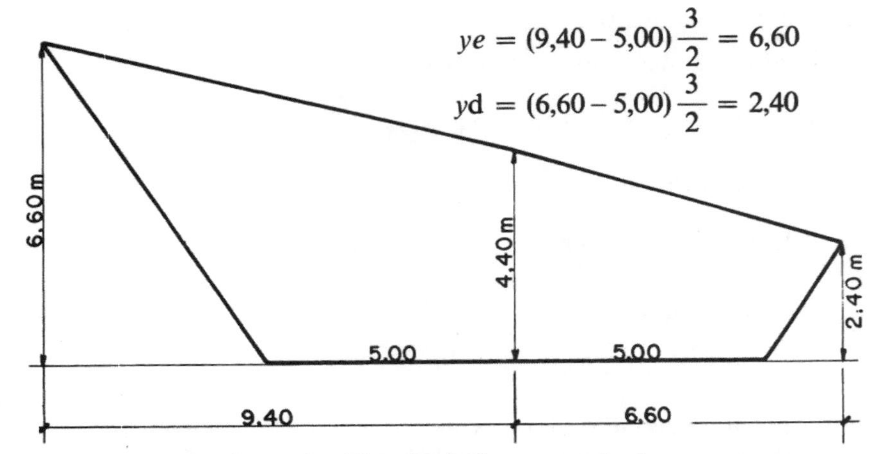

Dados completos da seção 71, calculados a partir de:

$ye = (10{,}80 - 5{,}00)\frac{3}{2} = 8{,}70$

$yd = (7{,}40 - 5{,}00)\frac{3}{2} = 3{,}60$

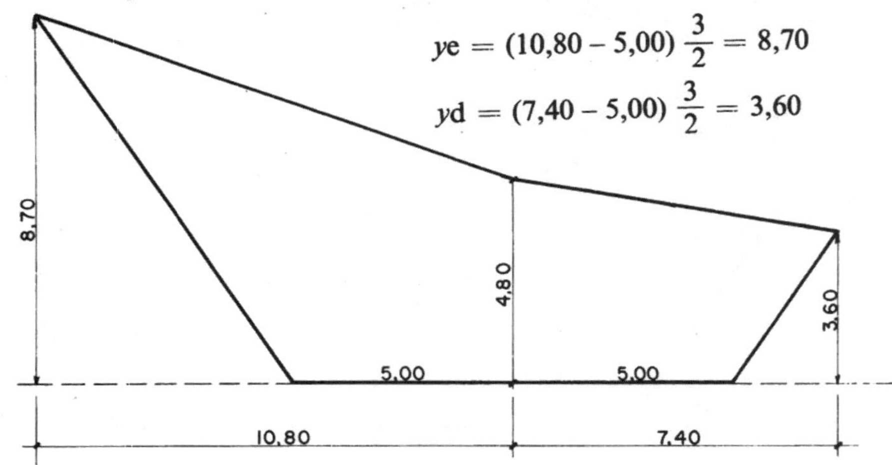

Cálculo da excentricidade na seção 70:

$$e = \frac{xe - xd}{3} = \frac{0{,}40 - 6{,}60}{3} = \frac{28}{3} = 0{,}9333$$

$$\text{Área total} = (9{,}40 + 6{,}60)(4{,}40 + 7{,}50)\frac{1}{2} = 95{,}20$$

$$\text{Área real} = 95{,}20 - (10 \times 7{,}50)\frac{1}{2} = \mathbf{57{,}70} = \mathbf{A_1}$$

$$e_1 = 0{,}9333\ \frac{95{,}2}{57{,}7} = \mathbf{1{,}54\ m}$$

Cálculo da excentricidade na seção 71:

$$e = \frac{xe - xd}{3} = \frac{10{,}80 - 7{,}40}{3} = 1{,}1333$$

$$\text{Área total} = (10{,}80 + 7{,}40)(4{,}80 + 7{,}50)\frac{1}{2} = 111{,}93$$

$$\text{Área real} = 111{,}93 - (10 \times 7{,}50)\frac{1}{2} = \mathbf{74{,}43} = \mathbf{A_2}$$

$$e_2 = 1{,}1333\ \frac{111{,}93}{74{,}43} = \mathbf{1{,}70\ m}$$

Cálculo do volume como se não houvesse excentricidade

$$V = \frac{A_1 + A_2}{2}l = \frac{57{,}70 + 74{,}43}{2}20 = \mathbf{1321{,}3\ m^3}$$

Cálculo da correção

$$C = \frac{l}{2R}(A_1 e_1 + A_2 e_2) = \frac{20}{2 \times 200}(57{,}70 \times 1{,}54 + 74{,}43 \times 1{,}70) = C = \mathbf{10{,}77\ m^3}$$

$$\text{Volume corrigido} = 1321{,}30 + 10{,}77 = \mathbf{1.332{,}07\ m^3}$$

locação dos taludes *(slope stakes)*

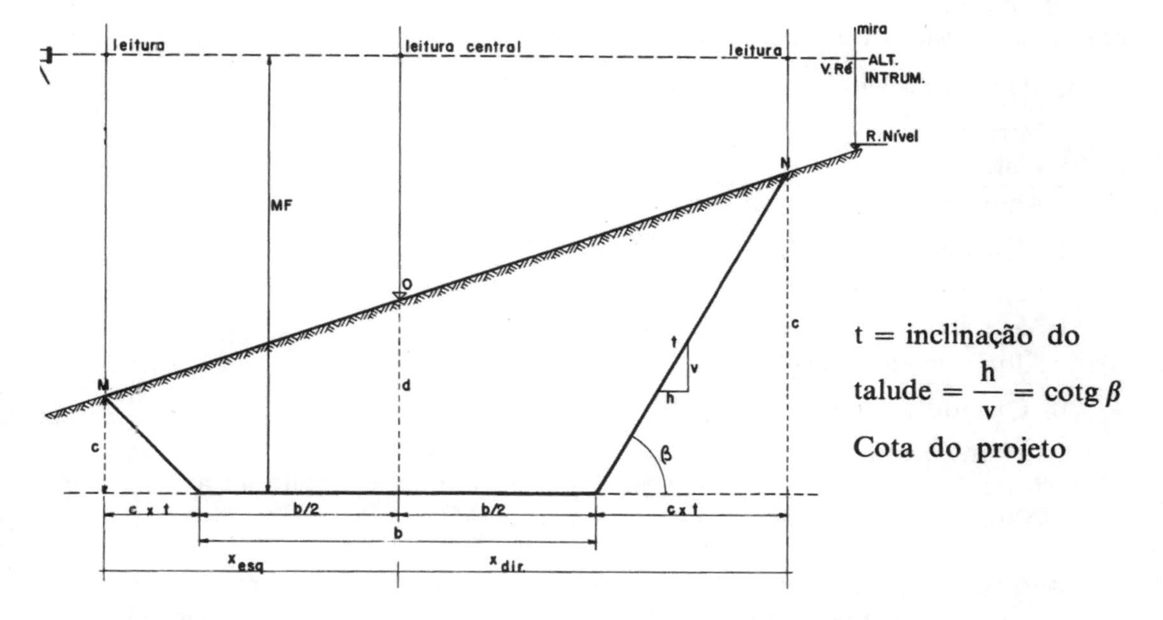

t = inclinação do talude $= \frac{h}{v} = \text{cotg}\,\beta$

Cota do projeto

A operação denominada locação dos taludes, ou *slope stakes*, ou ainda estaqueamento dos taludes é o encontro dos pontos M e N por tentativas, no terreno após a locação da estaca central 0 e, com outros valores já fixados: b = largura do leito, talude para corte = tc, talude para aterro = ta e a cota do projeto = CP. Necessita ainda que seja levada uma rêde de referências de nível = RNs para o trabalho de nivelamento geométrico, sem o qual não é possível execução da locação dos taludes.

Para não complicar o assunto, consideraremos nos exercícios as seções simplificadas, isto é, sem separação entre pista (*roadway*) e acostamento (*shoulder*); não serão introduzidas também as canaletas nos cortes (*ditch*) e os taludes de corte e aterros não terão os terraços (*bench*).

Assim os taludes são retos e a largura da estrada será *b* uniforme para corte e aterro, unicamente com a finalidade de simplificar a explicação.

SEQÜÊNCIA DOS CÁLCULOS

1) determinar a altura do instrumento (nível) fazendo uma visada a ré para a referência de nível

Cota do RN	= RN
+ Visada à Ré	= V Ré
Altura do instrumento	= AI

2) calcular a mira final; mira final é uma leitura imaginária que seria feita com a mira apoiada sobre a estrada pronta. É um artifício para simplificar os cálculos.

Altura do instrumento	= AI
– Cota do projeto	= CP
Mira final	= MF

A mira final (sendo como é, imaginária) pode ser maior do que 4 metros e também pode ser negativa. Ela é negativa quando o plano do aparelho fica abaixo da cota do projeto.

3) calcular a altura de corte ou aterro no centro da seção; para isso a mira é colocada na estaca central e é feita a leitura central

a) Quando a leitura for menor do que a MF

Mira final	= MF	
– Leitura central	= – *l*c	**é corte**
Altura de corte central	= c	

b) Quando a leitura for maior do que a MF

Leitura central	= *l*c	
– Mira final	= – MF	**é aterro**
Altura de aterro central	= a	

c) Quando a mira final é negativa

Leitura central	= *l*c	**é sempre aterro**
– Mira Final	= + MF	e o valor *a* é obtido pela soma de
Altura de aterro central	= a	*l*c e MF.

A seguir serão feitas *as tentativas*, que consistem em medir uma distância *x* à direita ou à esquerda e depois verificar se o valor de *x* calculado coincide com o valor medido, naturalmente, com uma certa margem de erro (geralmente 5 cm).

Seqüência de uma tentativa:

Quando MF > leitura

xm = *x* medido

Observação: a mira é colocada na extremidade da distância x medida e é feita a leitura l

Mira final	= MF
– Leitura	= $-l$
Altura de corte no ponto	= c
Projeção horizontal de c	= c · tc
soma-se b/2 e tem-se xc	= c · tc + b/2

Multiplicando a distância vertical c pelo talude de corte (tc) obtém-se a distância horizontal c · tc,

$xc = x$ calculado que é comparado com o $xm = x$ medido

Quando a leitura > MF, inverte-se apenas a subtração inicial e troca-se o talude de corte (tc) pelo talude de aterro (ta)

xm ←

Leitura	= l
– Mira final	= – MF
Altura de aterro	= a
Projeção horizontal	= a · ta
	xc = a · ta + b/2 ←

compara-se

Quando a mira final é negativa: a única diferença é que a *subtração* inicial torna-se *soma*

xm ←

Leitura	= l
– (– Mira final)	= + MF
	a
	a · ta
	xc = a · ta + b/2 ←

compara-se

Os exercícios ajudam a entender.

EXERCÍCIO 137

Completar a tabela de locação de taludes

Estaca	Visada à ré	Altura do instrumento	Cota projetada	Mira final	Leitura	Altura corte	Altura aterro	Visada à vante	Cota
RN_{81}	0,828	**312,970**							312,142
428			314,97	**–2,00**	**1,42**		3,42		
D-11,06					2,04		**4,04**		
E-9,20					**0,80**		**2,80**		
RN_{82}	1,041	**310,929**						3,082	**309,888**
429			**314,37**	**–3,44**	0,80		**4,24**		
D-11,99					1,22		**4,66**		
E-10,52					0,24		**3,68**		

Os valores dados estão em normal. **Os valores calculados em preto.**

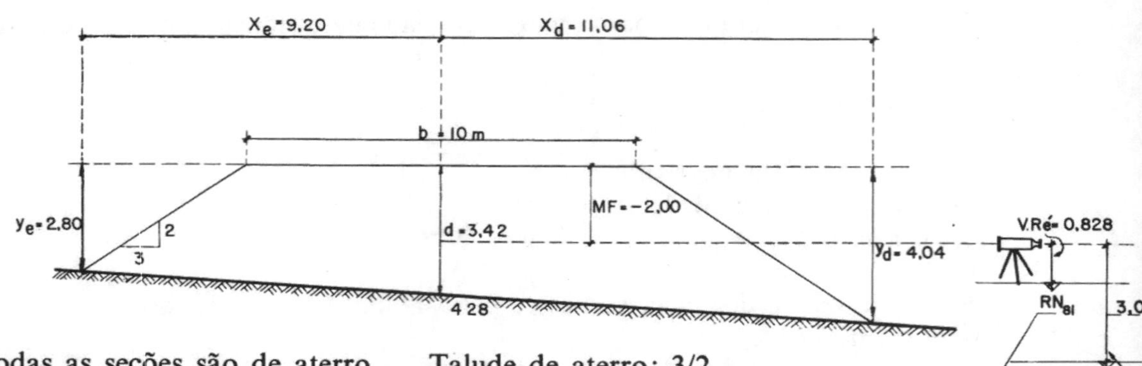

Todas as seções são de aterro
Largura da estrada: b = 10 m

Cota RN_{81} = 312,142
V Ré = 0,828

AI = **312,970**
CO_{428} = 314,970

MF = **−2,00**

Tentativa à direita de 428

Leitura = 2,04
− MF = 2,00

a = **4,04**
a × ta = 6,06
a × ta + b/2 = **11,06** = *xc*

Tentativa à direita de 429

Leitura = 1,22
MF = 3,44

a = 4,66
a · ta = 6,99
xc = 11,99

Tentativa à esquerda de 429

Leitura = 0,24
MF = 3,44

a = 3,68
a × ta = 5,52
xc = 10,52

Talude de aterro: 3/2
Rampa do projeto: − 3 %

Leitura central = **1,42**
− MF = 2,00

d = 3,42 de aterro

Tentativa à esquerda de 428

Leitura = **0,80**
− MF = 2,00

a = **2,80**
a × ta = 4,20
a × ta + b/2 = 9,20 = *xc*

AI = 312,970
− V Vante = 3,082

Cota RN_{82} = **309,888**
+ V Ré = 1,041

AI = **310,929**
CP_{429} = 314,37

MF = **−3,44**
Leitura central = 0,80

d = 4,24 de aterro

Cálculo da cota de projeto em 429 =

$$314{,}97 - \frac{3}{100}\,20\text{ m} =$$

$$314{,}97 - 0{,}60 = 314{,}37$$

lembramos que a rampa do projeto é −3 %.

Desenho das seções transversais – cálculo das áreas e do volume entre elas:

Área da seção 428

$$A = \frac{b}{4}(\Sigma y) + \frac{d}{2}(\Sigma x)$$

$$A_{428} = \frac{10}{4}(4{,}04 + 2{,}80) + \frac{3{,}42}{2}(11{,}06 + 9{,}20) = \mathbf{51{,}74\ m^3}$$

$$A_{429} = \frac{10}{4}(4{,}66 + 3{,}68) + \frac{4{,}24}{2}(10{,}52 + 11{,}99) = \mathbf{68{,}57\ m^2}$$

$$\text{Volume} = \frac{51{,}74 + 68{,}57}{2} \times 20\text{ m} = \mathbf{1.203{,}11\ m^3}$$

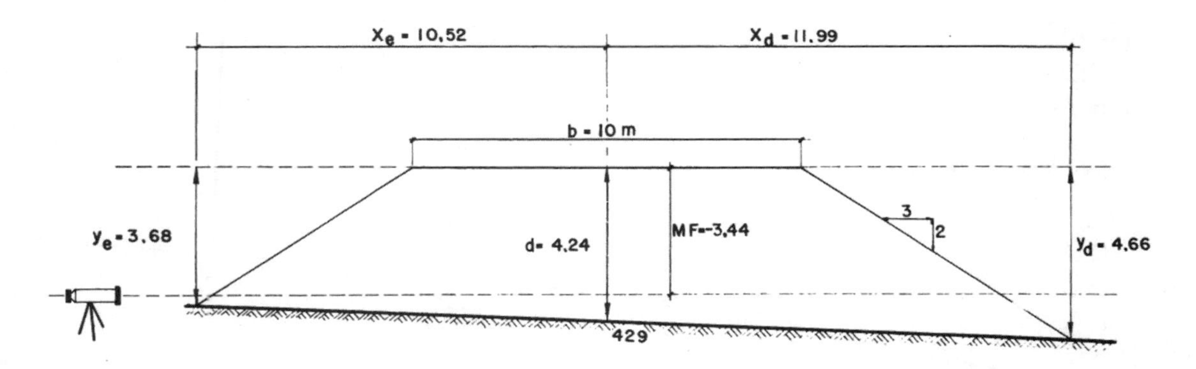

EXERCÍCIO 138

Preparar a anotação da caderneta, completar a tabela, desenhar a seção 55 em escala 1: 200 e calcular a área da seção 55

Cota do projeto na estaca 55: 342,70 m
Cota do RN_{15}: 338,227 Visada à ré: 1,463
Largura da estrada: b = 12 m Talude de aterro: 3/2
Leitura central na estaca 55: 2,04 m
Altura de aterro à direita: 5,80 m
Altura de aterro à esquerda: 4,64 m

	Tentativa à direita	Tentativa à esquerda
Cota do RN_{15} = 338,227	Leitura = 2,79	Leitura = 1,63
V Ré = 1,463	MF = 3,01	MF = 3,01
AI = 339,690	a = 5,80	a = 4,64
CP_{55} = 342,700	3/2a = 8,70	3/2a = 6,96
MF = −3,01	3/2a + b/2 = 14,70 = x	3/2a + b/2 = 12,96 = x
Leitura central = 2,04		
a = 5,05		

Estaca	Visada à ré	Altura do instrumento	Cota projetada	Mira final	Leitura	Altura corte	Altura aterro	Visada à vante	Cota
RN_{15}	1,463	**339,690**							338,227
55			342,70	**−3,01**	2,04		**5,05**		
D-14,70					**2,79**		5,80		
E-12,96					**1,63**		4,64		

Os valores dados estão em normal. **Os valores calculados em preto.**

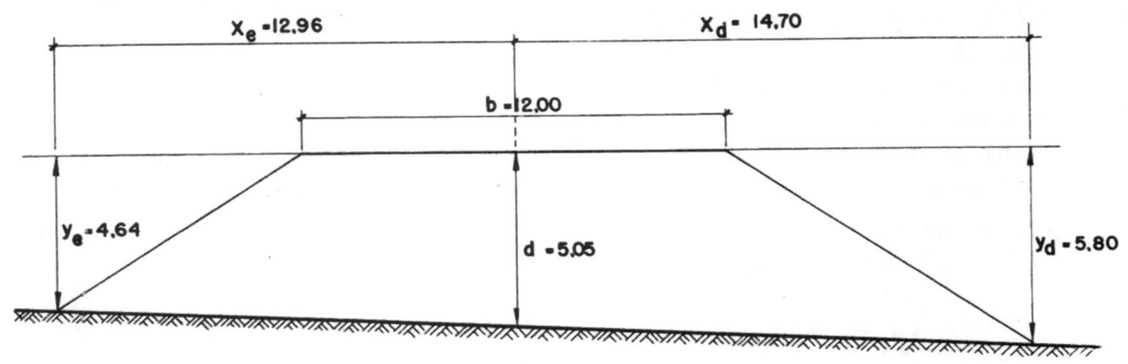

$$\text{Área} = \frac{12}{4}(4{,}64 + 5{,}80) + \frac{5{,}05}{2}(12{,}96 + 14{,}70) = \mathbf{101{,}06\ m^2}$$

EXERCÍCIO 139

Calcular o volume entre as áreas 12 e 13 pela "fórmula de áreas extremas"; as duas seções são de corte.

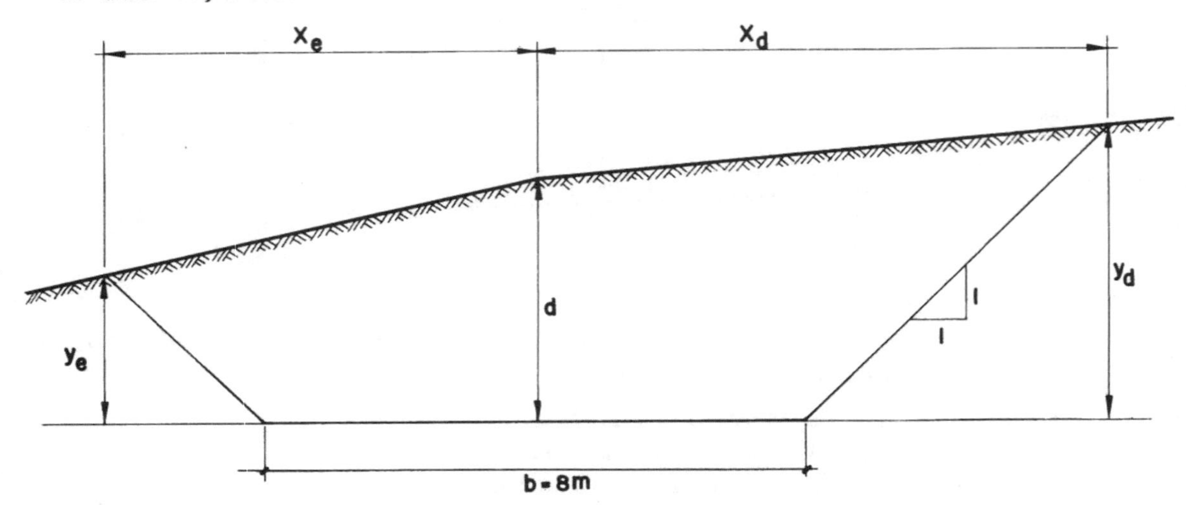

Talude de corte = 1/1

Dados da seção 12: d = 1,80 m xe = 5,40 m xd = 6,60 m

Dados da seção 13: d = 2,00 m xe = 5,80 m xd = 7,20 m

$$\left.\begin{aligned} ye &= (xe - b/2)1/1 = (5{,}40 - 4{,}00)1 = \mathbf{1{,}40\ m} \\ yd &= (xd - b/2)1/1 = (6{,}60 - 4{,}00)1 = \mathbf{2{,}60\ m} \end{aligned}\right\} \text{seção 12}$$

$$\left.\begin{aligned} ye &= (xe - b/2)1/1 = (5{,}80 - 4{,}00)1 = \mathbf{1{,}80\ m} \\ yd &= (xd - b/2)1/1 = (7{,}20 - 4{,}00)1 = \mathbf{3{,}20\ m} \end{aligned}\right\} \text{seção 13}$$

$$S_{12} = \frac{b}{4}(\Sigma y) + \frac{d}{2}(\Sigma x) = \frac{8}{4}(1{,}40 + 2{,}60) + \frac{1{,}80}{2}(5{,}40 + 6{,}60) = \mathbf{18{,}80\ m^2}$$

$$S_{13} = \frac{b}{4}(\Sigma y) + \frac{d}{2}(\Sigma x) = \frac{8}{4}(1{,}80 + 3{,}20) + \frac{2{,}00}{2}(5{,}80 + 7{,}20) = \mathbf{23{,}00\ m^2}$$

$$V = \left(\frac{S_{12} + S_{13}}{2}\right)20 = \left(\frac{18{,}80 + 23{,}00}{2}\right)20 = \mathbf{418{,}00\ m^3}$$

EXERCÍCIO 140

Calcular analiticamente a distância x à direita, a altura de corte à esquerda e no centro; desenhar a seção 31 e calcular a área.

Cota da referência de nível RN = 312,477 m

Cota de projeto na seção 31: 307,60 m

Visada à ré sobre a RN: 0,943 m

Leitura central na estaca 31: 3,02 m

Altura de corte à direita: 1,92 m

Distância x à esquerda: 8,70 m

Largura da estrada: b = 10 m Talude de corte: 2/3

Cota da RN:	312,477	Tentativa à direita
+ V. Ré:	0,943	6,28 = xm
AI =	313,420 m	MF = 5,82
CP =	307,60	l = 3,90
MF =	5,82	c = 1,92
lc =	3,02	c·tc = 1,28
d =	**2,80**	xc = **6,28**

Tentativa à esquerda

$xm = 8{,}70$
$MF = 5{,}82$
$-l = 0{,}27$
$c = \mathbf{5{,}55}$
$c \cdot tc = 3{,}70$
$xc = 8{,}70$

$$A = \frac{b}{4}(\Sigma y) + \frac{d}{2}(\Sigma x)$$

$$A = \frac{10}{4}(5{,}55 + 1{,}92) + \frac{2{,}8}{2}(8{,}70 + 6{,}28) =$$
$$= \mathbf{34{,}6470\ m^2}$$

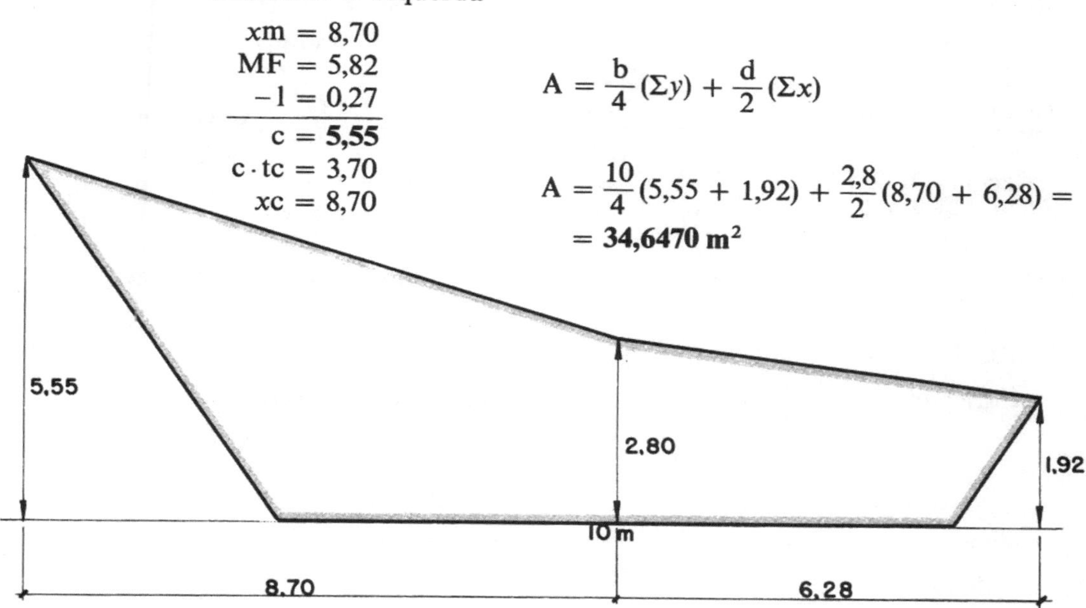

EXERCÍCIO 141

Procurar as tentativas certas, supondo a tolerância de 5 cm. Calcular a área da seção.

Cota do projeto na seção = 210,40 m
Cota da referência de nível: 211,342 m
Visada à ré sobre a referência de nível: 2,758
Leitura central na seção: 1,10 Talude de corte: 2/3
Largura da estrada: b = 10 m Talude de aterro: 3/2

Diversas tentativas efetuadas

à esquerda		*à direita*	
x medido	leitura	x medido	leitura
7,00	0,28	5,50	1,42
7,38	0,10	6,80	1,84
6,40	0,56	6,44	1,60

Solução:

Cota da RN	: 211,342
V. Ré	: 2,758
Altura do instrumento	: 214,100
Cota do projeto	: 210,400
Mira final	: 3,70 m

Mira final : 3,70 m
Leitura central: 1,10
d = **2,60** = altura de corte no centro da seção

Tentativas

à esquerda

xm = 7 m MF = 3,70 – Leitura = 0,28 c = 3,42 2c/3 = 2,28 xc = 7,28 → Não	xm = 6,40 3,70 – 0,56 c = 3,14 2c/3 = 2,09 xc = 7,09 → Não	xm = 7,38 3,70 0,10 c = 3,60 2c/3 = 2,40 xc = 7,40 → **Certa (diferença 2 cm)**

à direita

xm = 5,50	xm = 6,80	x = 6,44
MF = 3,70	3,70	3,70
− Leitura = 1,42	1,84	1,60
c = 2,28	c = 1,86	c = 2,10
2c/3 = 1,52	2c/3 = 1,24	2c/3 = 1,40
xc = 6,52	xc = 6,24	xc = 6,40
Não	Não	**Certa (diferença 4 cm)**

$$\textbf{Área} = \frac{b}{4}(\Sigma y) + \frac{d}{2}(\Sigma x) = \frac{10}{4}(3{,}60 + 2{,}10) + \frac{2{,}60}{2}(7{,}40 + 6{,}40) = \mathbf{32{,}19\ m^2}$$

EXERCÍCIO 142

Fazer as 6 tentativas indicadas abaixo indicando as duas certas.

Tentativas

à direita		*à esquerda*	
x medido	leitura	x medido	leitura
9,00	2,00	12,00	3,40
8,60	2,24	11,00	3,30
7,20	2,42	10,10	3,24

Estaca 82 → cota do projeto: 410,40 m
Cota da referência de nível: 408,420 m
Visada à ré sobre a referência de nível: 1.820 m
Largura do leito: 10 m Talude de corte: 2/3
Talude de aterro: 3/2

à direita		*à esquerda*	
xm = 9 m		xm = 12 m	
Leitura = 2,00		l = 3,40	
− MF = 0,16	**não**	MF = 0,16	**não**
Altura de aterro = a = 2,16		a = 3,56	
3a/2 = 3,24		3a/2 = 5,34	
xc = 8,24		xc = 10,34	
xm = 8,60 m		xm = 11 m	
l = 2,24		l = 3,30	
MF = 0,16	**certa**	MF = 0,16	**não**
a = 2,40		a = 3,46	
3a/2 = 3,60		3a/2 = 5,19	
xc = 8,60		xc = 10,19	
xm = 7,20 m		xm = 10,10 m	
l = 2,42		l = 3,24	
MF = 0,16	**não**	MF = 0,16	**certa**
a = 2,58		a = 3,40	
3a/2 = 3,87		3a/2 = 5,10	
xc = 8,87		xc = 10,10	

RN = 408,420
V. Ré = 1,820
AI = 410,240
CP = 410,400
Mira final = −0,16

EXERCÍCIO 142a

Com base nos valores da tabela, *desenhar as seções transversais e calcular os volumes de corte e aterro.*

Estaca	Visada à ré	Altura do instrumento	Cota do projeto	Mira final	Leitura	Altura de corte	Altura de aterro	Visada à vante	Cota
RN_{14}	2,225	314,958							312,733
51			310,50	4,46	1,28	3,18			
Dir. 10,20					0,26	4,20			
Esq. 8,40					2,06	2,40			
52			311,10	3,86	2,22	1,64			
Dir. 8,60					1,26	2,60			
Esq. 6,80					3,06	0,80			
RN_{15}	1,505	312,980						3,483	311,475
52+9,90			311,40	1,58	0,96	0,62			
Dir. 7,40					0,18	1,40			
Esq. VPA					1,57	0	0		
53			311,70	1,28	1,70		0,42		
Dir. 6,30					0,98	0,30			
Esq. 8,85					2,70		1,42		
RN_{16}	3,153	313,089						3,044	309,936
53+5,40			311,86	1,23	2,09		0,86		
Dir. VPC					1,24	0	0		
Esq. 9,70					3,08		1,85		
54			312,30	0,79	2,00		1,21		
Dir. 6,90					1,24		0,45		
Esq. 10,60					3,09		2,30		
RN_{17}	2,742	313,420						2,411	310,678
55			312,90	0,52	2,37		1,85		
Dir. 7,90					1,47		0,95		
Esq. 12,10					3,57		3,05		

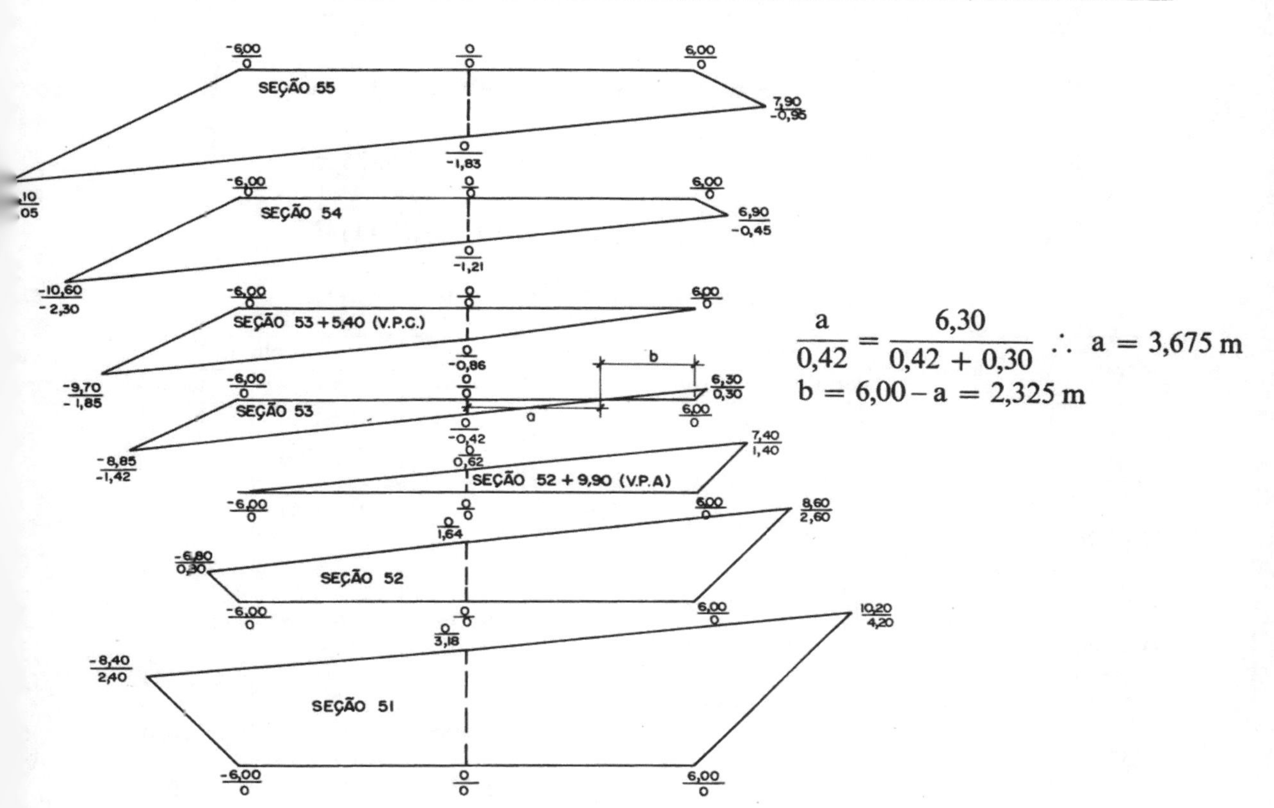

$$\frac{a}{0{,}42} = \frac{6{,}30}{0{,}42 + 0{,}30} \quad \therefore \quad a = 3{,}675 \text{ m}$$

$$b = 6{,}00 - a = 2{,}325 \text{ m}$$

Cálculo das áreas das seções

Fórmula básica $S = \frac{b}{4}(\varepsilon y) + \frac{d}{2}(\varepsilon x)$ onde

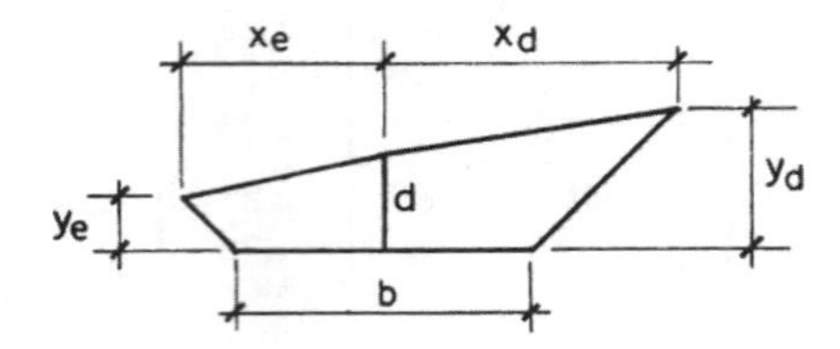

$$S_{51\ (corte)}: \frac{12}{4}(4{,}20 + 2{,}40) + \frac{3{,}18}{2}(10{,}20 + 8{,}40) = 49{,}374\ m^2$$

$$S_{52\ (corte)}: \frac{12}{4}(2{,}60 + 0{,}80) + \frac{1{,}64}{2}(8{,}60 + 6{,}80) = 22{,}828\ m^2$$

$$S_{52+9,90\ (corte)}: \frac{12}{4}(1{,}40 + 0) + \frac{0{,}62}{2}(7{,}40 + 6{,}00) = 8{,}354\ m^2$$

S53

$$\frac{a}{0{,}42} = \frac{6{,}30}{0{,}42 + 0{,}30} \text{ portanto } a = 3{,}675$$

$$b = 6{,}00 - a = 2{,}325$$

$$S_{53\ (corte)}: \frac{2{,}325 \times 0{,}30}{2} = 0{,}34875\ m^2$$

$$S_{53\ (aterro)}: \frac{12}{4}(1{,}42) + \frac{0{,}42}{2}(8{,}85) + \frac{0{,}42 \times 3{,}675}{2} = 6{,}89025\ m^2$$

$$S_{53-5,40\ (aterro)}: \frac{12}{4}(1{,}85 + 0) + \frac{0{,}86}{2}(9{,}70 + 6{,}00) = 12{,}301\ m^2$$

$$S_{54\ (aterro)}: \frac{12}{4}(0{,}45 + 2{,}30) + \frac{1{,}21}{2}(6{,}90 + 10{,}60) = 18{,}8375\ m^2$$

$$S_{55\ (aterro)}: \frac{12}{4}(0{,}95 + 3{,}05) + \frac{1{,}83}{2}(7{,}90 + 12{,}10) = 30{,}300\ m^2$$

Tabela para cálculo dos volumes

Seção	Distância	Área		Área média		Volumes	
		corte	aterro	corte	aterro	corte	aterro
51		49,3740					
	20 m			36,1010		722,0200	
52		22,8280					
	9,90 m			15,591		154,3509	
52+9,90		8,3540					①
	10,10 m			4,3514		43,9491	23,1970
53		0,3488	6,8902			②	
	5,40 m				9,5956	0,6278	51,8162
53+5,40			12,3010				
	14,60 m				15,5692		227,3103
54			18,8375				
	20 m				24,5688		491,3760
55			30,3000				
		Volumes totais no trecho para 51 e 55,				920,9478	793,6995

1) Cálculo do volume da pirâmide de aterro 1

$$\frac{6,8902 \times 10,10}{3} = 23,1970 \text{ m}^3$$

2) Cálculo do volume da pirâmide de corte 2

$$\frac{0,3488 \times 5,40}{3} = 0,6278 \text{ m}^2$$

EXERCÍCIO 142b

Locação de taludes. Dados: $RN_{10} = 284,326$ m

V. Ré para $RN_{10} = 1,434$ m b = largura da plataforma = 14 m

Talude de corte = 3/2 Talude de aterro = 2/1

Rampa do projeto (grade) = –2% Cota do projeto da seção 33 = 284,40 m

Seção 33:
- Leitura central = 2,14 m
- Leitura à esquerda da tentativa certa = 1,87 m
- Altura de aterro à direita = 2,11 m

Seção 34:
- Altura de aterro central = 0,10 m
- Leitura à esquerda da tentativa certa = 1,04 m
- Altura de aterro à direita = 0,40 m

Pede-se organizar a tabela de anotação de caderneta e calcular as áreas das duas seções.

Solução

$$\begin{aligned} RN_{10} &= 284,326 \\ + \text{V. Ré} &= 1,434 \\ AI &= 285,760 \\ - CP_{33} &= 284,40 \\ MF_{33} &= 1,36 \\ - l_c &= 2,14 \\ d_a &= 0,78 \end{aligned}$$

Seção 33 à esquerda

$$\begin{aligned} l &= 1,87 \\ - MF &= 1,36 \\ a &= 0,51 \\ a \times t_a &= 1,02 \\ a \times t_a + b/2 = x_c &= 8,02 \text{ m} \end{aligned}$$

Seção 33 à direita

$$\begin{aligned} l &= 3,47 \\ - MF &= 1,36 \\ a &= 2,11 \\ a \times t_a &= 4,22 \\ a \times t_a + b/2 = x_c &= 11,22 \text{ m} \end{aligned}$$

$$CP_{34} = CP_{33} + r \times 20 \text{ m}$$

$$CP_{34} = 284,40 - \frac{2}{100} 20 \text{ m} = 284,00$$

$$\begin{aligned} AI &= 285,760 \\ -CP_{34} &= 284,00 \\ MF_{34} &= 1,76 \\ l_c &= 1,86 \\ d_a &= 0,10 \end{aligned}$$

Seção 34 à esquerda

$$\begin{aligned} MF &= 1,76 \\ - l &= 1,04 \\ c &= 0,72 \\ c \times t_c &= 1,08 \\ c \times t_c + b/2 = x_c &= 8,08 \end{aligned}$$

Seção 34 à direita

$$\begin{aligned} l &= 2,16 \\ MF &= 1,76 \\ a &= 0,40 \\ a \times t_a &= 0,80 \\ a \times t_a + b/2 = x_c &= 7,80 \text{ m} \end{aligned}$$

A seguir, desenham-se as duas seções para calcular suas áreas.

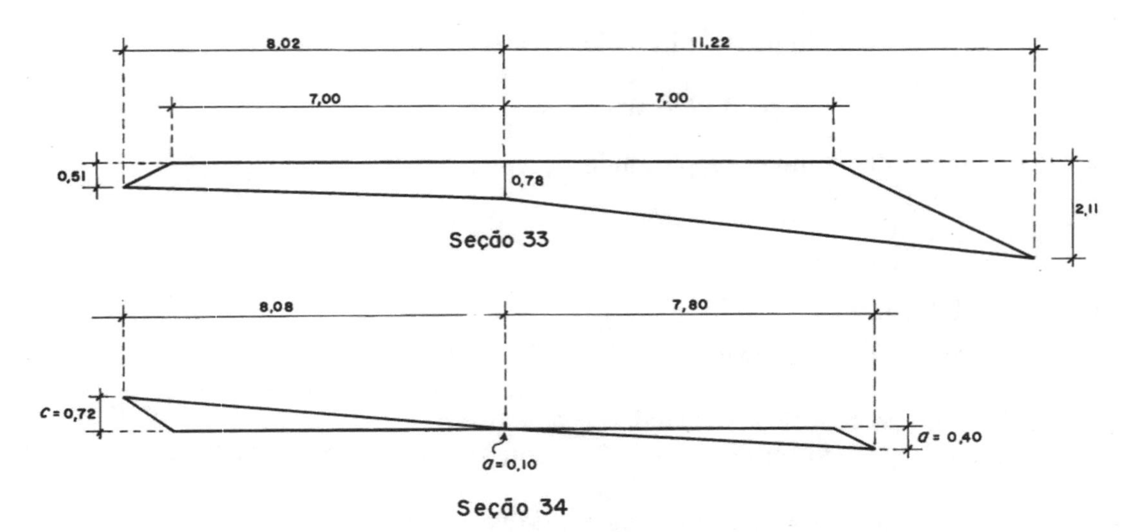

Vamos exagerar a escala vertical da seção 34 para definir melhor, já que é uma seção mista.

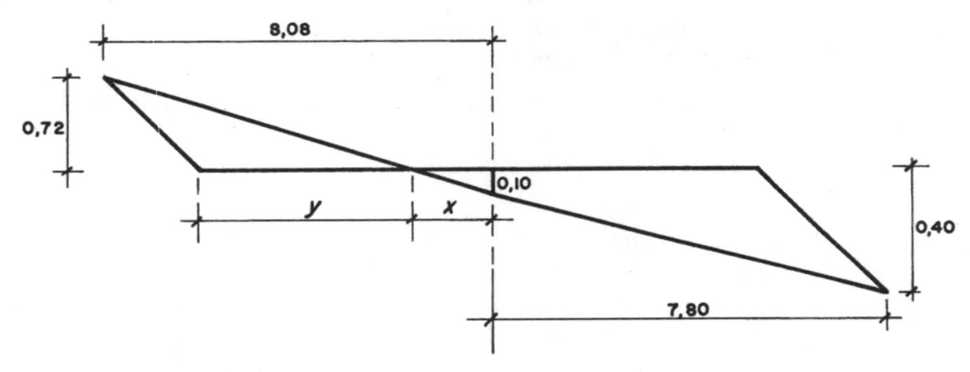

Interpolação para cálculo de x e y:

$$\frac{x}{0{,}10} = \frac{8{,}08}{0{,}10 + 0{,}72} \therefore\ x = 1{,}00 \text{ m} \therefore\ y = 7{,}00 - 1{,}00 = 6{,}00 \text{ m}.$$

Cálculo da área da seção 33 (toda de aterro):

$$S_{33} = \frac{14}{4}(0{,}51 + 2{,}11) + \frac{0{,}78}{2}(8{,}02 + 11{,}22) = 9{,}17 + 7{,}51 = \mathbf{16{,}67\ m^2}.$$

Cálculo da área de aterro da seção 34:

$$S_{34_{(aterro)}} = \frac{7 \times 0{,}40}{2} + \frac{0{,}10 \times 7{,}80}{2} + \frac{0{,}10 \times 1{,}00}{2} = 1{,}40 + 0{,}39 + 0{,}05 = \mathbf{1{,}84\ m^2}.$$

Cálculo da área de corte da seção 34:

$$S_{34_{(corte)}} = \frac{6 \times 0{,}72}{2} = \mathbf{2{,}16\ m^2}.$$

EXERCÍCIO 142c

Determinar as duas tentativas certas (à direita e à esquerda) supondo que o terreno apresente uma declividade transversal constante. Dados:

cp = cota de projeto na seção = 141,20 m
Referência de nível utilizada = 138,412 m
Visada a ré sobre a RN = 1,589 m

Largura da plataforma = b = 12 m
Talude de aterro = t_a = 2/1
Tolerância entre x_m e x_{calc} = 0,05 m

Foram feitas duas tentativas, que resultaram erradas:

tentativa à esquerda, em 7 m, com leitura de mira = 0,82
tentativa à direita, em 10 m, com leitura de mira = 2,52

Solução

Determinação da rampa transversal do terreno: numa distância de 17 m, as leituras variaram de 0,82 para 2,52 (2,52 − 0,82 = 1,70 m); portanto a rampa do terreno é de −10%, da esquerda para a direita:

leitura central = l_c = 0,82 + 7 m × (10/100) = 1,52 m

Cota RN = 138,412	
+ V. Ré = 1,589	
Alt. instr. = 140,001	
− cp = 141,200	
Mira final = −1,20 = (MF)	

Portanto todas as leituras serão determinadas respeitando-se a rampa do terreno, que é de −10% da esquerda para a direita.

Tentativas à esquerda (t = 2):

x_m = 7 m	x_m = 9 m	x_m = 9,50	pode ser aceita
MF = 1,20	MF = 1,20	MF = 1,20	
leit. = 0,82	leit. = 0,62	leit. = 0,57	
a = 2,02	a = 1,82	a = 1,77	
$a \times t$ = 4,04	$a \times t$ = 3,64	$a \times t$ = 3,54	
x_{calc} = 10,04	x_{calc} = 9,64	x_{calc} = 9,54	

Tentativas à direita:

x_m = 10 m	x_m = 14 m	x_m = 14,30 m	tentativa aceita
MF = 1,20	MF = 1,20	MF = 1,20	
leit. = 2,52	leit. = 2,92	leit. = 2,95	
a = 3,72	a = 4,12	a = 4,15	
$a \times t$ = 7,44	$a \times t$ = 8,24	$a \times t$ = 8,30	
x_{calc} = 13,44	x_{calc} = 14,24	x_{calc} = 14,30	

Desenho da seção (escala 1:200)

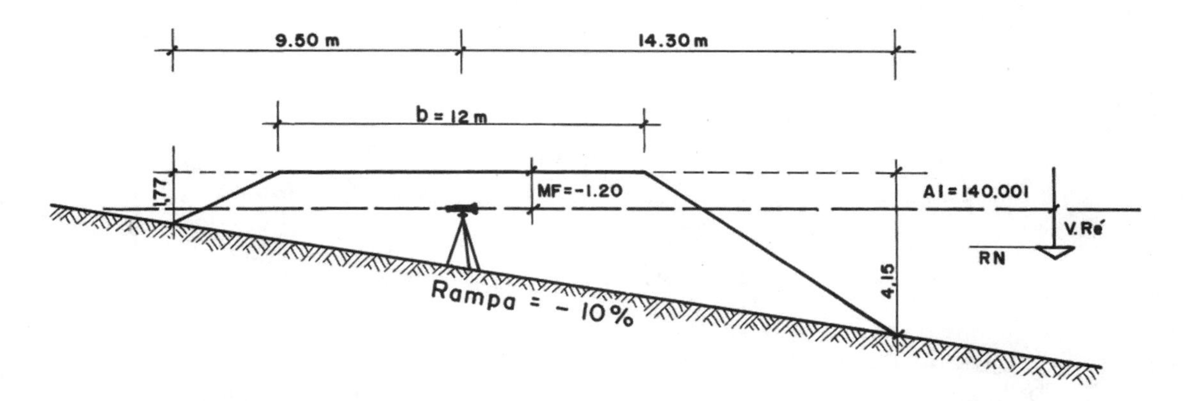

diagrama de massas — construção do diagrama

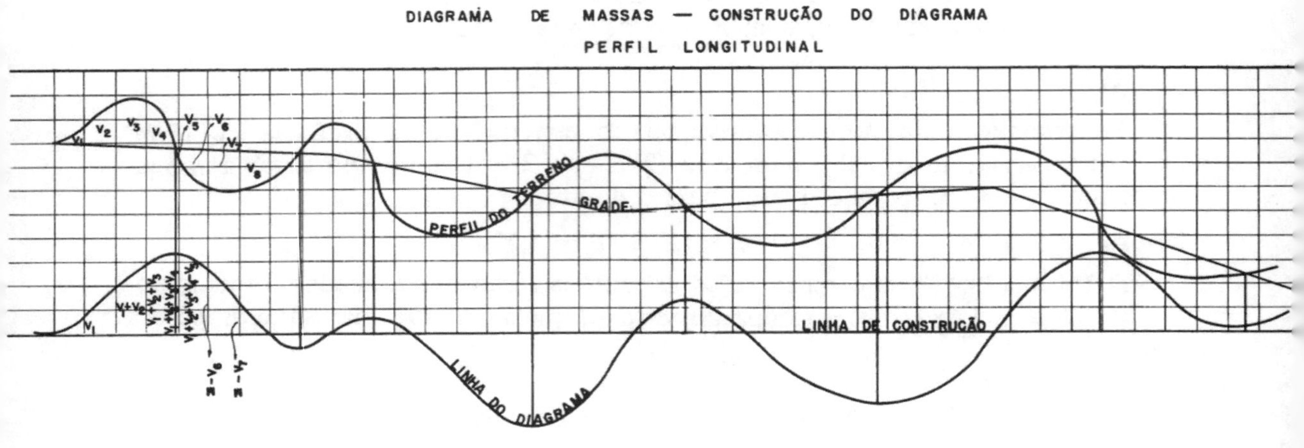

O diagrama de massas é construído com ordenadas, que representam os volumes acumulados algebricamente, ou seja, volumes de corte com ordenadas positivas e as de aterro, negativas. Para isto, é necessário adotar uma escala linear que represente volumes. A escala horizontal representa distância.

Exemplo:

escala horizontal 1 cm = 50 m escala vertical 1 cm = 100 m^3

PRINCÍPIOS DO DIAGRAMA DE MASSAS

1 – A linha do diagrama sobe nos trechos de corte e desce nos de aterro; portanto passa por máximos relativos na passagem de corte para aterro e por mínimos relativos na passagem de aterro para corte.

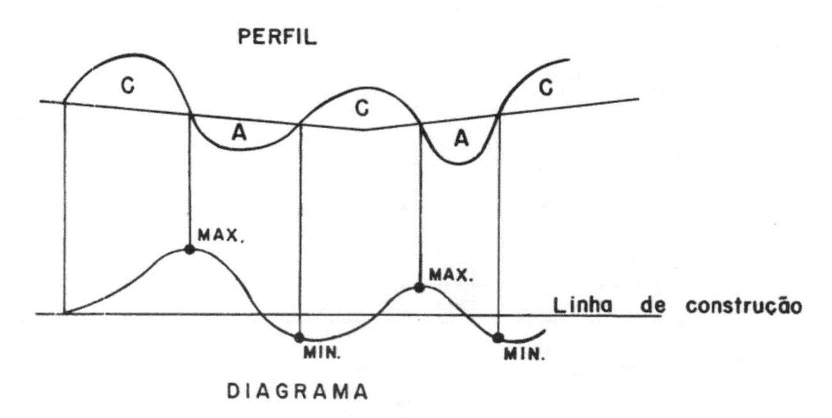

2 – Quando traçamos uma linha paralela à linha de construção que corta a linha do diagrama, ficam determinados trechos de volumes iguais de corte e aterro; esta linha chama-se linha de distribuição. É fácil entender: sendo a ordenada em A(h) igual à ordenada em C(h), significa que os volumes de corte, acumulados positivamente são iguais aos volumes de aterro acumulados negativamente.

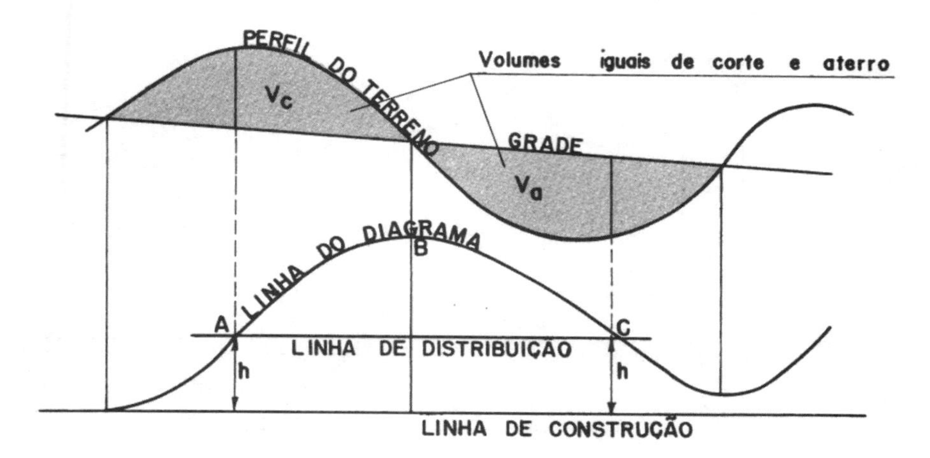

Quando saímos de casa pela manhã com Cr$ 100,00 no bolso, e durante o dia ganhamos e gastamos, voltando para casa à noite ainda temos Cr$ 100,00, é prova de que o que ganhamos (volume de corte) é igual ao que gastamos (volume de aterro).

3 – Quando duas linhas de distribuição sucessivas fazem um degrau para baixo, temos necessidade de um "empréstimo". Quando o degrau é para cima, temos um "refugo" ou "bota-fora".

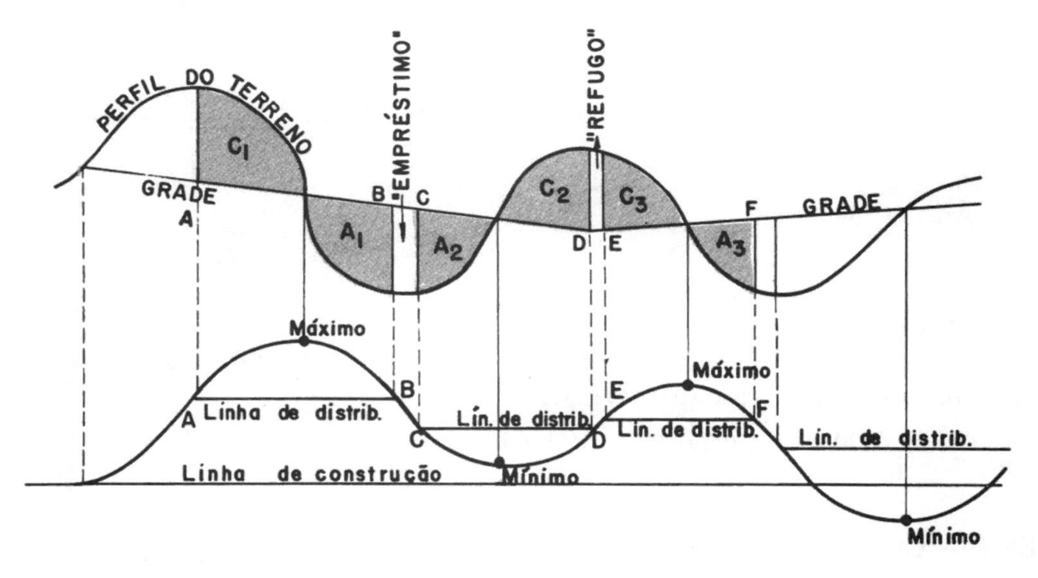

Desde que o projeto preveja as linhas de distribuição AB, CD, EF etc., teremos as seguintes conseqüências: o volume de corte C_1 preenche o aterro A_1, enquanto que o volume de corte C_2 preenche o aterro A_2, portanto entre B e C haverá necessidade de um aterro ainda não resolvido. A solução para este volume de aterro será a retirada de terra em local próximo ao local, justamente o que se chama de "empréstimo". Logo em seguida, verificamos que o volume de corte C_2 vai para o aterro A_2, enquanto que o volume de corte C_3 vai para o volume de aterro A_3, sobrando o volume de corte entre D e E, cuja solução é jogar fora lateralmente o que se chama de "refugo" ou "bota-fora".

4 – Quando a linha do diagrama está acima da linha de distribuição, o transporte de terra é para frente; quando a linha do diagrama está abaixo da linha de distribuição, o transporte de terra é para trás.

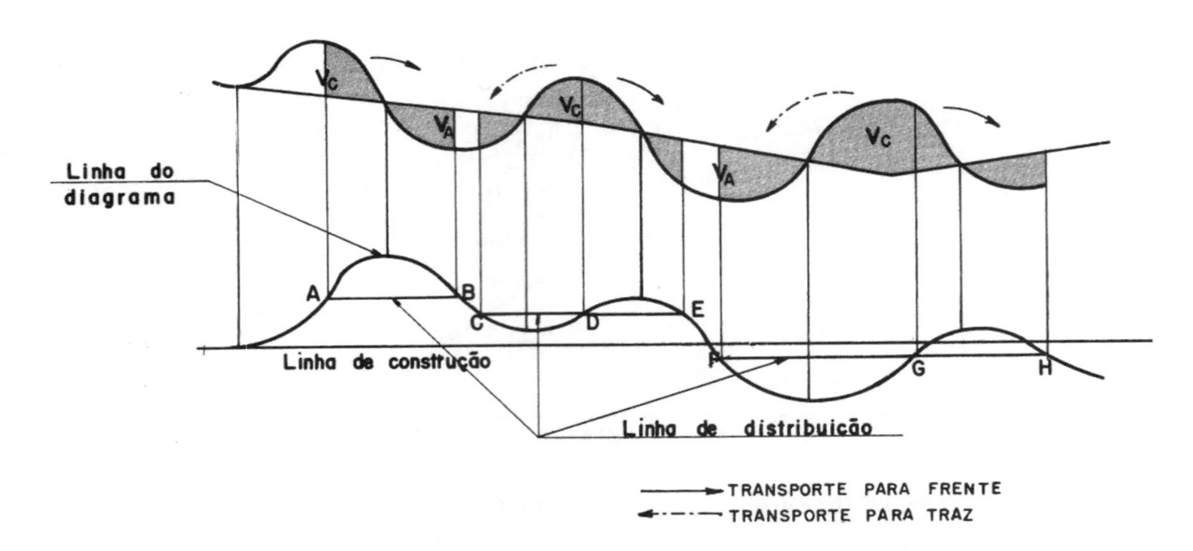

EXERCÍCIO 143

Calcular o custo total de transporte do trecho A-B, sabendo-se que a distância livre (gratuita) de transporte é 8 decâmetros. O preço do transporte é de Cr$ 0,20/m^3 dam (decâmetro).

Escalas do diagrama: horizontal 1 cm: 5 dam; vertical 1 cm: 200 metros cúbicos.

Área a: 38 cm^2
Área b: 30 cm^2
Área c: 28 cm^2
Área d: 44 cm^2

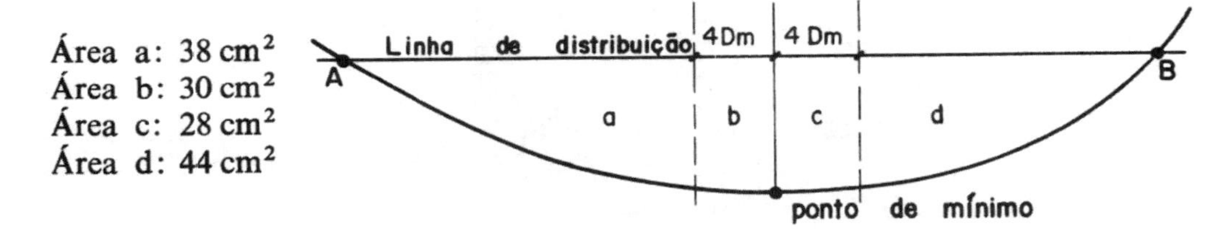

Solução:

Os valores b e c não interessam para a solução do problema, já que estão na faixa de transporte gratuito; portanto

Custo total do transporte = 38 + 44 × 5 × 200 × 0,20 = **Cr$ 16.400,00**

EXERCÍCIO 144

Desenhar o diagrama de massas no trecho:

Escala horizontal: a mesma do desenho do perfil abaixo; escala vertical 1 cm = = 100 m^3. Os valores mencionados no perfil, representam volumes de corte e aterro nos trechos em m^3.

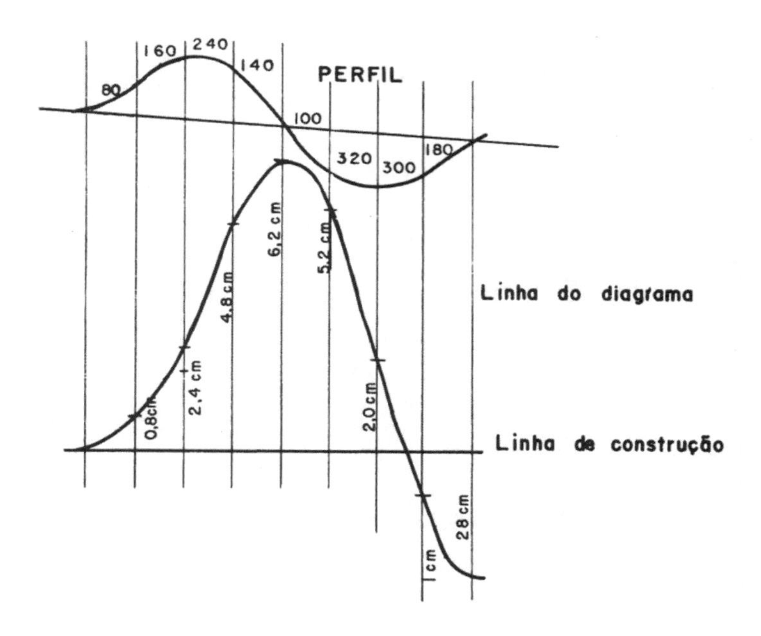

EXERCÍCIO 145

Diagrama de massas: *calcular a despesa de transporte para o trecho total da figura.*

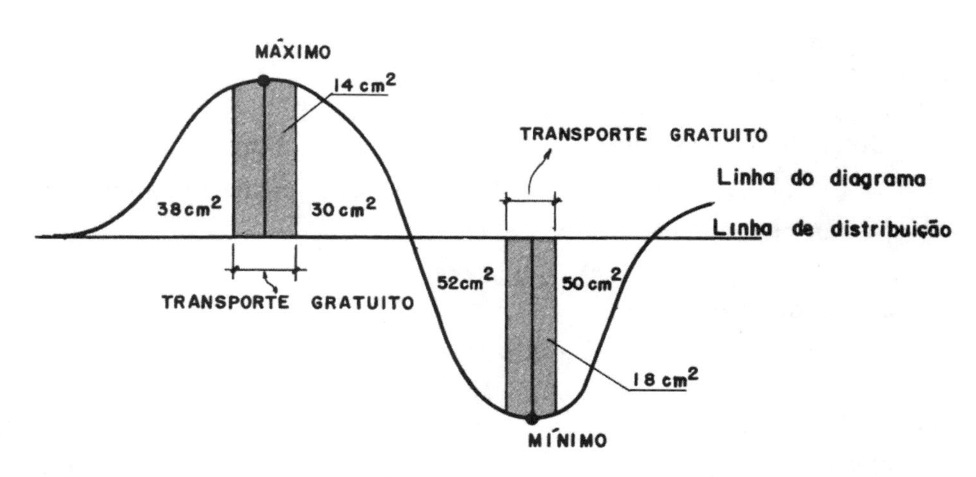

Escala horizontal 1 cm: 20 m
Escala vertical 1 cm: 100 m³
Custo do transporte: Cr$ 0,05/m³. Dm.

Solução:

As áreas achuradas são de transporte gratuito, portanto não serão computadas, assim:

Custo total = (38 + 30 + 52 + 50)2 × 100 × 0,05 = **Cr$ 1.700,00**

EXERCÍCIO 146

No trecho do diagrama, *calcular a distância média de transporte e seu custo pelo método dos centros de gravidade*

Escala horizontal 1 cm: 50 m
Escala vertical 1 cm: 200 m^3
Preço do transporte: Cr$ 0,10/m^3. Dm.

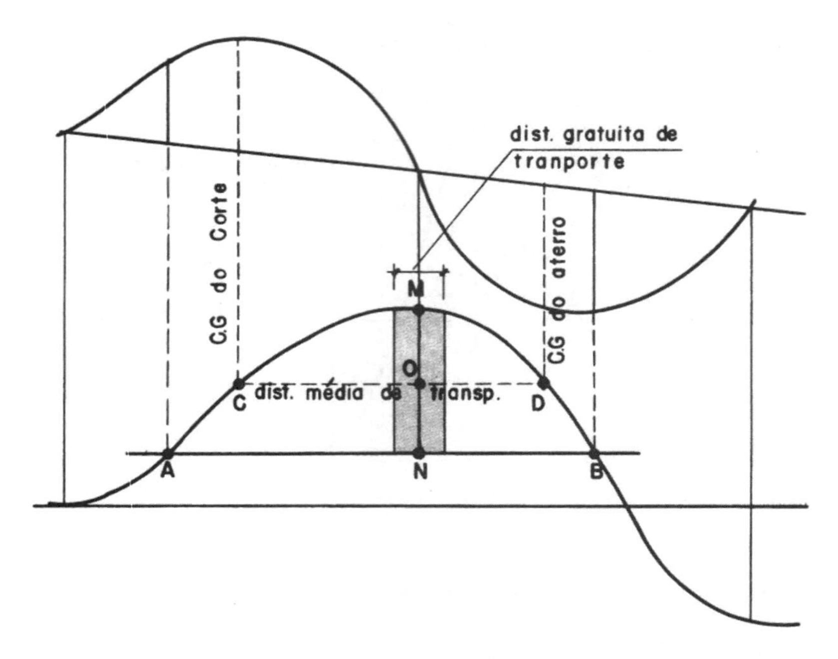

O ponto O está a meia distância MN, portanto divididos os volumes de corte e aterro ao meio. (C.G.)

Distância CD tirada do diagrama: 6,3 cm

Desconto da distância gratuita: 6,3 – 1,0 = 5,3 cm

$$5{,}3 \text{ cm} \times 5 \text{ Dm} = 26{,}5 \text{ Dm} = \text{distância média de transporte}$$

Volume da ordenada MN: 3,1 cm

$$3{,}1 \text{ cm} \times 200 \text{ m}^3 = 620 \text{ m}^3$$

Custo do transporte:

$$26{,}5 \times 620 \times 0{,}10 = \text{Cr\$ } 1.643{,}00$$

EXERCÍCIO 147

Calcular o custo M total de transporte no trecho pelo método da distância média de transporte.

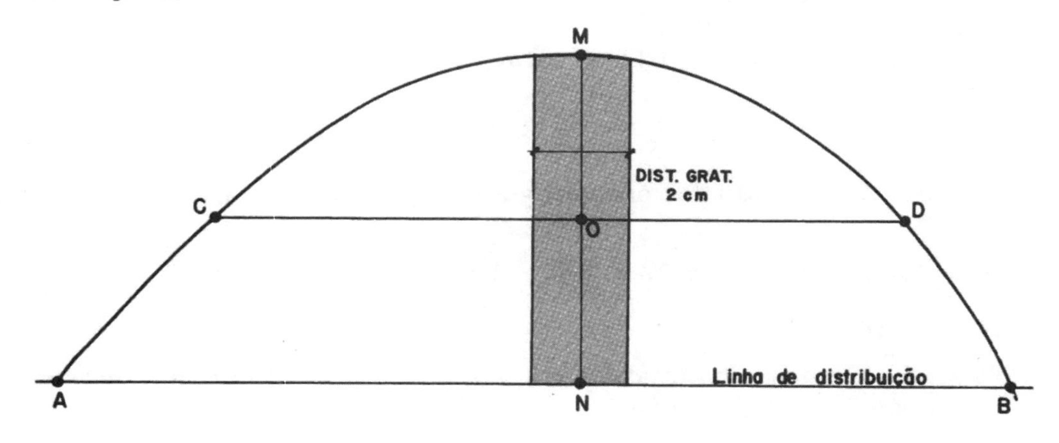

Escala vertical 1 cm: 100 m^3
Escala horizontal 1 cm: 40 m = 4 Dm.
Custo do transporte: Cr$ 0,10/m^3.Dm.

CD = 14,4 cm
14,4 − 2,0 = 12,4   12,4 × 4 Dm = 49,6 Dm = distância média de transporte

Ordenada MN = **7,00 cm**. 7,00 × 100 = 700 m^3 = volume total de corte no trecho AM ou de aterro no trecho MB

Custo total do transporte = 49,6 × 70,0 × 0,10 = **Cr$ 3.472,00**

Pelo método das áreas: área em cm^2 AB descontando-se a área de transporte gratuito = 82,8 cm^2 (calculada com papel milimetrado).

Custo total de transporte = 82,8 × 100 × 4 × 0,10 = Cr$ 3.312,00

Diferença = 3.472,00 − 3.312,00 = **Cr$ 160,00**

EXERCÍCIO 148

Calcular o custo total de transporte do trecho pelo método da distância média de transporte.

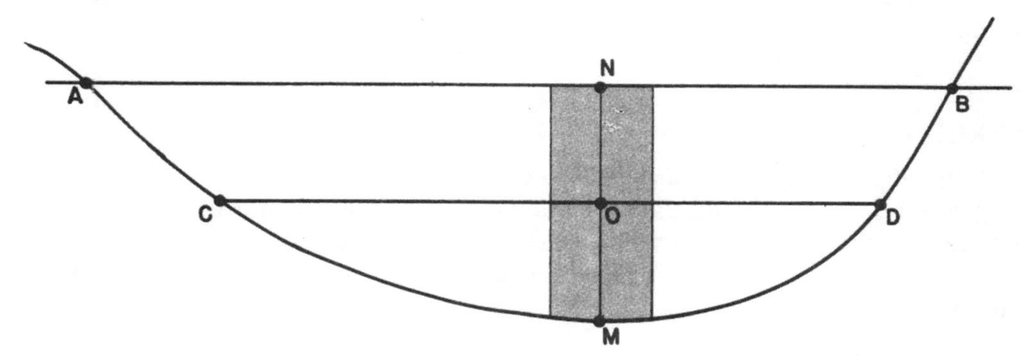

Mesmas escalas e custo do exercício anterior.

CD = 12,9 cm
12,9 − 2,0 = 10,9 m   10,9 cm × 4,0 = 43,6 Dm
MN = 4,8 cm   4,8 × 100 = 480 m^3
Custo do transporte = 43,6 × 480 × 0,10 = Cr$ 2.092,00

Pelas áreas: área em cm^2 de AB, descontando-se a área de transporte gratuito = = 49,1 cm^2

49,1 × 100 × 4 × 0,10 = Cr$ 1.964,00

Diferença = 2.092 − 1.964 = Cr$ 128,00

determinação do meridiano verdadeiro: método das alturas iguais

EXERCÍCIO 149

Determinar o azimute verdadeiro da reta AM (aparelho azimutal à direita)

Dados: Leitura do círculo horizontal visando para M: 0°
Leitura do círculo horizontal visando o sol pela manhã: 20° 14′
Leitura do círculo horizontal visando o sol pela tarde: 302° 42′

Observação: o sol está ao norte do observador

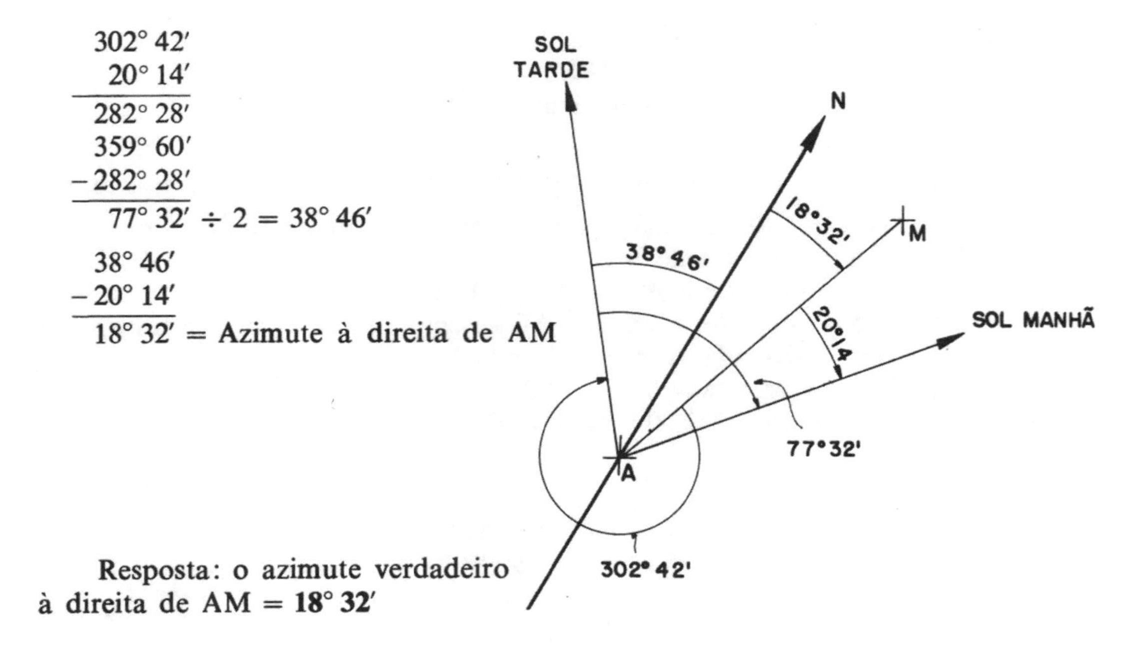

302° 42′
20° 14′
———
282° 28′
359° 60′
− 282° 28′
———
77° 32′ ÷ 2 = 38° 46′
38° 46′
− 20° 14′
———
18° 32′ = Azimute à direita de AM

Resposta: o azimute verdadeiro à direita de AM = **18° 32′**

EXERCÍCIO 150

Determinar o azimute à direita da reta OM.

Aparelho em O; visada para M com zero graus no círculo horizontal; leitura do círculo horizontal para estrela à oeste = 258° 32′; leitura do círculo horizontal para estrela à leste = 36° 10′. A estrela está ao norte do observador. Aparelho azimutal à direita.

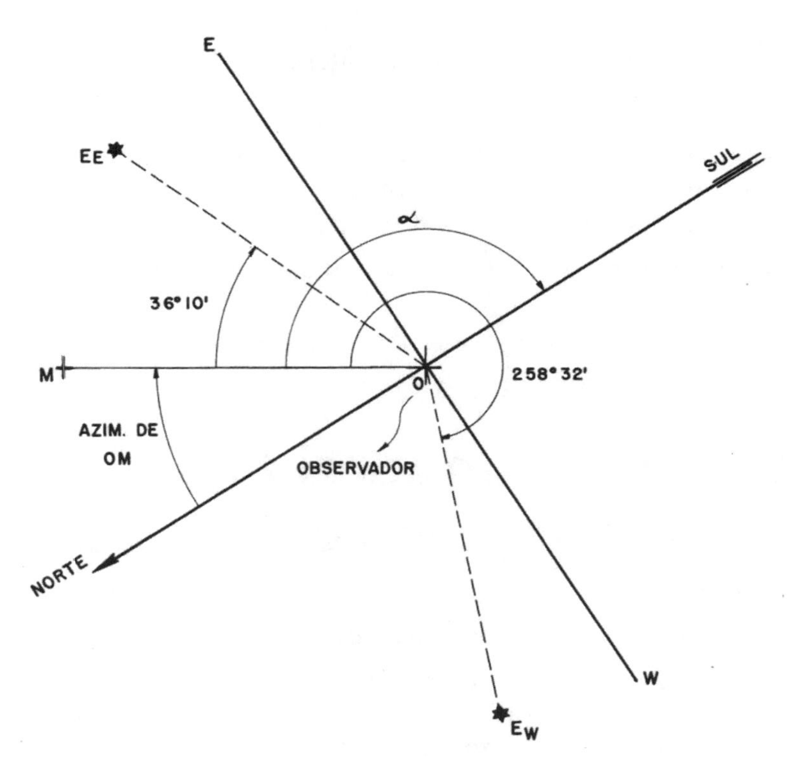

Azimute à direita de OM = **180°** − α = **32° 39′**

EXERCÍCIO 151

Determinar o azimute à direita da reta OM. Aparelho em O; visada para M com zero graus no círculo horizontal; leitura do círculo horizontal para estrela à leste = 182° 20′; leitura do círculo horizontal para estrela à oeste = 36° 10′. A estrela está ao norte do observador. Aparelho azimute à direita.

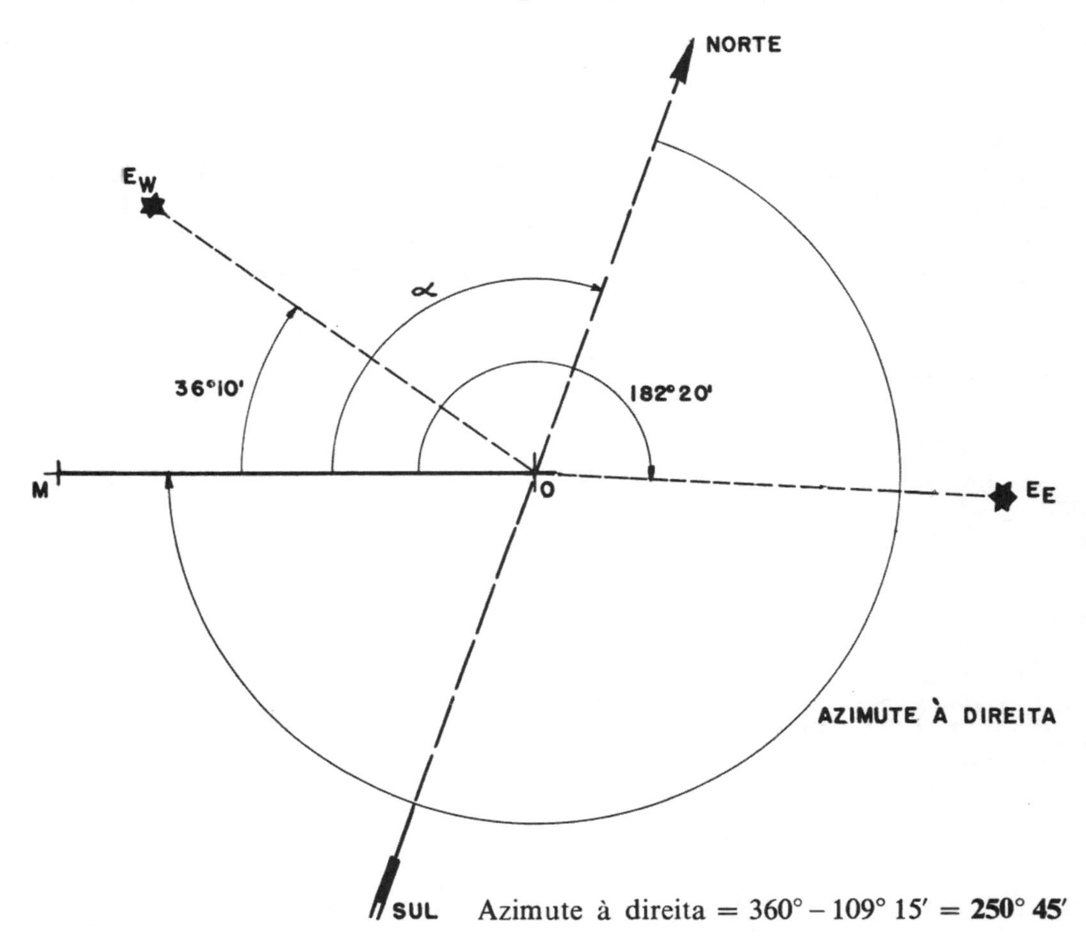

Azimute à direita = 360° – 109° 15′ = **250° 45′**

correção de medidas de linhas de base

EXERCÍCIO 152

Corrigir o trecho de linha de base, medido nas seguintes condições:

Leitura inicial da trena: 0,023
Leitura final da trena: 30,000
Temperatura: 28° C
Força de extensão da trena: 11 kg

Dados da trena:

Temperatura padrão: 20° C
Força padrão: 8 kg
Coeficiente de dilatação por temperatura: 0,000012/°C m
Coeficiente de dilatação por força: 0,000010/kg m
w = peso por ml de trena = 0,05 kg/ml
Distância = 30,000 – 0,023 = 29,977

$C_{temp} = 30 \times 0{,}000012 \times (28-20) = 0{,}00288$ m (correção para mais)
$C_{força} = 30 \times 0{,}000010 \times (11-8) = 0{,}00090$ m (correção para mais)
$C_{catenária} = \dfrac{\omega^2 l^3}{24f^2} = \dfrac{0{,}05^2 \times 30^3}{24 \times 11^2} = 0{,}023244$ m (correção para menos)

Somatória das correções $= +0{,}00288 + 0{,}00090 - 0{,}023244 = -0{,}019464 \simeq$
$\simeq -0{,}019$

Valor corrigido $= 29{,}977 - 0{,}019 = 29{,}958$ m

Fórmulas:

$C_{temp} = l \times et \times (t - to)$ onde l = comprimento da trena et = coeficiente de dilatação da trena por grau Celsius por ml t = temperatura ambiente to = temperatura padrão.

$C_{força} = l \times ef \times (f - fo)$ onde l = comprimento da trena ef = coeficiente de dilatação da trena por quilo por ml f = força aplicada e fo = força padrão.

$C_{catenária} = \dfrac{\omega^2 l^3}{24f^2}$ onde ω = peso em kg por ml da trena l = comprimento da trena e f = força aplicada.

SUPERLARGURA

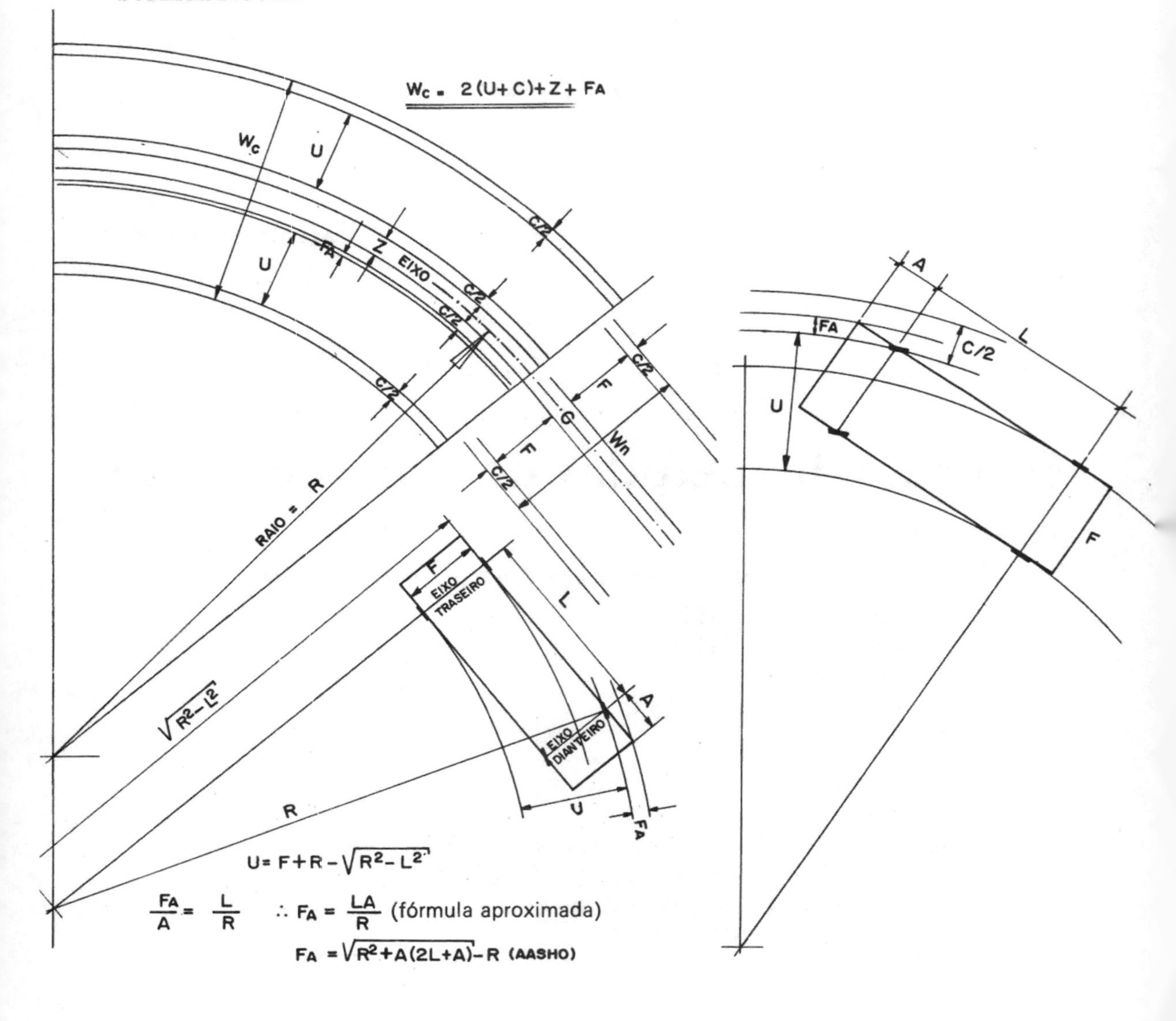

NOMENCLATURA

Wn = Largura normal
Wc = Largura na curva
ω = Super-largura = Wc–Wn
VMD = Veículo mais desfavorável
L = Comprimento do VMD de eixo a eixo
A = Distância entre o eixo dianteiro e o pára-choque do VMD
F = Largura do VMD
R = Raio de curva do eixo da estrada
V = Velocidade do veículo em km/h
Z = Alargamento necessário para compensar a dificuldade de dirigir nas curvas
U = Largura que o veículo assume nas curvas
F_A = Afastamento lateral que o veículo assume por causa de A.
C = Distância normal segura que dois veículos têm quando se cruzam.

FÓRMULAS

$$Z = \frac{V}{9{,}6\sqrt{R}} \qquad F_A = \frac{AL}{R} \text{ (fórmula aproximada)}$$

ou $F_A = \sqrt{R^2 + A(2L + A)} - R$(AASHO)*

$$U = F + R - \sqrt{R^2 - L^2}$$

$$Wc = Wn + \omega$$

ou $Wc = 2(U + C) + Z + F_A$ segundo a AASHO

Valores usuais para Wn: 20′ = 6,10 m
22′ = 6,70 m
24′ = 7,30 m
e C C = 0,30 m
C = 0,45 m
C = 0,60 m

L = 20′ = 6,10 m A = 4′ = 1,20 m F = 8,5′ = 2,60

*American Association State Highways Official

EXERCÍCIO 152a

Wn = 6,10 m C = 0,30 m R = 200 m V = 80 km/h

$$Z = \frac{V}{9{,}6\sqrt{R}} = \frac{80}{9{,}6\sqrt{200}} = 0{,}59 \text{ m} \qquad F_A = \frac{AL}{R} = \frac{6{,}10 \times 1{,}2}{200} = 0{,}04 \text{ m}$$

$$U = F + R - \sqrt{R^2 - L^2} = 2{,}60 + 200 - \sqrt{200^2 - 6{,}1^2} = 2{,}70 \text{ m}$$

$$Wc = 2(2{,}70 + 0{,}30) + 0{,}59 + 0{,}04 = 6{,}63 \text{ m}$$

$$\omega = Wc - Wn = 6{,}63 - 6{,}10 = 0{,}53 \text{ m}$$

$$F_A \text{(AASHO)} = \sqrt{R^2 + A(2L + A)} - R =$$

$$= \sqrt{200^2 + 1{,}2(2 \times 6{,}1 + 1{,}2)} - 200 = 0{,}04 \text{ m}$$

mesmo valor

EXERCÍCIO 152b

$$Wn = 6{,}70\text{ m} \quad C = 0{,}45\text{ m} \quad R = 300\text{ m} \quad V = 100\text{ km/h}$$

$$Z = \frac{V}{9{,}6\sqrt{R}} = \frac{100}{9{,}6\sqrt{300}} = 0{,}60\text{ m} \quad F_A = \frac{AL}{R} = \frac{6{,}10 \times 1{,}2}{300} = 0{,}03\text{ m}$$

$$U = 2{,}60 + 300 - \sqrt{300^2 - 6{,}1^2} = 2{,}67\text{ m}$$
$$Wc = 2(2{,}67 + 0{,}45) + 0{,}60 + 0{,}03 = 6{,}87\text{ m}$$
$$\omega = Wc - Wn = 6{,}87 - 6{,}70 = 0{,}17\text{ m}$$
$$F_A\,(\text{AASHO}) = \sqrt{300^2 + 1{,}2(2 \times 6{,}1 + 1{,}20)} - 300 = 0{,}03\text{ m}$$

mesmo valor

EXERCÍCIO 152c

$$Wn = 6{,}10\text{ m} \quad C = 0{,}30\text{ m} \quad R = 100\text{ m} \quad V = 80\text{ km/h}$$

$$Z = \frac{V}{9{,}6\sqrt{R}} = \frac{80}{9{,}6\sqrt{100}} = 0{,}83\text{ m} \quad F_A = \frac{AL}{R} = \frac{6{,}1 \times 1{,}2}{100} = 0{,}08\text{ m}$$

mesmo valor

$$F_A\,(\text{AASHO}) = \sqrt{100^2 + 1{,}2(2 \times 6{,}1 + 1{,}2)} - 100 = 0{,}08\text{ m}$$
$$U = F + R - \sqrt{R^2 - L^2} = 2{,}60 + 100 - \sqrt{100^2 - 6{,}1^2} = 2{,}79\text{ m}$$
$$Wc = 2(2{,}79 + 0{,}30) + 0{,}83 + 0{,}08 = 7{,}09\text{ m}$$
$$\omega = Wc - Wn = 7{,}09 - 6{,}10 = 0{,}99\text{ m}$$

EXERCÍCIO 152d

Superlargura — Calcular o alargamento necessário para as seguintes condições:

W_n = largura da pista nas retas = 6,70 m (duas mãos de direção),
C = folga normal entre dois veículos que se cruzam = 0,60 m,

Dados do veículo máximo padrão:

F = largura = 2,70 m,
L = distância eixo a eixo = 6,20 m,
A = distância do eixo dianteiro até o pára-choque dianteiro = 1,30 m.
Velocidade de projeto = 90 k/h.
Raio da curva circular = 240 m.
Aumento da folga na curva = $Z = \dfrac{V}{9{,}6\sqrt{R}}$.

Solução

$$U = F + R - \sqrt{R^2 - L^2} = 2{,}70 + 240 - \sqrt{240^2 - 6{,}2^2} = \mathbf{2{,}78}$$
$$F_A = \frac{AL}{R} = \frac{1{,}3 \times 6{,}2}{2{,}40} = 0{,}0336 \simeq \mathbf{0{,}03\ m}$$

ou $F_A = \sqrt{R^2 + A(2L + A)} - R = \sqrt{240^2 + 1{,}3(2 \times 6{,}2 + 1{,}3)} - 240 =$
$= 0{,}0371 \simeq \mathbf{0{,}04\ m}$

$$Z = \frac{V}{9{,}6\sqrt{R}} = \frac{90}{9{,}6\sqrt{240}} = 0{,}6052 \simeq \mathbf{0{,}61\ m}$$

W_c = largura na curva $= 2(U + C) + Z + F_A = 2(2{,}78 + 0{,}60) + 0{,}61 +$
$+ 0{,}04 = \mathbf{7{,}41}$

Alargamento $\omega = W_c - W_n = 7{,}41 - 6{,}70 = \mathbf{0{,}71\ m.}$

EXERCÍCIO 152e

Calcular a largura da pista na curva para R = 220 m. Velocidade de projeto = = 90 k/h; folga normal entre 2 veículos que se cruzam em reta = C = 0,60 m. usar como veículo-padrão:

distância de eixo a eixo = L = 6,40 m
largura = F = 2,80 m
distância entre eixo dianteiro e pára-choque = A = 1,40 m.

Solução

$$U = F + R - \sqrt{R^2 - L^2} = 2{,}80 + 220 - \sqrt{220^2 - 6{,}4^2} = \mathbf{2{,}89\ m}$$

$$F_A = \sqrt{R^2 + A(2L + A)} - R = \sqrt{220^2 + 1{,}4(2 \times 6{,}4 + 1{,}4)} - 220 = \mathbf{0{,}05\ m}$$

$$Z = \frac{V}{9{,}6\sqrt{R}} = \frac{90}{9{,}6\sqrt{220}} = \mathbf{0{,}63\ m}$$

$$W_C = 2(U + C) + Z + F_A = 2(2{,}89 + 0{,}60) + 0{,}63 + 0{,}05\ m = \mathbf{7{,}66\ m}$$

Resposta: a largura na curva deverá ser 7,66 m.

exercícios propostos e com respostas

1 — Com uma trena de aço, que deveria medir 30 m, foi medida uma distância l e encontrou-se 231,16 m. Posteriormente constatou-se que a trena tinha um erro, para menos de 5 cm. *Corrigir a distância l.*
Resposta: l = **230,77 m**

2 — Marcar 200 m corretos com uma trena 30,04 m, cuja graduação indica 30 m. *Quanto deveremos marcar?*
Resposta: **deveremos marcar 199,73 m**

3 — Sabemos que o retângulo ABCD é perfeito. No entanto, ao medir os lados AB e BC com a primeira trena, encontramos respectivamente 120,24 m e 80,16 m, e ao medir os lados CD e DA com a segunda trena, encontramos respectivamente 120,18 m e 80,12 m. *Sabendo que AB é igual a 120 m, determinar os erros da primeira e segunda trenas (ambas são de 20 m nominais).*
Respostas: erro da primeira trena = 4 cm para menos → **19,96 m**
erro da segunda trena = 3 cm para menos → **19,97 m**

4 — Completar a tabela. Os valores dados estão em normal. **Os valores calculados em preto.**

Linha	Azimute à direita		Azimute à esquerda		Rumo	
	vante	ré	vante	ré	vante	ré
1-2	**327° 50′**	147° 50′	**32° 10′**	**212° 10′**	**N 32° 10′ W**	**S 32° 10′ E**
2-3	**349° 58′**	**169° 58′**	**10° 02′**	**190° 02′**	N 10° 02′ W	**S 10° 02′ E**
3-4	**251° 35′**	**71° 35′**	108° 25′	**288° 25′**	**S 71° 35′ W**	**N 71° 35′ E**
4-1	**265° 50′**	**85° 50′**	**94° 10′**	**274° 10′**	**N 85° 50′ E**	S 85° 50′ W

5 — Com dados do exercício anterior, *calcular os ângulos à direita com vértices em 1, 2, 3 e 4.*
Resposta: 1 = 62° 00′
2 = 202° 08′
3 = 81° 37′
4 = 14° 15′
Total **360° 00′**

6 — O rumo do lado 1-2 foi adotado com o N 18° 36′ W. O rumo do mesmo lado, calculado após o fechamento do polígono resultou N 18° 41′ W. *Calcular o erro de fechamento angular e a somatória dos ângulos internos, supondo que o polígono foi estaqueado no sentido anti-horário e tem 10 lados.*
Resposta: erro de fechamento angular = **5′**
Somatória dos ângulos internos = **1439° 55′**

7 — *Transformar as seguintes datas em valores decimais de anos:*

1/1/1920 1/2/1947 15/3/1964 18/10/1970

Respostas: 1919,0 1946,085 1963,205 1969,80

8 — *Calcular o rumo magnético de 1-2 em 1/1/1975*

Rumo verdadeiro de 1-2 = S 15° 32′ E

Do anuário de 1965,0 { declinação magnética: 13° 06′ W; variação anual: 8′ W }

Resposta: **S 1° 14′ E**

9 — *Calcular a variação anual da declinação magnética local.*

Rumo magnético de 2-3 em 1/7/1960: S 32° 42′ W
„ „ „ „ em 1/1/1971: S 33° 45′ W

Resposta: **6′ para W**

10 — *Corrigir as coordenadas do lado $C_2 - C_3$ do exercício 30.*

Resposta: $x =$ **10,12** $y =$ **6,89**

10a — *Calcular o comprimento e o rumo do lado 8-9 sendo dadas as coordenadas totais de* $X_8 = 263{,}00$ m $X_9 = 315{,}31$ m
$Y_8 = -15{,}18$ m $Y_9 = +15{,}02$ m

Respostas: $l =$ **60,40 m**
rumo = **N 60° E**

11 — *Calcular a área do polígono por D.D.M.*

Lado	Coordenadas parciais			
	x		y	
	E	W	N	S
0-1	16		7	
1-2	45			4
2-3	25			41
3-4		40		52
4-5		8	50	
5-6		56	10	
6-7	14		18	
7-0	4		12	

Resposta: **4.565,5 u²**

12 — *Calcular a área do mesmo polígono por coordenadas totais:*

Resposta: **4.565,5 u²**

13 — a) *Calcular a variação anual da declinação magnética;* e b) *Calcular o rumo verdadeiro de AB.*

Rumo de AB em 1/1/1972: S 32° 40′ W
Rumo de AB em 1/7/1960: S 34° 12′ W
Declinação magnética em 1970,0: 9° 10′ para E

Resposta: a) **8′ para E**
Resposta: b) **S 41° 50′ W**

14 — O círculo horizontal do teodolito está em grados e a menor subdivisão é meio grado. *Projetar um nônio para ler centésimos de grado.*

Respostas: número de subdivisões do nônio = **50**
abertura angular do nônio = **24,5 grados**

Supondo que o diâmetro do círculo seja 12 cm, qual o comprimento de arco do nônio?

Resposta: **2,31 cm**

15 — Uma linha está sendo medida de 10 em 10 m, tirando-se ordenadas laterais até o limite do terreno. *Calcular a área compreendida entre a linha e o limite,*

por Bezout, Simpson e Poncelet. As ordenadas são:

$$Y_1 = 5{,}80 \text{ m}$$
$$Y_2 = 6{,}20 \text{ m}$$
$$Y_3 = 7{,}30 \text{ m}$$
$$Y_4 = 6{,}80 \text{ m}$$
$$Y_5 = 7{,}00 \text{ m}$$
$$Y_6 = 7{,}90 \text{ m}$$
$$Y_7 = 8{,}40 \text{ m}$$
$$Y_8 = 8{,}60 \text{ m}$$
$$Y_9 = 9{,}10 \text{ m}$$

Respostas: S Bezout = **596,50 m^2**
S Simpson = **594,33 m^2**
S Poncelet = **590,25 m^2**

16 — *Compor a tabela de nivelamento geométrico e fazer a prova de cálculo, com os seguintes dados:*

Cota da RN = 312,437
Cota de 2 = 310,230
Cota de 5 = 306,067
Cota de 6 = 304,362
Cota de 8 = 301,123
Visada à ré para 3 = 0,577
Visada à vante intermediária para 1 = 1,270
Visada à vante intermediária para 4 = 1,814
Visada à vante de mudança para 5 = 3,529
Visada à vante de mudança para 7 = 3,315
Altura do instrumento com visada à ré para a RN = 312,741
Altura do instrumento com visada à ré para 5 = 306,563
Altura do instrumento com visada à ré para 7 = 304,056

Observação: usar as estacas na ordem numérica; na resposta (tabela) os dados estão assinalados em claro e **os calculados em preto.**

Resposta:

Estaca	Visada à ré	Altura do instrumento	Visada à vante		Cota	Prova de cálculo:
			inter-mediária	de mudança		
RN					312,437	
	0,304	312,741				
1			1,270		**311,471**	312,437
2			**2,511**		310,230	2,185
3				**3,722**	**309,019**	314,622
	0,577	**309,596**				13,499
4			1,814		**307,782**	301,123
5				3,529	306,067	
	0,496	306,563				
6			**2,201**		304,362	
7				3,315	**303,248**	
	0,808	304,056				
8				**2,933**	**301,123**	
	2,185			**13,499**		

17 — *Compor a tabela de nivelamento geométrico e fazer a prova dos cálculos, com os seguintes dados:*

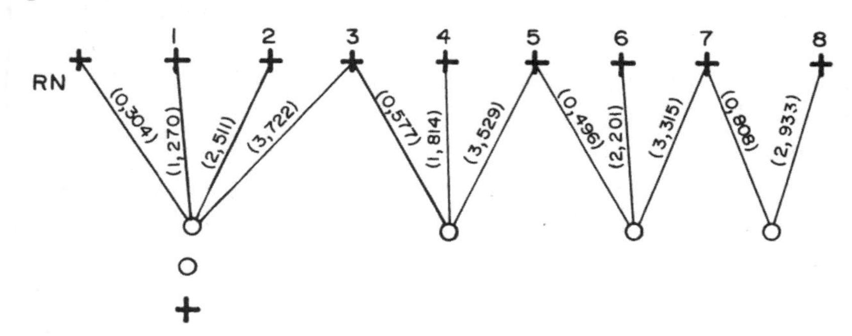

Cota da RN: 312,437
○: posições do nível
+: posições da mira (estacas visadas)
(0,304) etc . . .: leituras da mira

Resposta: **a mesma tabela do exercício 16 e a mesma prova dos cálculos.**

18 — Taqueometria

Completar a tabela abaixo, calculando a distância horizontal H, a distância vertical V e as cotas dos pontos.

Constantes do taqueômetro | multiplicativa = 100; aditiva (f + c) = zero

Respostas: **Ver colunas H, V e Cota**

Estaca	Ponto visado	Leituras de mira			Ângulo vertical	H	V	Cota
		superior	central	inferior				
A/1,52								100,000
	1	1,375	1,000	0,625	+3° 12′	74,77	4,18	104,700
	2	0,600	0,488	0,376	+5° 31′	22,19	2,14	103,172
	3	1,804	1,502	1,200	-10° 14′	58,49	-10,56	89,458
	4	1,821	1,411	1,000	+0° 30′	82,09	0,72	100,829
	5	1,005	0,903	0,800	-5° 47′	20,29	-2,06	98,557

19 — Método das rampas

Calcular a distância horizontal AB e cota de B.

Visando de A para B temos os seguintes dados:

Leituras de mira: 3,548 e 0,500
Ângulos verticais: -0° 20′ e +0° 44′
Cota de A: 53,412 m
Altura do aparelho em A: 1,47 m

Respostas: distância horizontal = **163,761**
Cota B = **53,430**

20 — Método das rampas

Visando para a base e para o topo de uma torre de transmissão, que sabemos ter 32 m de altura, lemos os seguintes valores no círculo vertical do teodolito: -3° 52′ e -3° 40′

Calcular a distância horizontal do teodolito até a torre.

Resposta: **9.127,75 m**

21 — Método das rampas

Qual a distância entre nós e um edifício se, ao visarmos para o peitoril de janela do 4.° andar, no círculo vertical lemos +1° 12′, e ao visar para o peitoril de janela do 12.° andar, lemos +3° 22′?

Observação: supor que o pé-direito (bruto) de cada andar é 3 m.

Resposta: **633,58 m**

22 — Mira de base

Vemos um navio, que sabemos medir 152 m de proa a popa e que está ancorado. Sendo as visadas perpendiculares ao navio, as leituras no círculo horizontal do teodolito são:

Para a proa: 153° 14′
Para a popa: 160° 32′

Calcular a distância até ao navio.

Resposta: **1.191,39 m**

23 — Mira de base

Visamos para um navio em movimento. Num certo instante, a leitura do círculo horizontal do teodolito na visada para a proa foi 183° 02′. Giramos o teodolito para a leitura 200° 00′ e esperamos que a proa do navio esteja na visada, cronometrando o tempo: 1 minuto e 12 segundos. Sabendo-se que a velocidade do navio é 10 km/h e supondo que seu curso é perpendicular à nossa visada, *calcular a distância até ao navio.*

Resposta: **670,45**

24 — Interpolação (curvas de nível)

Traçar as curvas de nível de metro em metro.

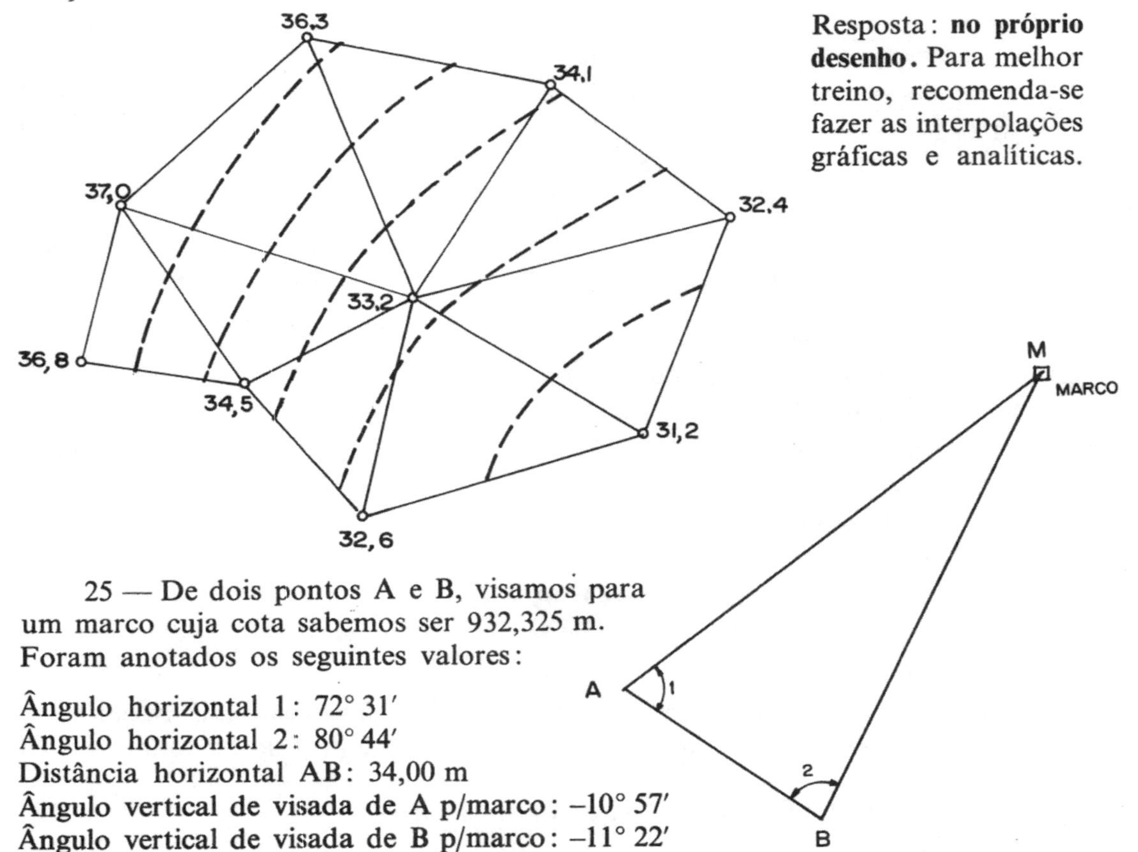

Resposta: **no próprio desenho.** Para melhor treino, recomenda-se fazer as interpolações gráficas e analíticas.

25 — De dois pontos A e B, visamos para um marco cuja cota sabemos ser 932,325 m. Foram anotados os seguintes valores:

Ângulo horizontal 1: 72° 31′
Ângulo horizontal 2: 80° 44′
Distância horizontal AB: 34,00 m
Ângulo vertical de visada de A p/marco: −10° 57′
Ângulo vertical de visada de B p/marco: −11° 22′

a) *Calcular distância horizontal AM;* b) *Calcular distância horizontal BM;* c) *Calcular cota do aparelho em A* e d) *Calcular cota do aparelho em B.*

Resposta: a) = **73,322** b) = **75,870**
c) = **918,139** d) = **917,073**

26 — Com um teodolito equipado com luneta auxiliar lateral, foi medido o ângulo horizontal AOB (aparelho em O visando para A e B) obtendo-se:

Ângulo horizontal: 111° 32′
Distância horizontal OA: 41,23 m
Distância horizontal OB: 58,40 m
O eixo da luneta lateral está afastado 14 cm do eixo do teodolito.
Corrigir o ângulo horizontal medido.
Resposta: ângulo horizontal AOB = **111° 28′**

27 — Problema de Pothenot
Calcular a distância PB para os valores dados

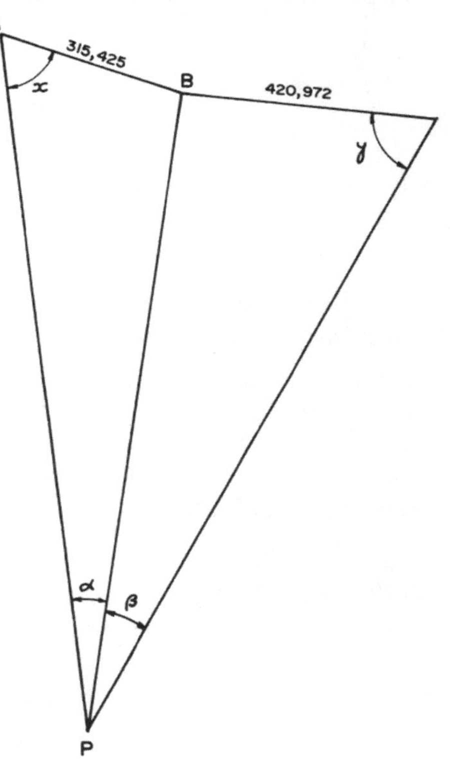

α: 15° 02′
β: 20° 40′
B: 193° 14′

Respostas: x = **64° 19′**
Y = **66°** 45′
por ABP: BP = **1.095,9244**
por CBP: BP = **1.095,9252**

(Deve ser usada a 2.ª solução analítica:

$$\operatorname{cotg} y = \frac{\text{BC sen } \alpha}{\text{AB sen } \beta \text{ sen } \alpha} + \operatorname{cotg} \alpha)$$

28 — Um terreno de 100 × 60 m foi quadriculado de 20 m em 20 m obtendo-se as cotas abaixo. *Calcular a cota final do plano horizontal que resulte em volumes iguais de corte e aterro.*

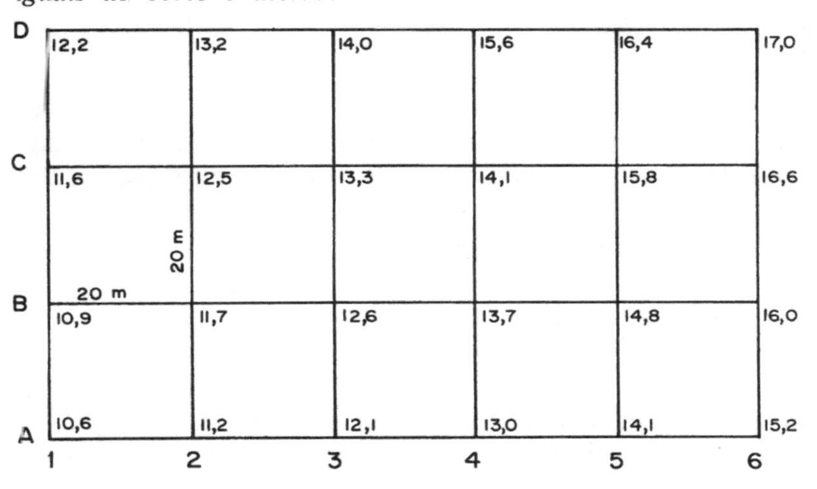

Resposta: cota final = **13,64 m**

29 — Com os mesmos dados, *calcular o volume total de corte e aterro.*
Respostas: volume de corte = **4.102,9820 m³**
volume de aterro = **4.103,0120 m³**

30 — Com os mesmos dados do exercício 28, *calcular a cota final do plano que faça sobrar 1.200 m³ de terra,* isto é, $V_C - V_A$: 1.200 m³
Resposta: cota final = **13,44 m**

31 — Ainda com os mesmos dados, *projetar um plano inclinado de 1 para 6 com +2%, que resulte em volumes de corte e aterro iguais verificando também* quais as cotas dos 4 cantos.
Respostas: a) a cota no centro de gravidade do retângulo permanece 13,64 m;
b) inclinando-se 2% no sentido indicado (de 1 para 6) resultam:

cota de A-1 = **12,64 m**
cota de D-1 = **12,64 m**
cota de A-6 = **14,64 m**
cota de D-6 = **14,64 m**

32 — *Calcular os volumes de corte e aterro na hipótese do exercício 31.*
Resposta: volume de corte = volume de aterro = **2.772,467 m³**

33 — Usando-se um vertedor com orifício retangular com 0,30 m de largura, obtivemos os seguintes dados:

Leitura de mira sobre a estaca à montante: 2.518
Altura do nível d'água sobre a estaca: 12 mm
Leitura de mira sobre a aresta do vertedor = 2,544
Calcular a vazão em litros por segundo.
Resposta: **3,96 litros/s**

34 — Usando-se o molinete, mediram-se as seguintes velocidades da água num determinado ponto:

Profundidade (m)	Velocidade (m/s)
0	0,50 m/s
0,40 m	0,66 m/s
0,70 m	0,70 m/s
1,00 m	0,44 m/s
1,40 m	0,30 m/s
1,70 m	leito

Calcular a velocidade média na vertical.
Resposta: **0,471 m/s**

35 — Supondo que na mesma seção transversal do exercício anterior o molinete tivesse também sido usado numa vertical, a 2,00 m à esquerda, onde a profundidade do rio resultou 1,9 m, e a 2,40 m à direita onde a profundidade resultou 1,60 m, *calcular a razão na área de influência da vertical do exercício 34.*
Resposta: 0,471 × 3,76 = **1,771 m³/s**

36 — Curva horizontal circular
Azimute da 1.ª tangente: 12° 15′ à direita
Azimute da 2.ª tangente: 353° 07′ à direita
Estaca do P.I: 310 + 7,20 m
Concordar as duas tangentes com uma curva de raio R: 1.500 m.
Calcular a deflexão a partir da tangente inicial para locar a estaca 300.

Respostas: I = ângulo de interseção = **19° 08′** à esquerda
D = grau da curva = **0°,763944** = **0° 45′ 50″,2**
C = comprimento da curva = **500,91 m**
T = tangente = **252,81 m**
Estaca do P.C. = **297 + 14,39 m**
Deflexão para locar a estaca 300 = **0°,871087** = **0° 52′ 15″,91**

37 — Com os mesmos dados do exercício 36, *calcular o azimute da linha PC – 300.*
Resposta: 11° 22′ 44″,09

38 — Numa curva circular horizontal a estaca do P.I. é 39 + 8,35 m e a estaca do P.C. é 33 + 10,09 m. O ângulo de interseção I é 30°. *Calcular os demais dados da curva.*
Respostas: T = tangente = **118,26 m**
R = **441,35 m**
D = 2°,596374 = **2° 35′ 46″, 95**
C = 231,09 m
PT = 45 + 1,18 m

39 — Do exercício 36, *calcular as coordenadas x e y para locar a estaca 300.*
Respostas: x = **45,61**
y = **0,70 m**

40 — Do exercício 38, *calcular as coordenadas x e y para locar a estaca 44.*
Respostas: x = **195,53 m**
y = **48,63 m**

41 — Duas tangentes fazem um ângulo de intersecção igual a 42°. *Preparar os dados para locar uma curva horizontal de 80 metros de comprimento de 10 em 10 m* (método da corda anterior prolongada).
Respostas: C = comprimento da curva = **80 m**
D = grau da curva = **10° 30′**
R = raio = **109,14 m**
T = tangente = **41,89 m**
L = **0,92 m**
$\frac{L}{2}$ = **0,46 m**
b = **9,99 m**

42 — *Preparar a tabela de locação para a curva horizontal circular.*
Azimute da tangente inicial: 153° 14′ à direita
Ângulo de interseção: I = 15° 33′ à direita
Raio: R = 2.000 m
Estaca do PI = 1230 + 5,40 m
Usar pontos de mudança de 5 em 5 estacas
Resposta: deflexão para 20 m = **17′,19**
deflexão para 7,68 m = **6′,60**
deflexão para 15,08 = **12,96**

$$\begin{array}{rl} 153^\circ\,14' & = \text{Azimute tg. inicial} \\ +\ \ 15^\circ\,33' & = \text{I} \\ \hline 168^\circ\,47' & = \text{Azimute tg. final} \end{array}$$

Observação: quando o estudante conseguir preparar esta tabela em 20 minutos, sem cometer erros, estará razoavelmente treinado.

Estaca		Deflexão	círculo horizontal	da tangente
PT	1243+15,08	12,96	167° 59′,66	168° 47′,00
	1243	17′,19	167° 46′,70	
	1242	17′,19	167° 29′,61	
PM_5	1241	17′,19	165° 46′,37	167° 12′,32
	1240	17′,19	165° 29′,18	
	1239	17′,19	165° 11′,99	
	1238	17′,19	164° 54′,80	
	1237	17′,19	164° 37′,61	
PM	1236	17′,19	162° 54′,47	164° 20′,42
	1235	17′,19	162° 37′,28	
	1234	17′,19	162° 20′,09	
	1233	17′,19	162° 02′,90	
	1232	17′,19	161° 45′,71	
PM_3	1231	17′,19	160° 02′,57	161° 28′,52
	1230	17′,19	159° 45′,38	
	1229	17′,19	159° 28′,19	
	1228	17′,19	159° 11′,00	
	1227	17′,19	158° 53′,81	
PM_2	1226	17′,19	157° 10′,67	158° 36′,62
	1225	17′,19	156° 53′,48	
	1224	17′,19	156° 36′,29	
	1223	17′,19	156° 19′,10	
	1222	17′,19	156° 01′,91	
PM_1	1221	17′,19	154° 29′,36	155° 44′,72
	1220	17′,19	154° 12′,17	
	1219	17′,19	153° 54′,98	
	1218	17′,19	153° 37′,79	
	1217	6′,60	153° 20′,6	
PC	1216+12,32			153° 14′

43 — Curva vertical parabólica (simétrica)

Preparar a tabela de execução.

Estaca do vértice: 72 + 0,00 m

Cota da estaca vertical: 215,330 m

Rampa inicial: +2%

Rampa final: –6%

Raio escolhido: 3.000 m

Respostas: L = **240 m** e = **2,400 m**

Y_1 = **0,067** Y_2 = **0,267** Y_3 = **0,600**

Y_4 = **1,067** Y_5 = **1,667**

	Estaca	Rampa na tangente	Cota na tangente	Y(–)	Cota na curva
	66	+2%	212,930	—	212,930
	67		213,330	0,067	213,263
	68		213,730	0,267	213,463
	69		214,130	0,600	213,530
	70		214,530	1,067	213,463
	71		214,930	1,667	213,263
vértice	72		215,330	2,400	212,930
	73	–6%	214,130	1,667	212,463
	74		212,930	1,067	211,863
	75		211,730	0,600	211,130
	76		210,530	0,267	210,263
	77		209,330	0,067	209,263
	78		208,130	—	208,130

44 — *Compor a tabela completa, concordando a rampa inicial de –0,45% com a rampa final de +0,8%, com razão de mudança de rampa constante de 0,05% cada 10 m.*

Estaca do vértice 351

Cota do vértice 712,040 m

Resposta:

Estaca	Rampa na corda	Diferença da rampa na corda	Diferença da cota acumulada	Cota na curva
345	–0,40	–0,040	–0,040	712,580
345 + 10 m	–0,35	–0,035	–0,075	712,540
346	–0,30	–0,030	–0,105	712,505
346 + 10 m	–0,25	–0,025	–0,130	712,475
347	–0,20	–0,020	–0,150	712,450
347 + 10 m	–0,15	–0,015	–0,165	712,430
348	–0,10	–0,010	–0,175	712,415
348 + 10 m	–0,05	–0,005	–0,180	712,405
349	0	0	–0,180	712,400
349 + 10 m	+0,05	+0,005	–0,175	712,400
350	+0,10	+0,010	–0,165	712,405
350 + 10 m	+0,15	+0,015	–0,150	712,415
351 (vert)	+0,20	+0,020	–0,130	712,430
351 + 10 m	+0,25	+0,025	–0,105	712,450
352	+0,30	+0,030	–0,075	712,475
352 + 10 m	+0,35	+0,035	–0,040	712,505
353	+0,40	+0,040	0	712,540
353 + 10 m	+0,45	+0,045	+0,045	712,580
354	+0,50	+0,050	+0,095	712,625
354 + 10 m	+0,55	+0,055	+0,150	712,675
355	+0,60	+0,060	+0,210	712,730
355 + 10 m	+0,65	+0,065	+0,275	712,790
356	+0,70	+0,070	+0,345	712,855
356 + 10 m	+0,75	+0,075	+0,420	712,925
357				713,000

45 — *Compor a tabela de execução da curva vertical por arco de parábola.* (curva assimétrica de 10 em 10 m)

Estaca do vértice: 91 + 10,00 m Cota: 81,532
Estaca inicial: 87 + 10,00 m Cota: 78,892
Estaca final: 94 + 10,00 m Cota: 78,112

Respostas: r_1 = **+3,3%** r_2 = **−5,7%**
l_1 = **80 m** l_2 = **60 m** L = **140 m**
e = **1,543**

	Estaca	Rampa na tangente	Cota na tangente	Y(−)	Cota na curva
	87 + 10 m	↓	78,892	—	78,892
	88		79,222	0,024	79,198
	88 + 10 m		79,552	0,096	79,456
	89	+3,3%	79,882	0,217	79,665
	89 + 10 m		80,212	0,386	79,826
	90		80,542	0,603	79,939
	90 + 10 m		80,872	0,868	80,004
	91	↓	81,202	1,181	80,021
vert.	91 + 10 m	——	81,532	1,543	79,989
	92	↓	80,962	1,071	79,891
	92 + 10 m		80,392	0,686	79,706
	93	−5,7%	79,822	0,386	79,436
	93 + 10 m		79,252	0,171	79,081
	94		78,682	0,043	78,639
	94 + 10 m	↓	78,112	—	78,112

46 — *Calcular a cota da estaca 28 na curva vertical.*

Estaca inicial: 22 Cota: 172,030 m
Estaca do vértice: 28 Cota: 167,230 m
Estaca final: 32 Cota: 171,230 m

Resposta: **a cota da estaca 28 na curva é 169,390 m**

47 — *Qual a superelevação necessária para V: 80 km/h, R: 120 m, f: 0,14 e g: 10 m/s²?*

Resposta: **e = 27%**

Observação: esta superelevação não poderá ser usada, donde se conclui que uma curva de raio 120 m nunca poderá permitir a velocidade de 80 km/h.

48 — *Qual a velocidade limite para a curva do exercício 47, caso a superelevação* e *seja de 8%?*

Resposta: v = **16,25 m/s** ou V = **58,5 km/h**

49 — *Qual o raio mínimo necessário para V: 80 k/h; f: 0,14; g: 10 m/s²; e: 8%?*

Resposta: R = **224,47 m**

50 — *Compor a tabela de locação da espiral de transição necessária para a curva do exercício 49* (de 10 em 10 m).

Estaca do PI: 702 + 13,20 m I: 38°

Respostas: l_s = **100 m** θ_s = **12° 45′** D_c = **5° 06′**
T_s = **127,92** Estaca TS = **696 + 5,28 m**
Estaca SC = **701 + 5,28 m**

	Estaca	l(m)	l/l_s	$(l/l_s)^2$	Deflexão em graus	Deflexão em graus e minutos
TS	696 + 5,28 m					
	696 + 10 m	4,72	0,0472	0,0022278	0°,0094681	0° 0′,568
	697	14,72	0,1472	0,0216678	0°,0920881	0°05′,525
	697 + 10 m	24,72	0,2472	0,0611078	0°,2597081	0°15′,582
	698	34,72	0,3472	0,1205478	0°,5123281	0°30′,740
	698 + 10 m	44,72	0,4472	0,1999878	0°,8499481	0°50′,997
	699	54,72	0,5472	0,2994278	1°,2725681	1°16′,354
	699 + 10 m	64,72	0,6472	0,4188678	1°,7801881	1°46′,811
	700	74,72	0,7472	0,5583078	2°,3728081	2°22′,368
	700 + 10 m	84,72	0,8472	0,7177478	3°,0504281	3°03′,026
	701	94,72	0,9472	0,8971878	3°,8130481	3°48′,783
	701 + 5,28	100	1	1	4°,25	4°15′

51 — a) *Calcular o volume por áreas extremas;* b) *calcular a correção prismoidal* e c) *calcular o volume pela fórmula prismoidal.*

Dados da seção 30 d: 3,10

$x_e = 8{,}00 \qquad y_e = 2{,}1$

$x_d = 12{,}60 \qquad y_d = 4{,}4$

Dados da seção 31 d: 3,80

$x_e = 9{,}00 \qquad y_e = 2{,}60$

$x_d = 13{,}80 \qquad y_d = 5{,}00$

b: 7,60 m   Talude de aterro: 2/1 l: 20 m

Respostas: a) V_E = **1.020,40 m³**

b) C_p = **2,57 m³**

c) V_p = **1.017,83 m³**

52 — *Calcular a excentricidade das seções 30 e 31 do exercício 51.*

Respostas: e_{30} = **1,32 m** (para a direita)

e_{31} = **1,42 m** (para a direita)

53 — Supondo que as duas seções 30 e 31 do exercício anterior estejam numa curva de raio com 200 m, *calcular o volume corrigido* (a curva é à esquerda).

Respostas: correção = C = **7,0234 m³**

V = **1.027,4234 m³**

54 — *Preparar a anotação da caderneta e calcular a área da seção 84* (locação de taludes).

Cota do projeto na estaca 84: 532,20 m

Cota da RN: 528,113   Visada à ré: 1,167   b: 14 m   ta: 2/1

Altura de aterro à esquerda: 4,38 m   Leitura central: 2,10 m

Leitura à direita = 3,88 m

Resposta: área = **130,3936 m²**

Estaca	Visada à ré	Altura do instrumento	Cota do projeto	Mira final	Leitura	Altura de corte	Altura de aterro	Visada à vante	Cota
RN	**1,167**	529,280							**528,113**
84			**532,20**	−2,92	**2,10**		5,02		
dir.: 20,60					**3,88**		6,80		
esq.: 15,76					1,46		**4,38**		

55 — Locação de taludes

Determinar a tentativa certa, supondo que a declividade do terreno seja constante no trecho.

Para b: 10 m, ta: 3/2 e MF: −1,02 m.

Foram feitas duas tentativas à direita que resultaram erradas:

x: 8 m com leitura: 2,22 m

x: 11 m com leitura: 2,52 m

Respostas:

x =	**10,20 m**
l =	**2,44 m**
−MF =	**1,02 m**
a =	**3,46 m**
a × ta =	**5,19 m**
x_c =	**10,19 m**

56 — *Encontrar as duas tentativas corretas entre as seis propostas.*

Seção 105 Cota do projeto = 311,40 m

Cota da RN = 309,420 m Vis. a ré = 1,820 m

largura do leito = b = 12 m talude de corte = 2/3

talude de aterro = 3/2

Tentativas à direita		Tentativa à esquerda	
×	leitura	×	leitura
9,60	2,24	13,00	3,40
8,20	2,42	11,10	3,24
10,00	2,00	12,00	3,30

Respostas:

× assumido	× calculado	× assumido	× calculado
9,60	9,60 (correta)	13,00	11,34
8,20	9,87	11,10	11,10 (correta)
10,00	9,24	12,00	11,19

57 — No diagrama de Bruckner, *calcular o custo total do transporte no trecho:*

Supondo que no desenho tenham **AB**: 19,6 cm e CE = ED: 5,1 cm

Custo unitário do transporte = Cr$ 0,2/m³ dam

Distância livre (gratuita) de transporte = 8 dam

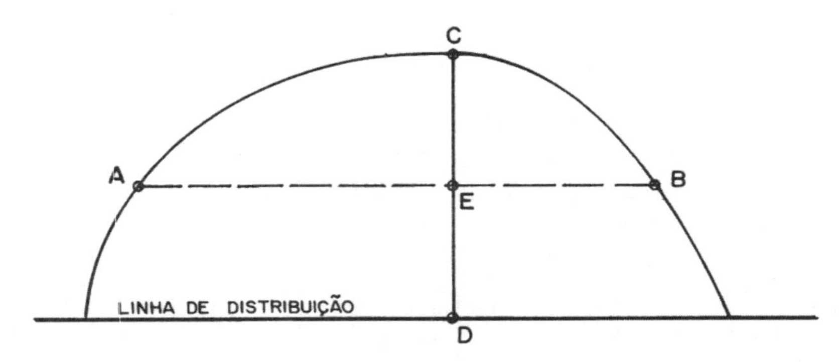

Escalas do diagrama $\begin{cases} \text{H: 1 cm = 2 dam} \\ \text{V: 1 cm = 100 m}^3 \end{cases}$

Resposta: (19,6 × 2 − 8)(10,2 × 100) Cr$ 0,2 = **Cr$ 6.364,80**